高等学校教材

遥感数字图像处理教程

——IDL 编程实现

赵银娣　编著

测绘出版社

·北京·

内容简介

本书结合IDL编程语言系统介绍了遥感数字图像处理的基本概念、理论和方法。全书共8章,主要内容包括:绪论、光学成像遥感传感器、遥感图像读写、遥感图像几何校正、遥感图像辐射校正、遥感图像增强、遥感图像变换与融合、遥感图像分类。本书在内容安排上循序渐进、深入浅出、侧重算法原理和IDL编程实现,各章均配有实例和思考题,力求突出重点、面向应用,提高解决实际问题的能力。

本书可作为摄影测量与遥感、地理信息系统等专业本科生教材,也可作为相关专业研究生、教师和科研工作者的参考用书。

图书在版编目(CIP)数据

遥感数字图像处理教程 : IDL编程实现 / 赵银娣编著. — 北京: 测绘出版社, 2015.12 (2019.12 重印)

高等学校教材

ISBN 978-7-5030-3855-6

Ⅰ. ①遥…　Ⅱ. ①赵…　Ⅲ. ①遥感图象—数字图象处理—程序设计—高等学校—教材　Ⅳ. ①TP751.1

中国版本图书馆CIP数据核字(2015)第262202号

责任编辑 贾晓林　**封面设计** 李　伟　**责任校对** 曹　平　**责任印制** 吴　芸

出版发行	测绘出版社	**电　　话**	010—83543965(发行部)
地　　址	北京市西城区三里河路50号		010—68531609(门市部)
邮政编码	100045		010—68531363(编辑部)
电子邮箱	smp@sinomaps.com	**网　　址**	www.chinasmp.com
印　　刷	北京建筑工业印刷厂	**经　　销**	新华书店
成品规格	184mm×260mm		
印　　张	15.5	**字　　数**	385千字
版　　次	2015年12月第1版	**印　　次**	2019年12月第2次印刷
印　　数	2001—2800	**定　　价**	39.00元

书　　号　ISBN 978-7-5030-3855-6/P・821

本书如有印装质量问题,请与我社门市部联系调换。

前　言

随着航天技术、通信技术和信息技术的飞速发展，遥感数字图像正朝着“三多”（多传感器、多平台、多角度）和“四高”（高空间分辨率、高光谱分辨率、高时相分辨率、高辐射分辨率）方向发展。与一般的数字图像相比，遥感数字图像类型更为多样、内容更为复杂、数据量更加庞大，因此遥感数字图像处理不仅要掌握一般的数字图像处理方法，还要掌握相应的地学知识和编程知识。IDL 作为一种面向矩阵计算的编程语言，在图像处理以及大数据可视化分析方面有着很大的优势，是遥感数字图像处理的理想编程工具。

本书在总结遥感教学经验和遥感技术最新进展的基础上，结合 IDL 语言，系统地讲述了遥感数字图像处理的基本方法及其编程实现。为了适应教学实际需要，本书对经典的遥感数字图像处理算法进行重点讲解，提供了大量的应用实例，并给出了相关的 IDL 代码和数据来源，知识容量适度，理论实践并重。全书共分 8 章：第 1 章绪论，对遥感数字图像的基本概念和处理内容进行了简要介绍；第 2 章光学成像遥感传感器，重点介绍了遥感传感器的基本组成和主要类型；第 3 章遥感图像读写，主要介绍了 IDL 基本语法和遥感数字图像的格式及其读写；第 4 章遥感图像几何校正，重点介绍了遥感图像配准、镶嵌和裁剪；第 5 章遥感图像辐射校正，主要介绍了传感器端的辐射校正、大气校正、地面辐射校正以及辐射校正程序实现；第 6 章遥感图像增强，重点介绍了对比度拉伸、空间域和频率域的滤波增强、伪彩色增强；第 7 章遥感图像变换与融合，主要介绍了波段间的算术运算、多光谱图像变换和遥感图像融合；第 8 章遥感图像分类，重点介绍了监督分类和非监督分类方法的基本原理、算法步骤和编程实现。

本书是在“江苏高校品牌专业建设工程资助项目”（编号：测绘工程 PPZY2015B144）的资助下出版的，在编写过程中得到了中国矿业大学环境与测绘学院测绘与地理信息系的领导和同事的关心和帮助，得到了加拿大新不伦瑞克大学章云教授的指导和帮助，在此一并表示感谢。

由于遥感技术的快速发展和个人水平的限制，书中错误和不妥之处在所难免，敬请读者批评指正。

赵银娣

2015 年 9 月

目　录

第1章　绪　论

遥感是获取地球空间信息的重要手段之一，在许多政府部门、科研单位和公司都得到了广泛的应用。高速发展的数字技术和微电子技术，给遥感图像处理提供了先进的技术手段，遥感图像数字处理已从计算机科学与技术、信息与通信工程、控制科学与工程等学科中脱颖而出，成为研究遥感图像信息获取、传输、存储、变换、显示、判读与应用的一门综合性技术。本章主要讲述遥感数字图像的基本概念、遥感数字图像处理的主要内容以及ENVI、IDL编程在遥感数字图像处理中的应用。

1.1　遥感数字图像的基本概念

1.1.1　模拟图像与数字图像

图像是对客观对象的一种相似性的描述或写真，它包含了被描述或写真对象的信息，是人们最主要的信息源。

按图像的明暗程度和空间坐标的连续性，可将图像分为模拟图像和数字图像。模拟图像是指空间坐标和明暗程度连续变化的、计算机无法直接处理的图像；数字图像，又称栅格图像，是指可利用计算机存储和处理的图像，是一种空间坐标和灰度均不连续、以离散数学原理表达的图像。利用计算机技术，模拟图像与数字图像之间可以相互转换。把模拟图像转变为数字图像称为模数(analog to digital, A/D)转换，把数字图像转变成模拟图像称为数模(digital to analog, D/A)转换。

这里主要介绍模数转换，其主要包含空间采样和灰度量化两个基本过程。

1. 空间采样

将空间上连续的图像变换成离散点的操作称为采样(图1.1)。这些离散点我们称之为像素或像元，是数字图像的基本单元。空间采样将模拟图像转换为每行有 N_s 个像元，每列有 N_l 个像元的数字图像。采样间隔和采样孔径的大小，关系到图像分辨率的大小，即关系到图像包含何种程度的细微的浓淡变化。一般来说，采样间隔大，所得图像像元少，空间分辨率低，图像质量差，严重时出现像元呈块状的国际棋盘效应；采样间隔小，图像分辨率高，质量好，但数据量大。

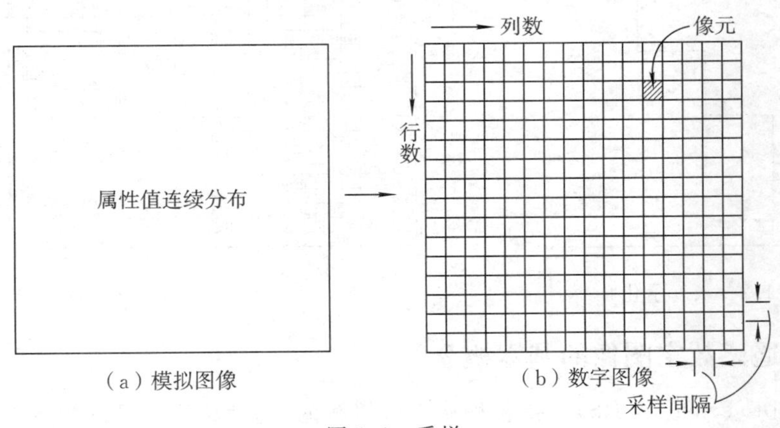

图1.1　采样

2. 灰度量化

经空间采样后图像被分割成空间上离散的像元，但其灰度是连续的，还不能用计算机进行处理。将连续的灰度值转换成离散的整数值的过程称为量化。图 1.2 为灰度量化的示意图，横坐标 f_c 表示被量化的模拟量，纵坐标 f 表示量化后的结果，阴影部分表示量化误差，即量化结果和被量化模拟量的差值。一幅数字图像中不同灰度值的个数称为灰度级。量化等级越少，图像层次越欠丰富，灰度分辨率低，质量变差，会出现假轮廓现象，但数据量小；量化等级越多，图像层次越丰富，量化误差越小，灰度分辨率越高，质量越好，但数据量大。

像元是模数转换中的取样点，其大小相当于模拟图像分割取样的最小单元 Δx、Δy，是数字图像的基本单位。每个像元均具有空间位置特征和属性特征。在数字图像处理中，通常将一幅图像表示为一个矩阵。如图 1.3 所示，(b)图是(a)图中矩形关注区所对应的子图，该矩形大小是 25 行、30 列，(c)图是(b)图的矩阵表示。若图像在行方向上共有 N_s 个像元(采样点)，在列方向上共有 N_l 个像元(采样点)，则其矩阵表示为

$$\begin{bmatrix} f(1,1) & f(1,2) & f(1,3) & \cdots & f(1,N_s) \\ f(2,1) & f(2,2) & f(2,3) & \cdots & f(2,N_s) \\ f(3,1) & f(3,2) & f(3,3) & \cdots & f(3,N_s) \\ \vdots & \vdots & \vdots & & \vdots \\ f(N_l,1) & f(N_l,2) & f(N_l,3) & \cdots & f(N_l,N_s) \end{bmatrix} \tag{1.1}$$

式中，N_l 表示总的行数，N_s 表示总的列数，$f(l,s)$ 表示位于第 l 行、第 s 列像素的属性值。

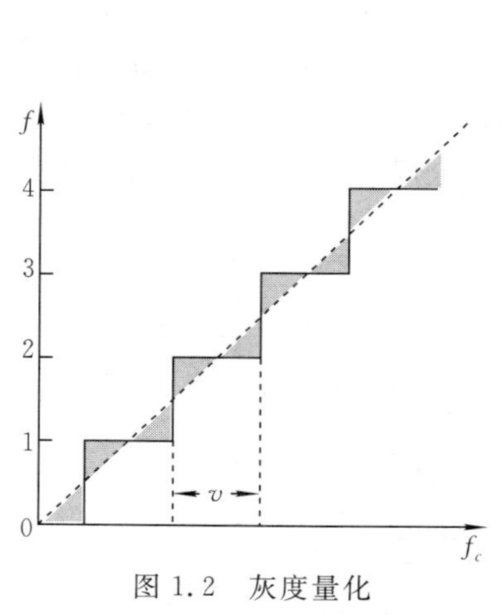

图 1.2　灰度量化

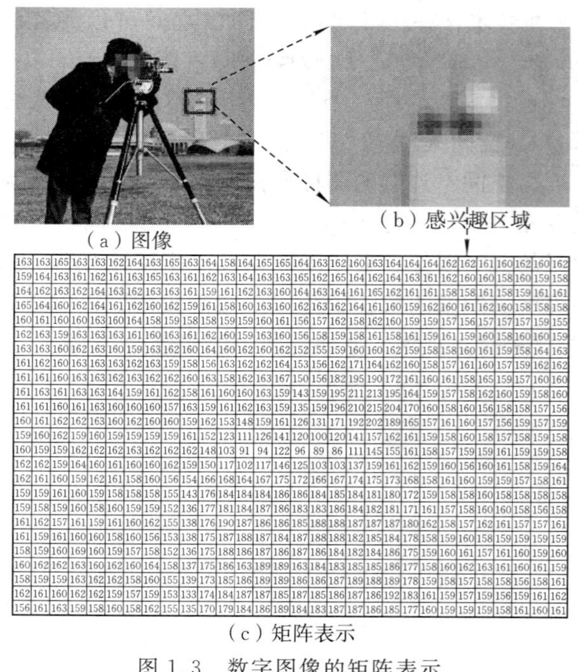

(a) 图像

(b) 感兴趣区域

163	163	165	163	163	162	164	163	165	163	164	158	164	165	165	164	163	162	160	163	164	164	164	162	162	161	160	162	160	162
159	164	163	161	162	161	163	165	163	161	162	163	164	163	163	165	162	165	164	162	164	163	161	162	160	160	158	160	159	158
164	162	163	162	164	163	162	163	163	161	159	161	162	163	160	164	163	164	161	165	162	161	161	158	158	161	158	159	161	161
165	164	160	162	164	161	162	160	162	159	161	158	160	163	160	162	163	162	164	161	160	159	162	160	161	162	160	158	158	158
160	161	160	160	163	160	164	158	159	158	158	159	159	160	161	156	157	162	158	162	160	159	159	157	156	157	157	157	159	155
162	163	159	163	163	163	161	160	163	161	162	160	159	163	160	156	158	159	158	161	158	161	159	161	159	160	158	160	160	159
163	163	160	162	163	160	159	163	162	160	164	160	162	160	162	152	155	159	160	160	162	159	158	158	160	161	159	158	164	163
161	162	160	163	163	163	162	163	159	158	156	163	162	162	164	153	156	162	171	164	162	160	158	157	161	160	157	159	162	162
161	161	160	163	163	162	163	162	162	160	163	158	162	163	167	150	156	182	195	190	172	161	160	161	158	165	159	157	160	160
161	163	161	163	163	164	159	161	162	158	161	160	160	163	159	143	159	195	211	213	195	164	159	157	158	162	160	159	158	160
161	161	160	161	163	160	160	160	157	163	159	161	162	163	159	135	159	196	210	215	204	170	160	158	160	156	158	158	157	156
160	161	162	162	163	160	162	160	160	159	162	153	148	159	161	126	131	171	192	202	189	165	157	161	160	157	156	159	157	159
159	160	162	159	160	159	159	159	159	161	152	123	111	126	141	120	100	120	141	157	162	161	159	158	160	158	157	158	159	158
160	159	159	162	162	162	163	162	162	162	148	103	91	94	122	96	89	86	111	145	155	161	158	157	159	159	161	159	159	158
162	162	159	164	160	161	160	160	162	159	150	117	102	117	146	125	103	103	137	159	161	162	159	160	156	160	161	158	159	164
162	161	160	159	162	161	158	160	156	154	166	168	164	167	175	172	166	167	174	175	173	168	158	161	160	159	159	157	158	161
159	159	161	160	159	158	158	158	155	143	176	184	184	184	186	186	184	185	184	181	180	172	159	158	158	160	158	158	158	158
159	158	159	160	158	160	159	159	152	136	177	181	184	187	186	183	183	186	184	182	181	171	161	157	158	160	160	158	156	158
161	162	157	161	159	161	160	162	155	138	176	190	187	186	186	185	188	188	187	187	187	180	162	158	157	162	161	157	157	161
161	159	161	160	160	158	160	156	153	138	175	187	188	187	184	187	188	188	182	185	184	178	158	159	160	158	159	159	159	159
158	159	160	169	160	159	157	158	152	136	175	188	186	187	186	187	186	184	182	184	186	175	159	160	161	157	161	160	159	160
160	162	162	163	160	162	160	164	158	137	175	186	163	189	189	163	184	183	185	185	186	177	158	160	162	163	161	160	161	159
158	159	159	163	162	162	158	160	155	139	173	185	186	189	189	186	186	187	189	188	189	178	159	158	157	158	158	156	158	161
162	161	160	162	162	159	157	159	153	133	174	184	187	187	185	187	185	186	187	186	192	183	161	159	157	159	156	159	161	162
156	161	163	159	158	160	158	162	155	135	170	179	184	186	189	184	183	187	187	186	185	177	160	159	159	159	158	161	160	161

(c) 矩阵表示

图 1.3　数字图像的矩阵表示

1.1.2　遥感数字图像的基本概念

遥感(remote sensing，RS)泛指各种非直接接触的、远距离探测目标的技术。对地观测遥感技术是狭义的遥感，它组成了一个地面到空间、从资料数据的收集处理到判读应用的体系，

包括研究地物电磁波辐射的特性及信息的传输；研究遥感信息探测手段，主要是研究传感器；研究遥感信息的处理系统；研究遥感信息的应用。

基于上述这些内容，遥感过程（图 1.4）实际上是非常复杂的，遥感的多学科交叉主要体现在以下几个方面：

(1)能源。电磁波辐射源紫外线、可见光、短波红外线、热红外线、微波。

(2)电磁波在大气中的传播。吸收和散射，能量衰减。

(3)到达地表的能量与地表物质相互作用。地物选择性地反射、发射、散射、投射、折射等，对不同波长产生不同的波谱响应。

(4)与地表相互作用后的电磁波再次在大气中的传播。包含不同地表特征波谱响应的能量再衰减。

(5)遥感信息的记录。传感器收集、探测并记录目标地物反射或发射的电磁波信息。

(6)遥感信息的提取。包括制作遥感图像数据产品、专题地图等。

(7)遥感信息的应用。资源调查、环境监测、农业估产、生态保护、灾害评估等。

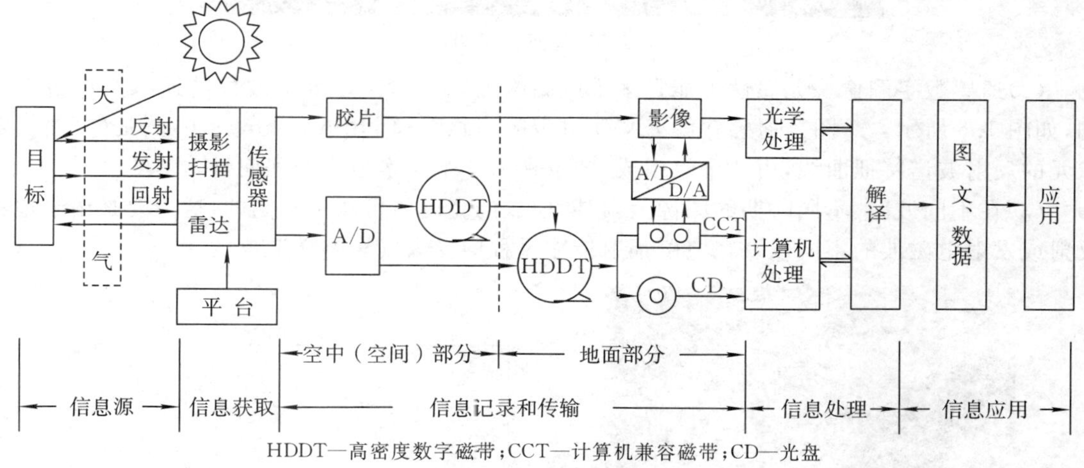

HDDT—高密度数字磁带；CCT—计算机兼容磁带；CD—光盘

图 1.4 遥感过程

20 世纪早期获取的遥感图像主要是记录在摄影胶片上的航空照片，属于模拟图像的范畴，计算机不能直接处理，现今大多被由数码航摄仪、扫描传感器等记录的数字图像所取代。遥感数字图像是指以数字形式表述的遥感图像，其像元是遥感成像过程的采样点，或者是在模数转换中的取样点。

与一般数字图像相比，遥感数字图像（图 1.5）不仅有空间特征和属性特征，而且还有时间特征。此外，遥感图像中各像元的空间特征和属性特征，还有其特殊的意义。遥感图像中的像元空间位置特征不仅指像元位于图像中的行列数，更指其对应的地理坐标。遥感数字图像像元的属性特征常用数字值(digital number, DN)、辐亮度、反射率等表示，且比一般数字图像复杂得多，其主要表现在以下几个方面：

(1)遥感数字图像像元属性值具有特有的物理意义。遥感数字图像像元属性值的大小是由遥感传感器所探测到的电磁辐射强度决定的。入射到传感器中的电磁波被探测元件转化为电信号（或被卤化银物质的光化学反应记录），经过模数转换，成为绝对辐亮度值。为了便于应用，绝对辐亮度值又被转换为能够表征地物辐亮度的相对 DN 值。两者的关系表示为

$$L_{\lambda}=D_{\lambda}\times(L_{\lambda\_max}-L_{\lambda\_min})/D_{\lambda\_max}+L_{\lambda\_min} \tag{1.2}$$

式中，D_{λ} 是地物在波段λ 处的 DN 值，D_{λ_max} 为波段λ 图像的最大级数；L_{λ} 是转换后的辐亮度值，L_{λ_max} 为传感器波段λ 可探测到的最大辐亮度值，L_{λ_min} 为传感器波段λ 可探测到的最小辐亮度值，其计量单位为瓦特/(米^2 · 微米 · 球面度)，即 W/(m^2 · μm · sr)。

图 1.5 遥感数字图像

(2)遥感数字图像像元属性可能是多维或高维的列向量。以 6 个波段的遥感图像数据为例，如图 1.6 所示，(a)图是遥感软件 ENVI 自带的遥感图像 bhtmref. img；(b)图是(a)图指定像元的反射波谱特征曲线，由 6 个点组成，即可视为 6 个元素组成的列向量。

(3)在不同波段、不同时期的图像上，相同地点的亮度值可能是不同的，这主要是由于地物反射或发射电磁波的不同以及在电磁辐射传输过程中受大气影响而造成的。

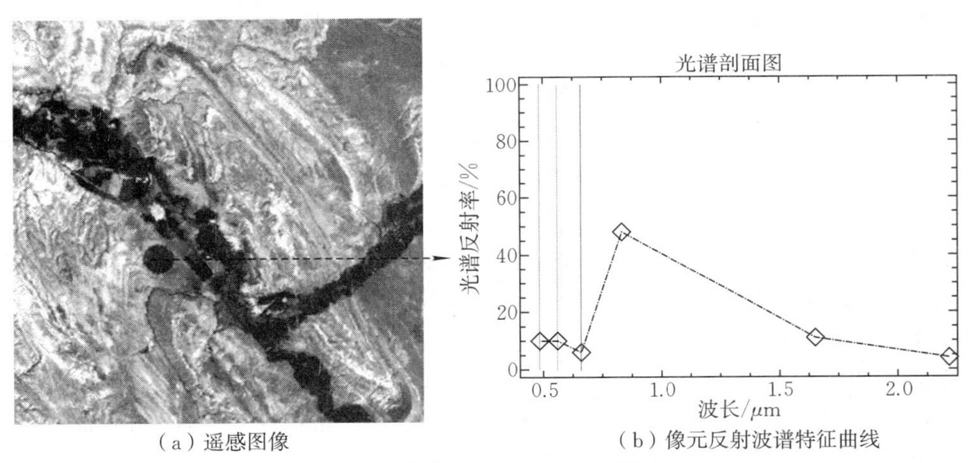

(a) 遥感图像 (b) 像元反射波谱特征曲线

图 1.6 遥感图像像元的多维光谱特征

1.2 遥感数字图像处理的主要内容

1.2.1 遥感数字图像处理的三个阶段

遥感图像处理是用户从遥感图像中获取有用信息的重要环节。遥感图像处理可分为两类：一是利用光学、照相和电子学的方法对遥感模拟图像（照片、底片）进行处理，即光学遥感图像处理;二是利用计算机,通过编程语言或软件操作,对遥感数字图像进行处理,即遥感数字图像处理。现今,光学遥感图像处理已基本上被遥感数字图像处理所取代。

与广义的数字图像处理类似,遥感数字图像处理根据抽象程度不同可分为三个层次,即狭义的遥感图像处理(低级)、遥感图像分析(中级)和遥感图像理解(高级),如图 1.7 所示。

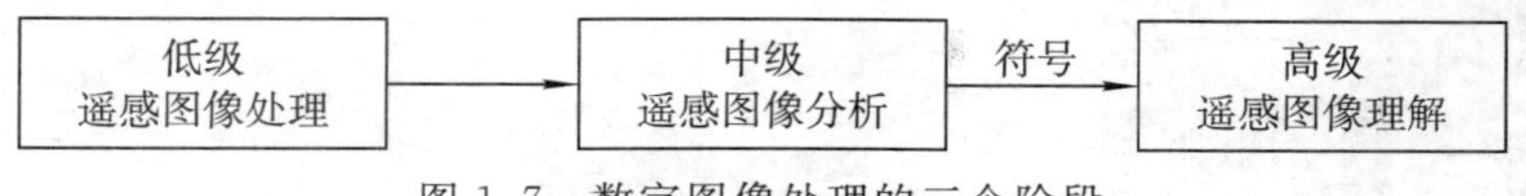

图 1.7 数字图像处理的三个阶段

狭义遥感图像处理是从一个图像到另一个图像的过程,其着重强调在图像之间进行变换。主要是指:对遥感图像进行各种操作以改善视觉效果或突出主题信息、对遥感图像进行校正以减小几何或物理属性误差、对遥感图像进行实时压缩以减少所需存储空间或传输时间、对遥感图像进行分类判读以获取地物类别信息等。

遥感图像分析是从一个图像到数值或符号表示的过程。主要是指:对遥感图像中感兴趣的目标进行检测和量测,从而建立对图像的描述。

遥感图像理解是借助知识、经验进行遥感图像解译的过程。主要是指:在遥感图像分析的基础上,进一步研究遥感图像中各目标地物的性质、特征和它们之间的相互关系,并得出对遥感图像内容的理解以及相应的地面客观地物、场景的解译,从而为生产、科研提供真实的、全面的客观世界方面的信息。

本书主要讲述狭义遥感图像处理的方法、技术及应用。遥感图像处理的精度和质量,直接影响遥感图像应用和研究的效果。

1.2.2 遥感数字图像处理的主要内容

1. ENVI 简介

常用于遥感图像处理的软件有:ENVI、ERDAS Imagine、PCI Geomatica、ER Mapper(Earth Mapper)、Titan Image 等。ENVI,全称 The Environment for Visualizing Images,是由美国 Exelis Visual Information Solutions 公司,采用交互式数据语言(interactive data language, IDL)开发的一套遥感图像处理软件。图 1.8 是 ENVI 4.8 版本的主菜单栏。从 ENVI 5 版本之后,采用了全新的软件界面,如图 1.9 所示,包括主菜单栏、工具栏、图层管理窗口、显示窗口、工具箱、状态栏等几个组成部分,从整体上增强了用户体验。主菜单栏位于界面上方,由文件(File)、编辑(Edit)、显示(Display)、查看(Views)以及帮助(Help)组成;工具栏位于主菜单栏下方,主要有打开图像、显示图像(包括缩放、拉伸、透明度设置以及光标选项)、矢量数据制作与编辑。位于界面下方的三个面板,从左至右分别是:图层管理(Layer Manager)窗口、图像显示窗口以及工具箱(Toolbox)。用户可在 ENVI 平台的基础上,利用其底层的 IDL 语言进行二次开发,添加扩展 ENVI 功能,或研发定制特定行业应用的遥感平台。

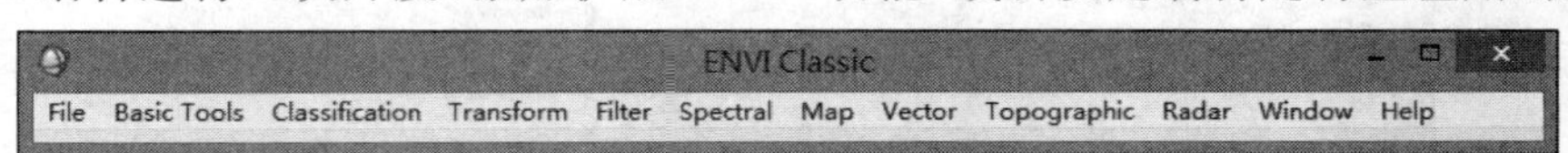

图 1.8 ENVI 4.8 主菜单栏

2. 遥感数字图像处理的主要内容

下面结合遥感图像处理软件 ENVI,对遥感数字图像处理的主要内容展开介绍。根据主要的处理流程与处理目标大致可分为遥感图像读写、遥感图像预处理、遥感图像增强、遥感图像融合、遥感图像分类、遥感图像变化检测、遥感图像目标检测等。

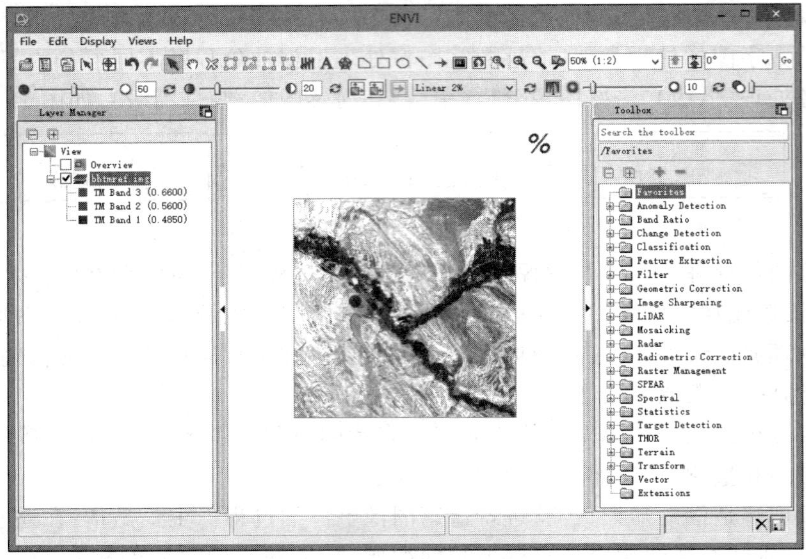

图 1.9　ENVI 5 图形用户界面

1）遥感图像读写

遥感图像数据来源丰富，可能是机载或星载传感器获取的图像，也可能是数字化扫描的图像等。遥感图像数据属性也是多样的，可能是全色图像、多光谱图像、热红外图像、高程图像、专题图像。遥感图像数据通常以文件的方式存储至磁盘上或是地理数据库的一个文件存储系统中，如网络存储设备（network attached storage，NAS）、存储区域网络（storage area network，SAN）。遥感图像的读写与遥感图像格式密切相关，主要有通用格式和传感器产品格式之分。ENVI 可读取的数据格式见图 1.10，上下两幅屏幕截图分别对应于[File]→[Open]、[File]→[Open As]可读取的遥感图像格式。

2）遥感图像预处理

机载、星载传感器获得对地观测的遥感图像数据后，为了从遥感图像中提取感兴趣的信息，需对遥感图像进行分析。但在对遥感图像进行分析之前，需要对遥感图像进行预处理。遥感图像预处理主要包括几何校正、影像镶嵌、影像裁剪、辐射校正等环节。ENVI 遥感图像预处理工具箱如图 1.11 所示。

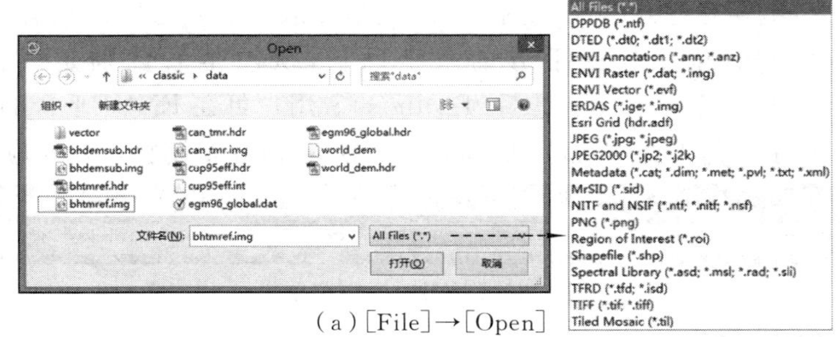

（a）[File]→[Open]

图 1.10　ENVI 5 可读取的图像数据格式

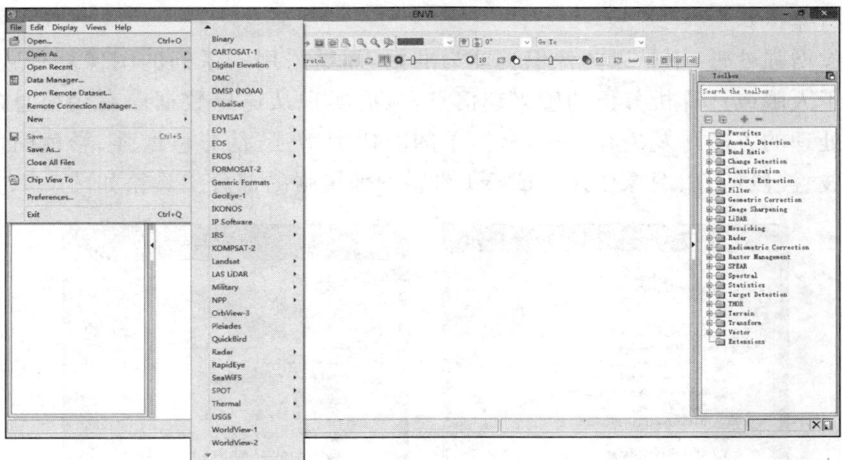

(b) [File]→[Open As]

图 1.10(续)　ENVI 5 可读取的图像数据格式

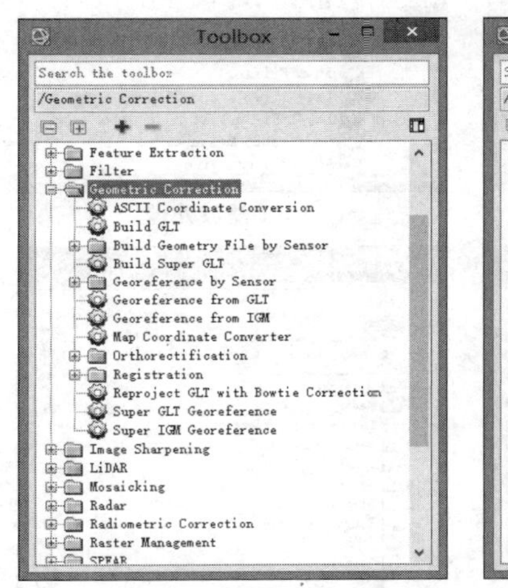

(a) 几何校正

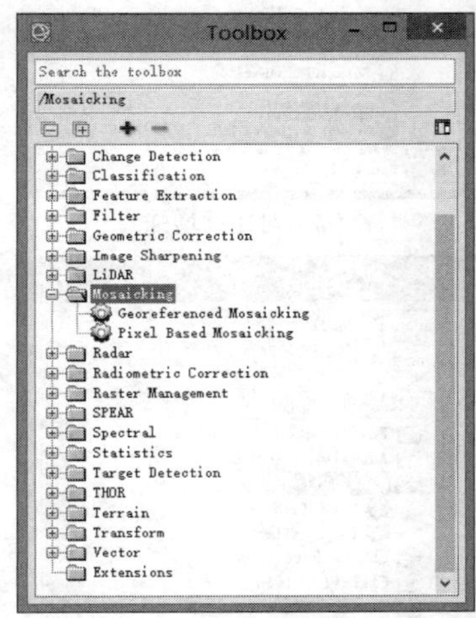

(b) 影像镶嵌

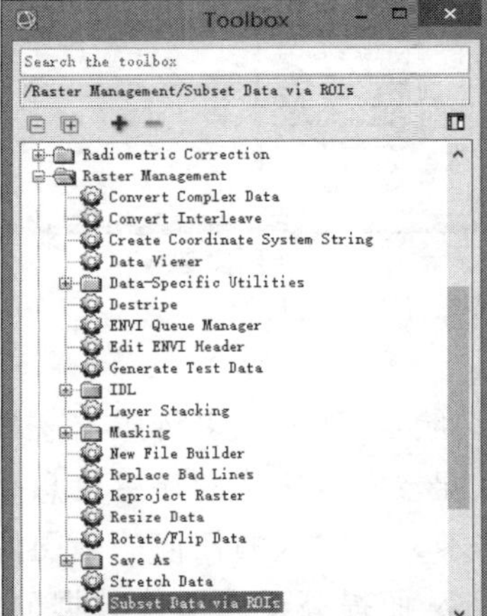

(c) 影像裁剪

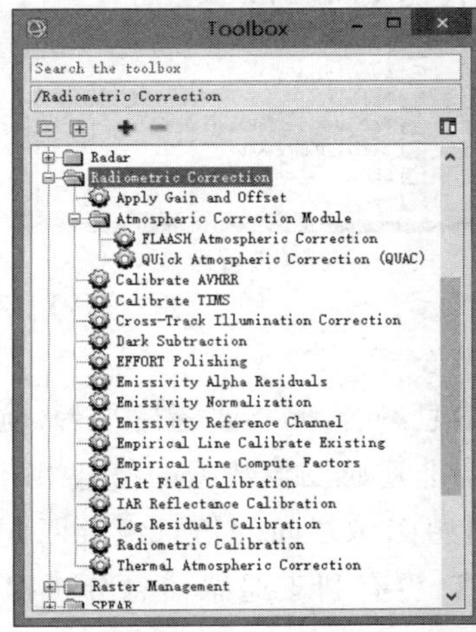

(d) 辐射校正

图 1.11　ENVI 5 预处理工具箱

3)遥感图像增强

遥感图像增强处理,不是以图像保真度为准则,而是采用一系列的图像处理技术,有选择性地突出便于人眼或计算机分析的感兴趣信息,从而实现从遥感数据向有用信息的转化。遥感图像增强处理的方法涉及内容较多,从简单的对比度增强、伪彩色增强、彩色图像合成到复杂的图像滤波、波段运算、图像变换。ENVI 遥感图像增强的部分工具箱如图 1.12 所示。

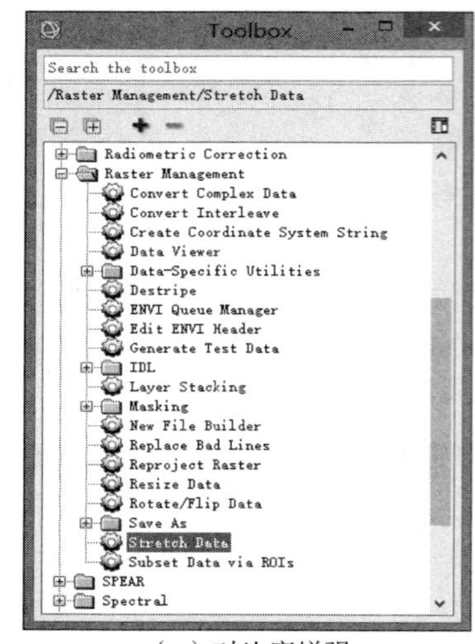

(a) 对比度增强

(b) 滤波处理

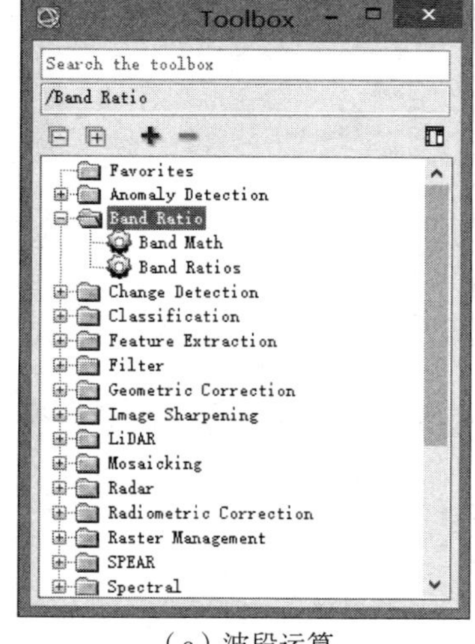

(c) 波段运算

(d) 图像变换

图 1.12　ENVI 5 遥感图像增强工具箱

4)遥感图像融合

广义的遥感信息融合,是指多遥感平台(航天、航空、地面)、多传感器、多时相遥感图像之间以及遥感图像与非遥感图像数据的信息组合匹配技术。狭义的遥感信息融合,即遥感图像融合,是指多幅遥感图像之间的信息组合匹配技术。与输入的任何一幅图像相比,融合后的图像信息更为丰富,更有利于遥感信息分析提取,从而提高遥感图像数据的可应用性。Pan-Sharpening 是遥感图像融合的一个重要分支,它将一幅高空间分辨率的全色图像与一幅较低空间分辨率的多光谱图像进行融合,从而生成一幅高空间分辨率的多光谱遥感图像。ENVI

中的 Pan-Sharpening 见图 1.13。

5)遥感图像分类

遥感图像分类是遥感信息提取的一种重要手段，通过目视解译或计算机解译完成对图像数据类别属性的划分。遥感数字图像的计算机解译是以遥感数字图像为对象，在计算机系统支持下，综合运用地学分析、地理信息系统、模式识别和人工智能技术，实现地学专题信息的智能化获取。其基本目标是将人工目视解译遥感图像，发展为计算机支持下的遥感图像解译。为了便于阐述，本书中的遥感图像分类即指遥感图像计算机解译。ENVI 提供了两大分类方法，即基于像元的遥感图像分类方法、基于对象的遥感图像分类方法。遥感图像分类工具箱见图 1.14。

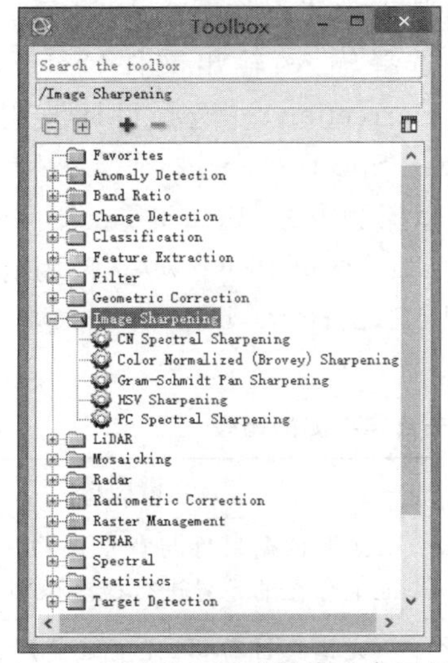

图 1.13 ENVI 5 遥感图像融合工具箱

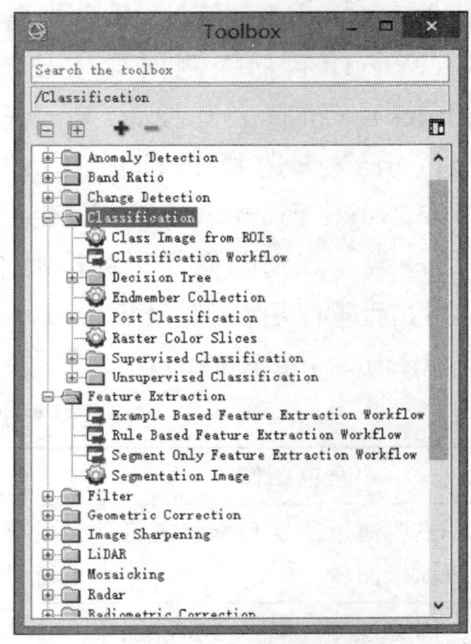

图 1.14 ENVI 5 遥感图像分类工具箱

6)遥感图像变化检测

遥感图像变化检测通过对同一地区不同时间点(两个时相或多个时相)的遥感影像序列进行分析和比较，从而检测出该研究区的地表覆盖变化信息。按照其是否要进行分类可分为分类后比较法和直接比较法。分类后比较法，如图 1.15 中的 Thematic Change Workflow，是基于分类图像的变化检测方法，采用相同的分类体系对各时相的遥感图像进行分类后，通过比较分类结果，获得地表覆盖的变化类型和变化面积等信息。直接比较法，如图 1.15 中的 Image Change Workflow，是对经过几何校正和辐射校正后的多时相遥感影像中的像元属性值进行代数运算或变换处理，检测出变化的信息。常用的直接比较法包括：图像差值法(image differencing)、图像比值法(imaging ratioing)、回归分析法(regression analysis)、植被指数比较法(vegetation index differencing)、变化矢量分析法(change vector analysis，CVA)、主成分分析法(principal component analysis，PCA)以及缨帽变换(tasseled cap transfrom，KT)等。

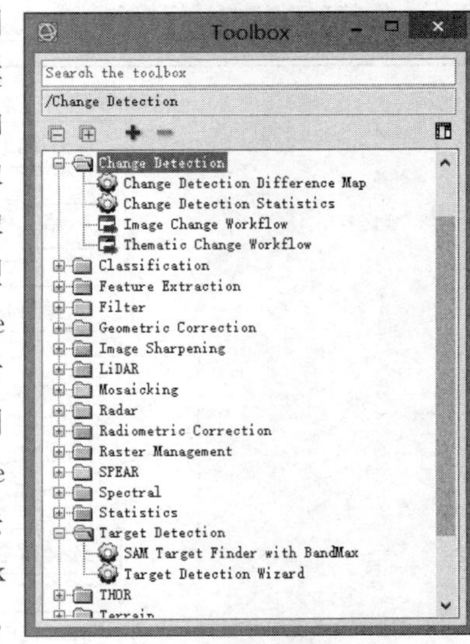

图 1.15 ENVI 5 遥感图像变化检测与目标探测工具箱

7)遥感图像目标探测

遥感图像目标探测是一种基于方位和光谱三维信息探测的技术，主要有大小目标探测、纯点与混合像元目标探测、异常检测等技术。表1.1列出了采用全色、多光谱和高光谱等遥感图像数据进行目标探测的异同点。高光谱遥感图像目标探测侧重于基于光谱特征的定量化分析，而由于受图像空间分辨率的限制，形状特征的作用微乎其微。与遥感图像分类不同，目标探测关注的是人工目标或者是那些与背景存在光谱特征差异的特殊目标。ENVI提供了SAM Target Finder with BandMax和Target Detection Wizard两个选项进行目标探测，如图1.15所示。SAM Target Finder with BandMax利用光谱角制图(Spectral Angle Mapper, SAM)分类和BandMax算法，从高光谱图像中找寻目标，其工作流程如图1.16所示。Target Detection Wizard目标探测向导主要有以下几个步骤：选择输入、输出文件(Select Input、Output Files)→执行大气校正(Perform Atomospheric Correction)→选择目标波谱(Select Target Spectra)→选择非目标波谱(Select Non-Target Spectra)→进行最小噪声分离(Minimum Noise Fraction, MNF)变换(可选)→选择目标探测方法(Select Target Detection Methods)→载入规则图像并预览检测结果(Load Rule Images and Preview)→采用滤波技术对提取的目标进行后处理(Filter Targets)→输出结果(Export Results)→查看统计结果(View Statistics and Report)。

表1.1 全色、多光谱和高光谱图像应用于目标探测的比较

	全色图像	多光谱图像	高光谱图像
探测依据	主要通过灰度和形状进行目标探测	主要通过形状和特征谱段进行目标探测	主要依据目标与背景地物在光谱特征上存在的差异进行检测识别
探测方法	图像分割、形态学滤波、图像恢复和重建等	计算机视觉、图像分析、多波段信息融合等	光谱特征分析、光谱维变换、混合像元分解、小目标探测等
应用	主要用于足够亮(暗)或者有特殊形状的目标探测	需有大量的先验知识参与或较高的空间分辨率	由于受图像空间分辨率的限制，探测的目标在图像中往往处于亚像元级或者弱信息状态

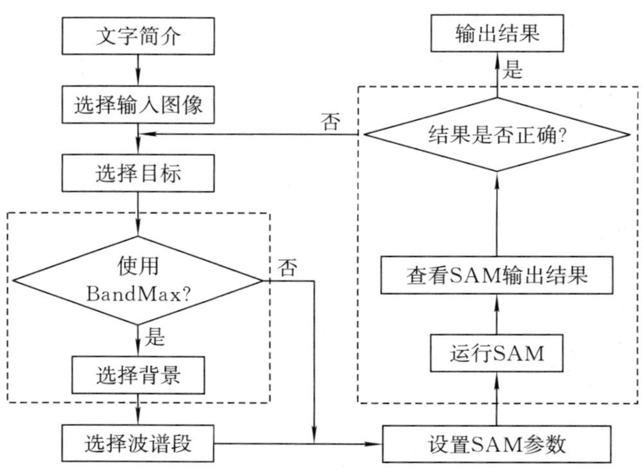

图1.16 ENVI中SAM Target Finder with BandMax工作流程

1.3　遥感数字图像处理的应用示例

遥感技术作为地球资源探测、环境监测的重要探测手段，其获取的遥感数字图像已广泛应用于测绘、土地资源、矿产资源、水利资源、林牧资源和植物病虫害杂草的调查，洪水、火灾、地震等自然灾害和环境污染监测，海洋温度、鱼群、气象等的预报，导航、交通管理、铁路选线和城市规划等方面，并显示出了巨大的优越性。

下面根据 1.2 节所述的遥感数字图像处理主要内容，依次给出相应的应用示例。

1. 采用图像预处理和分类技术进行植被制图

2011 年 Laliberte 等利用无人机搭载的 Mini MCA-6 多光谱相机采集了研究区域的对地观测序列遥感图像，通过对遥感图像进行预处理和分类，获得了该地区的植被分类图。进行图像采集的无人机系统（unmanned aircraft system, UAS）如图 1.17 所示。其中，Mini MCA-6 多光谱相机搭载在飞机前端，采集的图像数据以 8 bit 或 10 bit 的量化级数存储在 6 个闪存卡中。利用如图 1.18 所示的技术路线图，通过对获取的图像进行一系列的预处理后（包括波段配准、辐射校正、正射校正及影像镶嵌等），使用 eCognition 软件的面向对象分类方法制作得到植被分类图，见图 1.19。

图 1.17　无人机系统

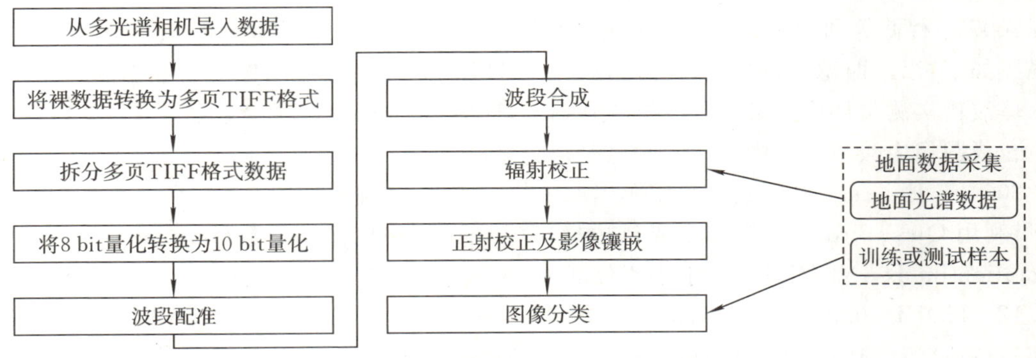

图 1.18　无人机多光谱图像处理的工作流程

(a) 研究区域的无人机镶嵌图像

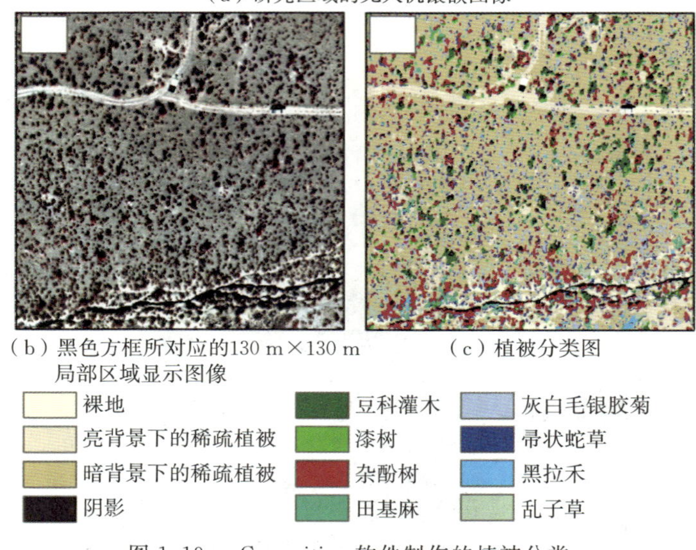

(b) 黑色方框所对应的130 m×130 m局部区域显示图像　　(c) 植被分类图

图 1.19　eCongnition 软件制作的植被分类

2. 采用图像增强技术突出专题信息

2007 年程博等利用假彩色合成突出了受污染的水体信息，其结果如图 1.20 所示，具体内容描述如下：以江西德兴铜矿为研究区，利用 ASTER 多光谱遥感图像作为数据源，在野外矿山水体波谱实测与环境污染关联分析的基础上，选用 ASTER 的波段 2、3、1 进行彩色合成，在彩色合成图像中酸碱性污染水体的颜色差别明显。

2004 年 Ehlers 等利用伪彩色编码提取了植被信息，其结果如图 1.21 所示，具体内容描述如下：利用 QuickBird 高分辨率多光谱遥感图像计算归一化植被指数（normalized difference vegetation index，NDVI）后，基于阈值分割法将图像分为四类（NDVI≤−0.12，划分为水体；−0.12<NDVI≤0.00，划分为海滩；0.00<NDVI≤0.19，划分为内陆；NDVI>0.19，划分为植被），然后对分类图像进行伪彩色编码，以突出植被信息。

图 1.20 彩色合成在水体污染信息提取中的应用

（a）多光谱图像与矢量图层叠加（假彩色显示）（b）基于NDVI的分类结果（伪彩色显示）

图 1.21 伪彩色增强在植被信息提取中的应用

3. 采用图像融合技术增强地表信息

2008年Farah等利用多传感器图像,通过图像融合技术提高了遥感图像分类精度,其结果如图1.22所示,具体内容描述如下:将欧洲遥感卫星ERS-2(European Remote Sensing Satellite-2)获取的合成孔径雷达(synthetic aperture radar, SAR)图像和法国地球资源卫星SPOT-4(Satellite Pour l'Observation de la Terre-4)获取的多光谱图像进行融合,然后进行分类,与仅利用SPOT-4多光谱图像分类结果相比,总分类精度从83%提高到94%。

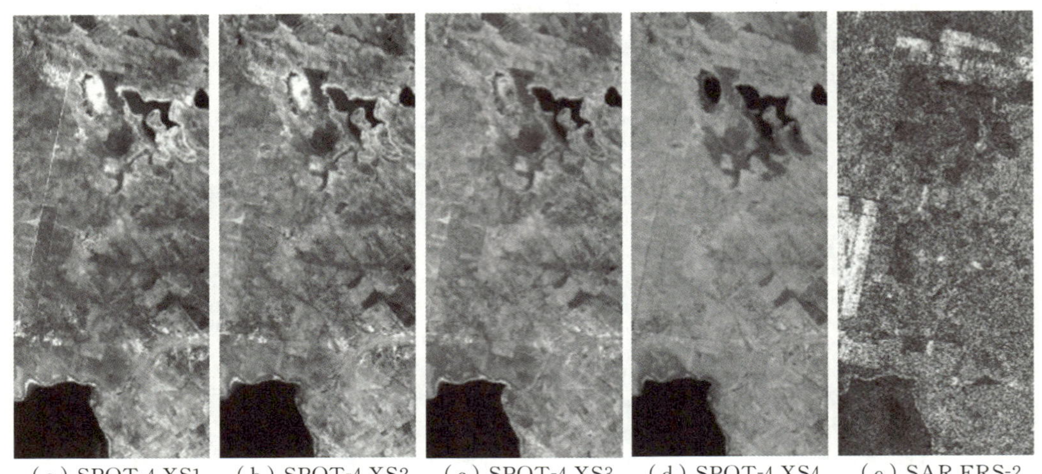

(a) SPOT-4 XS1 (b) SPOT-4 XS2 (c) SPOT-4 XS3 (d) SPOT-4 XS4 (e) SAR ERS-2

图1.22 应用多传感器遥感图像融合提高地表分类精度的应用

2009年Dong等利用遥感图像融合提取了建设用地的变化信息,其具体内容描述如下:以北京市延庆县为例,将两个不同时间点获取的遥感图像进行融合,一幅是2005年获取的SPOT-5全色图像,其空间分辨率为2.5 m;另一幅是2007年由美国陆地资源卫星Landsat-5搭载的专题制图仪(thematic mapper, TM)采集的多光谱图像,其空间分辨率为30 m。选择TM的波段3、4和7这三个波段参与融合运算,基于Brovey变换得到融合后的图像,如图1.23所示,在2005—2007年,未发生变化的建设用地呈暗紫色,新建设用地呈绿黄色。

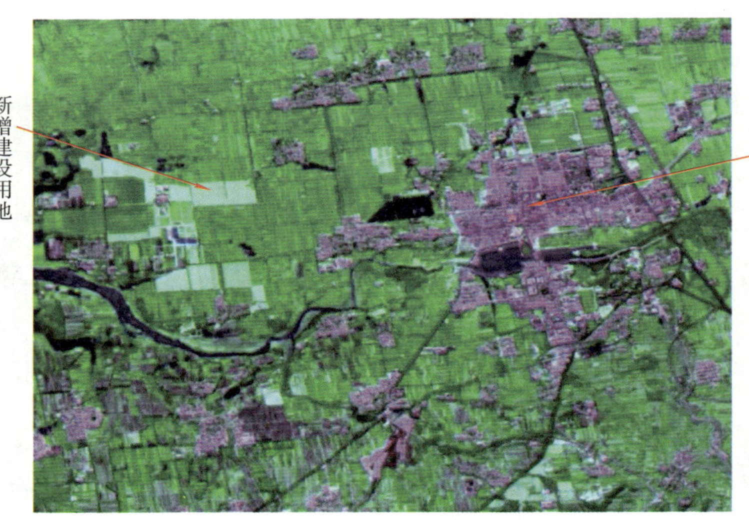

图1.23 采用遥感图像融合进行变化检测的应用

4. 采用图像分类技术更新土地利用现状图

2005 年 Kressler 等采用图像分类技术对土地利用现状图进行了更新，其结果如图 1.24 所示，具体内容描述如下：以 0.25 m 空间分辨率的航空正射图像作为待分类数据，以数字地籍图作为参考数据，采用面向对象的分类技术，获得分类图，并结合地籍图确定地表变化信息，实现土地利用现状图的更新。如图 1.24 所示，(a)图是面向对象分类过程中的分割图像，(b)图是分类结果，(c)图是地籍图，(d)图是结合(b)图和(c)图获得的分类结果评价图。其中，未变化的地类以绿色标识，确定变化的地类以红色标识，阴影以黑色标识，需要进一步调查的地类以黄色和蓝色标识。

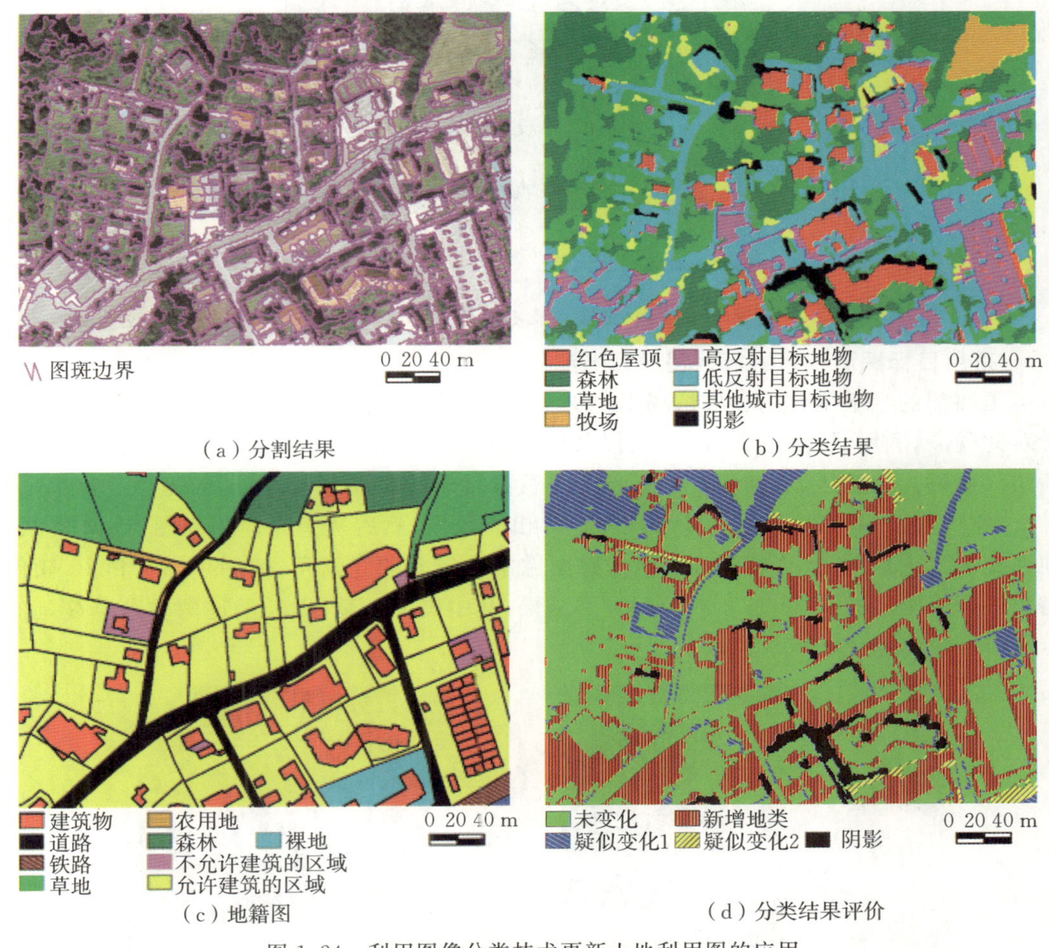

图 1.24　利用图像分类技术更新土地利用图的应用

5. 采用变化检测技术进行灾害监测

应用遥感变化检测技术，监测 2010 年 6 月鄱阳湖区域洪水受灾面积。结果如图 1.25 所示，鄱阳湖区域洪水淹没范围共 381 km^2。其中，沼泽地 140.17 km^2，占 36.79%；滩地 97.27 km^2，占 25.53%；水田 81 km^2，占 21.26%；旱地 23.05 km^2，占 6.05%；城镇用地及居民点 7.32 km^2，占 1.92%。

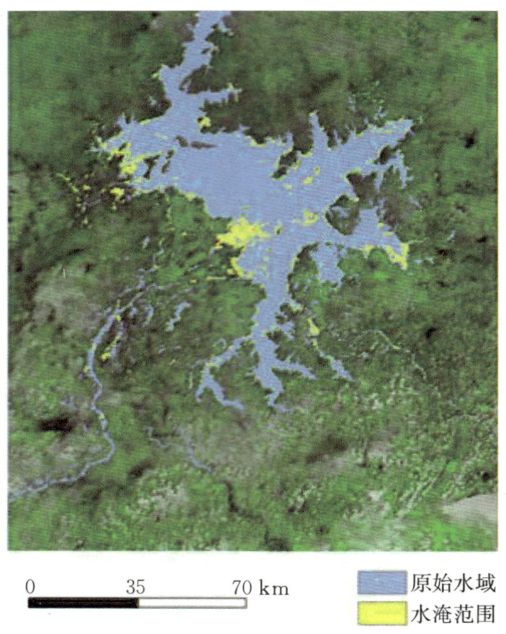

图 1.25　采用变化检测技术进行灾害监测的应用①

6. 采用目标探测技术进行入侵杂草监测

美国西部的半干旱牧场和种植场受黑矢车菊、满天星这两类杂草频繁入侵，2009 年 Lass 等针对此现象，利用目标探测技术对入侵杂草进行了监测，其结果见图 1.26。该研究是以爱达荷州天鹅谷为试验区域，利用航空高光谱传感器(2 m 空间分辨率、12 nm 光谱分辨率)采集了 2002 年 7 月 27 日、2003 年 7 月 7 日两个时相的数据，然后基于光谱角制图 SAM 算法，结合地面实测光谱数据，计算得到高光谱遥感图像中各像元的光谱角，使用 1°～5°和 10°阈值对光谱角进行分类。图 1.26 是 2°阈值的分类结果，其中黑矢车菊、满天星这两类杂草蔓延的信息分别以红色和绿色加以标识。

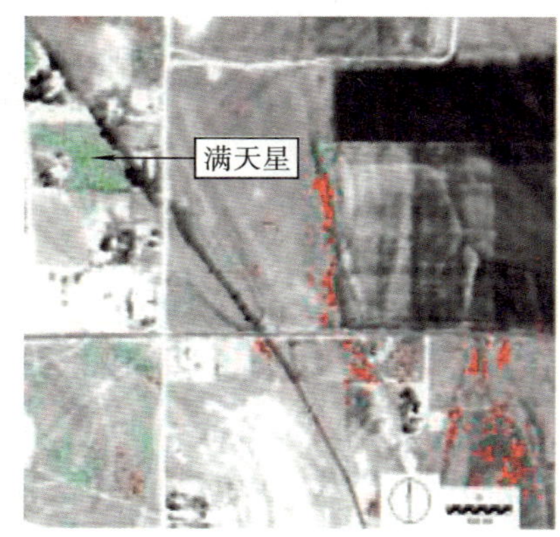

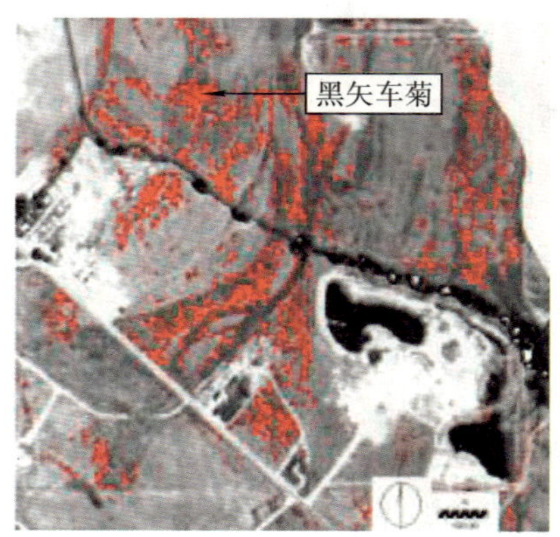

图 1.26　采用目标探测技术进行入侵杂草监测的应用

---

①　该图引自 http://www.ceode.cas.cn/txzs/zhjc/201011/t20101103_3002278.html。

思考题

1. 如何将模拟图像转换为数字图像？

2. 与普通数码照片相比，遥感数字图像具有哪些特点？

3. 整个数字图像处理过程可分成低级处理、中级处理和高级处理三个阶段。这三个阶段是如何界定的？

4. ENVI 遥感数字图像处理系统的主要功能有哪些？

第 2 章　光学成像遥感传感器

遥感图像是由搭载在遥感平台上的传感器采集的。本章将重点介绍遥感传感器的成像原理及成像参数。

2.1　遥感传感器的类型及组成

遥感传感器，简称传感器或探测器，是远距离收集和记录被探测物体辐射或反射电磁波信息的装置，是遥感技术系统的重要组成部分，通常安装在不同类型和不同高度的遥感平台上。

2.1.1　遥感传感器的类型

传感器的类型很多，按电磁波辐射源的不同，可分为被动（无源）传感器和主动（有源）传感器。被动传感器收集的是地表目标地物反射太阳光的电磁波能量或目标地物本身热辐射的电磁波能量，如图 2.1 所示；主动传感器首先向目标地物发射电磁波，然后收集从目标地物反射回来的电磁波信息，如合成孔径雷达等。

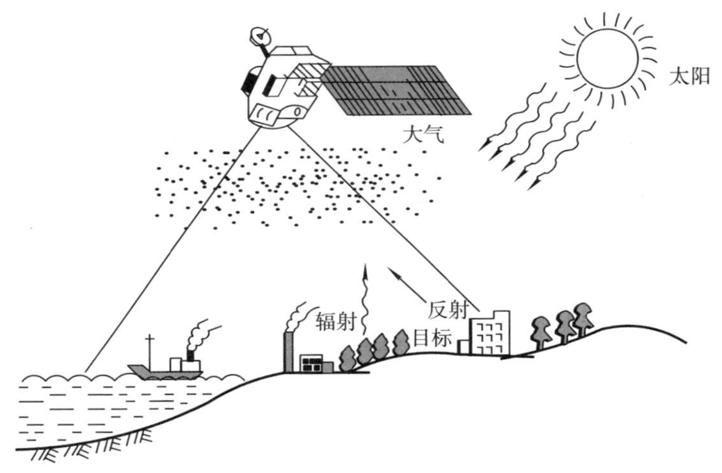

图 2.1　被动遥感

传感器按搭载平台的不同，可分为地基（地面固定、车载、船舰载等）、机载（无人机、航空飞机）和星载（航天飞机、载人空间站、卫星平台）传感器。

传感器按工作波段的不同，可分为光学传感器和微波传感器。光学传感器所探测的电磁波谱段范围是 0.3～15 μm，其对应的电磁辐射能量能被透镜聚焦；微波传感器探测的波长范围是 1 mm～1.3 m，其电磁辐射能量需由天线聚焦。表 2.1 列出了按波长大小划分的电磁波谱段。光学传感器又可分为近紫外光传感器，可见光、近红外、短波红外传感器以及热红外传感器。近紫外光、可见光、近红外、短波红外传感器所探测的电磁波的辐射源是太阳（太阳辐射极大值所对应的波长在 0.5 μm 左右），所记录的数值取决于地表目标地物的反射率。因此，研究不同类别地物的反射波谱特征以及建立相应的波谱库，是光学遥感图像解译的前提条件。近红外和短波红外有时也称为反射红外(reflected infrared，RIR)；而中波红外和长波红外有时也称为热红外(thermal infrared，TIR)。注意除激光雷达(laser imaging detection and ranging，LiDAR)外的光学传感器都是被动传感器；但微波传感器并不一定都是主动传感器，有被动方式和主动方式之分。

表 2.1　按波长或频率对电磁波进行谱段划分

<table>
<tr><th colspan="2">波段名称</th><th colspan="2">波长范围</th></tr>
<tr><td>γ 射线</td><td>[全部被地球大气层吸收]</td><td colspan="2"><0.01 nm</td></tr>
<tr><td>X 射线</td><td>[全部被地球大气层吸收]</td><td colspan="2">0.01～10 nm</td></tr>
<tr><td rowspan="2">紫外线(ultraviolet，UV)</td><td>[被大气臭氧层吸收]</td><td rowspan="2">0.01～0.38 μm</td><td>0.01～0.30 μm</td></tr>
<tr><td>近紫外*</td><td>0.30～0.38 μm</td></tr>
<tr><td>可见光*(visible，VIS)</td><td>[人眼视觉可感知的电磁波段]</td><td colspan="2">0.38～0.75 μm</td></tr>
<tr><td rowspan="5">红外</td><td>近红外*(near infrared，NIR)</td><td rowspan="5">0.75 μm～1 mm</td><td>0.75～1.4 μm</td></tr>
<tr><td>短波红外*(short-wavelength infrared，SWIR)</td><td>1.4～3 μm</td></tr>
<tr><td>中波红外*(mid-wavelength infrared，MWIR)</td><td>3～8 μm</td></tr>
<tr><td>长波红外*(long-wavelength infrared，LWIR)</td><td>8～15 μm</td></tr>
<tr><td>甚长波红外(very long-wavelength infrared，VLWIR)</td><td>15 μm～1 mm</td></tr>
<tr><td rowspan="9">微波</td><td>mm[毫米波]</td><td rowspan="9">1 mm～1 m</td><td>0.10～0.75 cm</td></tr>
<tr><td>Ka</td><td>0.75～1.10 cm</td></tr>
<tr><td>K</td><td>1.10～1.67 cm</td></tr>
<tr><td>Ku</td><td>1.67～2.40 cm</td></tr>
<tr><td>X*</td><td>2.40～3.75 cm</td></tr>
<tr><td>C*</td><td>3.75～7.50 cm</td></tr>
<tr><td>S</td><td>7.50～15.0 cm</td></tr>
<tr><td>L*</td><td>15.0～30.0 cm</td></tr>
<tr><td>P</td><td>30.0～100 cm</td></tr>
<tr><td>无线电波</td><td>[包含微波]</td><td colspan="2">>1 mm</td></tr>
</table>

注：表中 * 标注的波段是常用于遥感探测的波段，可见光近红外的英文缩写为 VNIR。

遥感按数据记录方式的不同，可分为成像传感器和非成像传感器。成像传感器所记录的数据是单波段或多波段图像，包含了目标地物的属性信息和空间信息；非成像传感器每次探测和记录的数据仅是指定目标地物的一些物理参数，不能生成图像，如用以测量地物波谱特征曲线的地物波谱仪、用以测量目标地物与遥感平台间距离的微波高度计等。本章重点介绍光学成像传感器。

按波段设置的不同，可将光学成像传感器分为全色(panchromatic，PAN)、单色(monochromatic，MONO)、多光谱(multispectral，MS)以及高光谱(hyperspectral，HS)传感器。全色和单色传感器输出的图像都只有一个波段，不同点在于：全色传感器的波段宽度通常要大于单色传感器的波段宽度，但有时也不严格加以区分。由于传感器硬件所限，窄波段的遥感图像空间分辨率通常要低于宽波段的遥感图像空间分辨率，详细内容见 2.2 节。

按成像原理的不同，可将光学成像传感器分为摄影型传感器和扫描型传感器。扫描型传感器又可分为摆扫式(物面扫描)和推扫式(像面扫描)，详细内容见 2.4 节。

2.1.2 遥感传感器的组成

无论哪一种传感器，它们都基本是由收集系统、探测系统、处理系统和记录系统四部分组成。

(1)收集系统。遥感技术是建立在地物电磁波特性基础上的，该系统用于收集来自目标地物的电磁辐射能量。不同的传感器使用的收集元件不同，最基本的收集元件是透镜组、反射镜组、天线等。对于多光谱传感器，收集系统还包括按波段分波束的色散元件，如滤光片、棱镜、光栅等。

(2)探测系统。传感器中最重要的部分就是探测元件，它将收集的电磁辐射能量转变成化学能或电能。常用的探测元件有感光胶片、光电二极管、电荷耦合器件(charged-coupled device, CCD)、互补金属氧化物半导体(complementary metal-oxide-semiconductor, CMOS)、热电偶探测器、热释电探测器、天线等。CCD是一种半导体器件，是目前常用的探测元件。它用电荷量表示信号大小，用耦合方式传输信号，能将探测到的光学信号转换成数字信号，具有自扫描、感光波长范围宽、畸变小、体积小、重量轻、系统噪声低、寿命长、可靠性高等一系列优点，并可做成集成度非常高的组合件。不同材料制成的CCD器件，其感光范围也不同，如图2.2所示。以硅材料做成的CCD器件，响应波长的上限为1.1 μm，以锑化铟(InSb)材料做成的CCD器件的响应波长上限为5.4 μm。

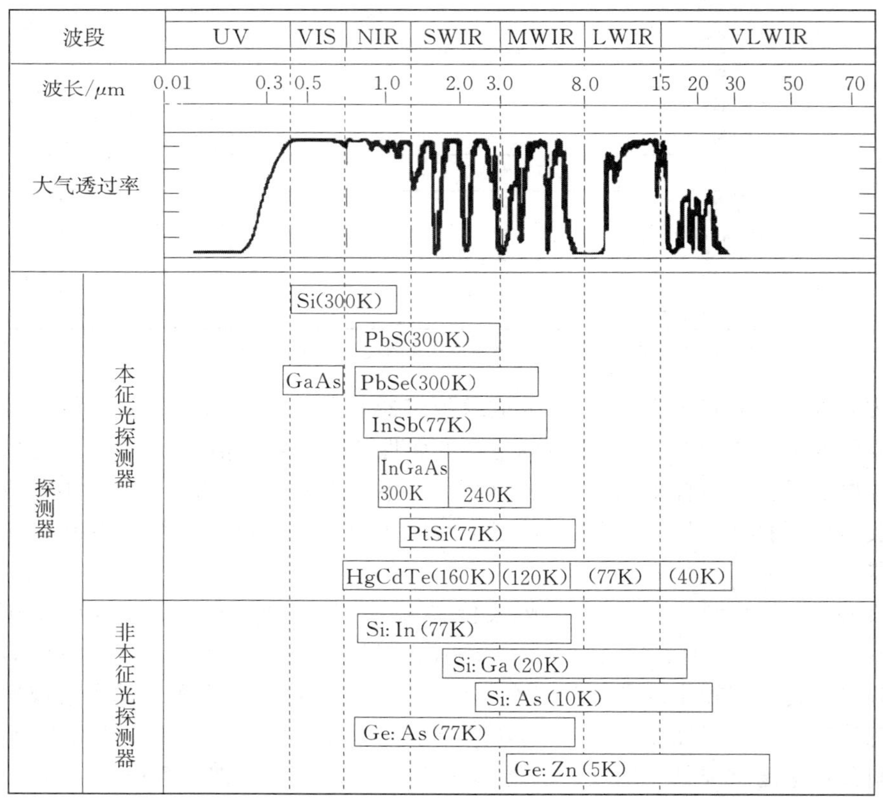

图2.2 不同半导体材料的感光范围①

① 该图引自 http://spie.org/samples/PM142.pdf。

(3)处理系统。除感光胶片作为探测元件的传感器(从光辐射能量输入到光信号记录，无须进行信号处理)外，其他传感器都需进行信号处理。光电敏感元件和固态敏感元件等输出的是低电平信号，因此首先需放大信号和限制带宽。这项工作一般由设置在探测器后面的低噪声放大器来完成。放大器输出的是视频信号，可直接记录在模拟磁带上。若将视频信号记录在胶片上，则需进行电光转换；若将视频信号以数字形式输出，则需利用模数转换器，对连续的模拟信号进行采样、量化和编码，转换成离散的数字信号。

(4)记录系统。传感器的目的是将接收到的各种电磁波信息，输出到记录系统中。遥感影像可以直接记录在摄影胶片上，也可记录在磁带上。磁带记录的形式分模拟磁带和数字磁带两种。模拟磁带记录数据后形成的磁带强度与视频信号强度一致。数字磁带记录的是经采样、量化和编码的数字值。数字磁带又分高密度数字磁带(high density digital tape, HDDT)和计算机兼容磁带(computer compatible tape, CCT)两种。

2.2　光学成像传感器的物理参数

遥感解译人员可从遥感图像中获得三方面的信息：目标地物的大小、形状及空间分布特点，目标地物的属性特点，目标地物的动态变化特点。相应地，可将遥感图像归纳为三方面的特征，即几何特征、物理特征和时间特征，这三个特征所对应的传感器物理参数分别是空间分辨率、光谱分辨率、辐射分辨率和时间分辨率。其中，光谱分辨率和辐射分辨率是关于遥感图像物理特征的表现参数。

2.2.1　空间分辨率

空间分辨率(spatial resolution 或 groud sampling distance, GSD)，是指遥感图像中像元所代表的地面范围的大小，或传感器能分辨的地面物体最小单元，一般以 km 或 m 计量。当空间分辨率为 30 m 时，一个像元代表 30 m×30 m 的地面单元。空间分辨率越高，图像分辨地面目标细节能力越强。对于摄影型传感器，空间分辨率取决于相机焦距 f 和航高 H；对于扫描型传感器，空间分辨率则取决于瞬时视场角(instantaneous field of view, IFOV)和航高(或轨道高度)。瞬时视场角是指遥感系统在某一瞬间，探测单元对应的瞬时视场，以 mrad 或 μrad 计量。如图 2.3 所示，遥感图像中的像元即是瞬时视场角在影像上对应的点，该像元所对应的地面范围边长可由 $2H\tan(\mathrm{IFOV}/2)$ 计算得到，需要注意的是，与光学遥感图像不同，雷达图像的空间分辨率包括两个方面：距离向分辨率和方位向分辨率。

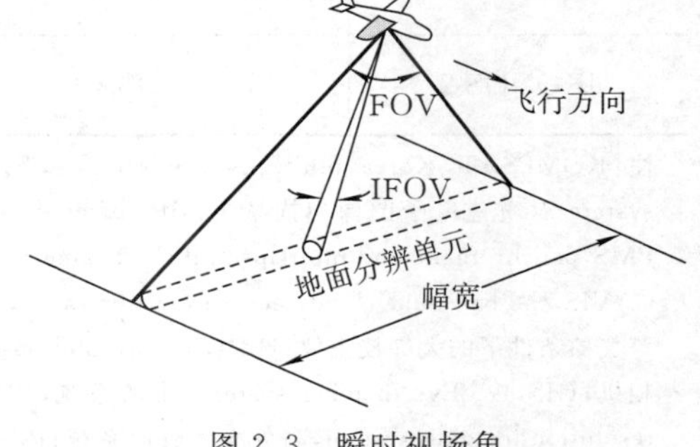

图 2.3　瞬时视场角

根据传感器可提供的空间分辨率大小的不同，将空间分辨率的传感器分为甚高(≤1 m)、高(1～5 m)、中等(5～30 m)以及中低(>30 m)分辨率传感器。表 2.2 至表 2.5 列出了部分甚高、高、中等、中低分辨率的光学遥感卫星传感器①，按卫

① http://www.cresda.com/n16/n1130/index.html; https://www.itc.nl/research/products/sensordb/AllSensors.aspx; https://directory.eoportal.org/web/eoportal/satellite-missions/; http://www.wmo-sat.info/oscar/satellites。

星发射时间排列。为方便阅读，各卫星搭载的所有遥感传感器一并列出，其中，* 标注的传感器属中等分辨率传感器，# 标注的传感器属中低分辨率传感器。

表 2.2　部分甚高空间分辨率的光学遥感卫星传感器

卫星	传感器	空间分辨率	波段数	发射年月
KOMPSAT-3A	AEISS-A	PAN：0.55 m MS：2.20 m	PAN：1 MS：4	2015 年 3 月
	IIP*	MWIR：5.50 m	MWIR：1	
GF-2	PMS-2	PAN：0.8 m MS：3.2 m	PAN：1 MS：4	2014 年 8 月
WorldView-3	WV-3 Imager	PAN：0.31 m VNIR：1.24 m SWIR：3.70 m	PAN：1 VNIR：8 SWIR：8	2014 年 8 月
	CAVIS*	MS：30 m	MS：12	
SkySat-2	SkySat	PAN：0.9 m MS：2.0 m	PAN：1 MS：4	2014 年 7 月
SkySat-1	SkySat	PAN：0.9 m MS：2.0 m	PAN：1 MS：4	2013 年 11 月
Pléiades-1B	HiRI	PAN：0.7 m MS：2.8 m	PAN：1 MS：4	2012 年 12 月
KOMPSAT-3	AEISS	PAN：0.7 m MS：2.8 m	PAN：1 MS：4	2012 年 5 月
Pléiades-1A	HiRI	PAN：0.7 m MS：2.8 m	PAN：1 MS：4	2011 年 12 月
WorldView-2	WV110	PAN：0.46 m MS：1.84 m	PAN：1 MS：8	2009 年 10 月
GeoEye-1	GIS	PAN：0.41 m MS：1.64 m	PAN：1 MS：4	2008 年 9 月
WorldView-1	WV60	PAN：0.50 m	PAN：1	2007 年 9 月
OrbView-3	OHRIS	PAN：1 m MS：4 m	PAN：1 MS：4	2003 年 6 月
QuickBird-2	BGIS-2000	PAN：0.61 m MS：2.44 m	PAN：1 MS：4	2001 年 10 月
IKONOS-2	OSA	PAN：0.82 m MS：3.20 m	PAN：1 MS：4	1999 年 9 月

注：KOMPSAT，Korea multi-purpose satellite，阿里郎卫星；AEISS-A，advanced electronic image scanning system-A，先进电子图像扫描系统；IIP，infrared imaging payload，红外成像载荷；GF-2，GaoFen-2，高分二号；PMS，panchromatic and multispectral CCD camera，全色多光谱 CCD 相机；WV-3，World View-3 Imager 成像仪；CAVIS，the ball-built cloud，aerosol，water vapor，ice，snow atmospheric instrument，云、气溶胶、水汽、冰及雪等气象条件下的大气校正仪；HiRI，high-resolution imager，高分辨率成像仪；WV110，World View 110 Camera，相机；GIS，GeoEye imaging system，成像系统；WV60，World View 60 Camera，相机；OHRIS，OrbView high resolution imaging system，高分辨率成像系统；BGIS-2000，ball global imaging system 2000，球全景成像系统；OSA，optical sensor assembly，光传感器组件。

表 2.3　部分高空间分辨率的光学遥感卫星传感器

卫星	传感器	空间分辨率	波段数	发射年月
CBERS-4	PANMUX	PAN：5 m MS：10 m	PAN：1 MS：3	2014 年 12 月
	MUXCAM*	MS：20 m	MS：4	
	IRMSS-2#	NIR：40 m SWIR：40 m TIR：80 m	NIR：1 SWIR：2 TIR：1	
	WFI-2#	MS：64 m	MS：4	
SPOT-7	NAOMI	PAN：1.5 m MS：6 m	PAN：1 MS：4	2014 年 6 月
Resurs-P1	Geoton-2	PAN：1 m MS：4 m HS：30 m	PAN：1 MS：5 HS：96	2013 年 6 月
GF-1	PMS	PAN：2 m MS：8 m	PAN：1 MS：4	2013 年 4 月
	WFI*	MS：16 m	MS：4	
ZY-3	TAC	正视 PAN：2.1 m 前视 PAN：3.5 m 后视 PAN：3.5 m	正视 PAN：1 前视 PAN：1 后视 PAN：1	2012 年 1 月
	MSC*	MS：5.8 m	MS：4	
Göktürk-2	EOS-C	PAN：2.5 m VNIR：10 m SWIR：20 m	PAN：1 VNIR：4 SWIR：1	2012 年 12 月
SPOT-6	NAOMI	PAN：1.5 m MS：6 m	PAN：1 MS：4	2012 年 9 月
TianHui-1B	PAN Camera	PAN：5 m	PAN：1	2012 年 5 月
	MS Camera*	MS：10 m	MS：4	
NigeriaSat-2	VHRI	PAN：2.5 m MS：5 m	PAN：1 MS：4	2011 年 8 月
	MRI#	MS：32 m	MS：4	
TianHui-1	PAN Camera	PAN：5 m	PAN：1	2010 年 8 月
	MS Camera*	MS：10 m	MS：4	
Cartosat-2B	PAN Camera	PAN：0.8 m	PAN：1	2010 年 7 月
THEOS	PAN Camera	PAN：2 m	PAN：1	2008 年 10 月
	MS Camera*	MS：15 m	MS：4	
RapidEye	REIS	MS：6.5 m	MS：5	2008 年 8 月
Cartosat-2A	PAN Camera	PAN：0.8 m	PAN：1	2008 年 4 月
Cartosat-2	PAN Camera	PAN：0.8 m	PAN：1	2007 年 1 月
ALOS	PRSIM	PAN：2.5 m	PAN：1	2006 年 1 月
	AVNIR-2*	MS：10 m	MS：4	
	PALSAR*	7～100 m	L 波段：1	
TopSat	RALCam-1	PAN：2.8 m MS：5.6 m	PAN：1 MS：3	2005 年 10 月

续表

卫星	传感器	空间分辨率	波段数	发射年月
Catosat-1	PAN Camera	PAN: 2.5 m	PAN: 1	2005 年 5 月
Beijing-1	CMT	PAN: 4 m	PAN: 1	2005 年 10 月
	SLIM-6#	MS: 32 m	MS: 4	
FORMOSAT-2	RSI	PAN: 2 m MS: 8 m	PAN: 1 MS: 4	2004 年 5 月
SPOT-5	HRG	PAN: 5 m VNIR: 10 m SWIR: 20 m	PAN: 1 VNIR: 3 SWIR: 1	2002 年 5 月
	HRS*	PAN: 10 m	PAN: 1	
	VGT#	MS: 1.15 km	MS: 4	

注：CBERS，China-Brazil earth resources satellite，中巴地球资源卫星；WFI，wide field imager，宽视场成像仪；MUXCAM，multispectral camera，多光谱相机；PANMUX，panchromatic and multispectral imager，全色多光谱成像仪；IRMSS-2，infrared multispectral scanner-2，红外多光谱相机；NAOMI，new astrosat optical modular instrument，新天文卫星光调制器；ZY-3，ZiYuan-3，资源三号；TAC，three-line array camera，三线阵相机；MSC，multispectral camera，多光谱相机；EOS-C，earth observation satellite-camera，对地观测卫星相机；VHRI，very high resolution imager，甚高分辨率成像仪；MRI，medium resolution imager，中分辨率成像仪；THEOS，Thailand earth observation satellite，泰国对地观测卫星；REIS，RapidEye earth imaging system，对地成像系统；PRISM，panchromatic remote-sensing instrument for stereo mapping，全色遥感立体测绘仪；AVNIR-2，advanced visible and near-infrared radiometer- 2，先进可见光近红外辐射计；PALSAR，phased-array L-band synthetic aperture radar，相控阵型 L 波段合成孔径雷达；ALOS，advanced land observing satellite，先进对地观测卫星；RALCam-1，Rutherford Appleton Laboratory camera-1，卢瑟福·阿普尔顿实验室研制的相机；CMT，China mapping telescope，中国制图仪；SLIM-6，surrey linear imager multispectral 6 channels-but 3 spectral bands，线性成像仪；RSI，remote sensing instrument，遥感器；HRG，high resolution geometric，高分辨率几何装置；HRS，high resolution stereoscopic，高分辨率立体成像装置；VGT，vegetation，植被探测器。

表 2.4 部分中等空间分辨率的光遥感卫星传感器

卫星	传感器	空间分辨率	波段数	发射时间
Landsat-8	OLI	PAN: 15 m MS: 30 m	PAN: 1 MS: 8	2013 年 11 月
	TIRS#	TIR: 100 m	TIR: 2	
Resourcesat-2	LISS-4	MS: 5.8 m	MS: 3	2011 年 4 月
	LISS-3	MS: 23.5 m	MS: 4	
	AWiFS	MS: 56 m	MS: 4	
UK-DMC-2	SLIM-6	MS: 22 m	MS: 3	2009 年 7 月
Resourcesat-1	LISS-4	MS: 5.8 m	MS: 3	2003 年 10 月
	LISS-3	MS: 23.5 m	MS: 4	
	AWiFS	MS: 56 m	MS: 4	
EO-1	ALI	PAN: 10 m MS: 30 m	PAN: 1 MS: 9	2000 年 11 月
	Hyperion	HS: 30 m	HS: 242	
	LAC#	HS: 250 m	HS: 256	

续表

卫星	传感器	空间分辨率	波段数	发射时间
EOS-Terra	ASTER	VNIR：15 m SWIR：30 m TIR：90 m	VIR：3 SWIR：6 TIR：5	1999 年 12 月
	MODIS#	250 m；500 m；1 km	36	
Landsat-7	ETM＋	PAN：15 m	PAN：1	1999 年 4 月
		VNIR：30 m	VNIR：4	
		SWIR：30 m	SWIR：2	
		TIR：60 m	TIR：1	
SPOT-4	HRVIR	PAN：10 m MS：20 m	PAN：1 MS：4	1998 年 3 月
	VGT#	MS：1.15 km	MS：4	
IRS-1D	PAN Camera	PAN：5.8 m	PAN：1	1997 年 9 月
	LISS-3	VNIR：23.5 m SWIR：70.5 m	VNIR：3 SWIR：1	
	WiFS#	190 m	2	
SPOT-3	HRV	PAN：10 m MS：20 m	PAN：1 MS：3	1993 年 9 月
SPOT-2	HRV	PAN：10 m MS：20 m	PAN：1 MS：3	1990 年 1 月
SPOT-1	HRV	PAN：10 m MS：20 m	PAN：1 MS：3	1986 年 2 月
Landsat-5	TM	VNIR：30 m	VNIR：4	1984 年 3 月
		SWIR：30 m	SWIR：2	
		TIR：120 m	TIR：1	
	MSS#	MS：82 m	MS：4	
Landsat-4	TM	VNIR：30 m	VNIR：4	1982 年 7 月
		SWIR：30 m	SWIR：2	
		TIR：120 m	TIR：1	
	MSS#	MS：82 m	MS：4	

注：OLI，operational land imager，运营性陆地成像仪；TIRS，thermal infrared sensor，热红外传感器；UK-DMC，United Kingdom-disaster monitoring constellation，英国灾害监测星座；LISS，linear imaging self-scanning sensor，线性成像自扫描传感器；AWiFS，advanced wide field sensor，先进宽视场传感器；EO-1，earth observing-1，对地观测卫星；ALI，adavanced land imager，先进陆地成像仪；LAC，linear etalon imaging spectrometer array (LEISA) atmospheric corrector，大气校正仪；ASTER，advanced spaceborne thermal emission and reflection radiometer，先进星载热辐射和反射辐射计；MODIS，moderate resolution imaging spectro radiometer，中分辨率成像光谱仪；ETM＋，enhanced theamtic mapper plus，增强型专题制图仪；HRVIR，high resolution visible and infrared，高分辨率可见光红外成像仪；IRS-1D，Indian remote sensing satellite-1D，印度遥感卫星；HRV，high resolution visible，高分辨率可见光成像仪；TM，thematic mapper，专题制图仪；MSS，multispectral scanner，多光谱扫描仪。

表 2.5 部分中低空间分辨率的光学遥感卫星传感器

卫星	传感器	空间分辨率	波段数	发射时间
Meteosat-11	GERB	南北方向:44.6 km 东西方向:39.3 km	2	2015 年 7 月
	SEVIRI	宽波段:1 km 窄波段:3 km	12	
FY-3C	ERM-1	28 km	2	2013 年 9 月
	GNOS	水平方向:300 km 垂直方向:0.5 km	—	
	IRAS	17 km	26	
	MERSI-1	250m; 1 km	20	
	MWHS-2	16 km; 32 km	15	
	MWRI	随工作频率变化	10	
	MWTS-2	32 km	13	
	SBUS	200 km	12	
	SIM-2	—	—	
	TOU	50 km	6	
	VIRR	1.1 km	10	
PROBA-V	Végétation-P	VNIR: 100 m SWIR: 200 m	4	2013 年 5 月
SNPP	ATMS	16 km;32 km;75 km	22	2011 年 10 月
	CERES	30 km	3	
	CrIS	16 km	3	
	OMPS-limb	垂直方向:2.2 km	—	
	OMPS-nadir	水平方向:50 km 250 km	—	
	VIIRS	375 m; 750 m	22	
Envisat	AATSR	1 km	7	2002 年 3 月
	ASAR	30 m～1 km	C 波段	
	GOMOS	300 km; 1.7 km	—	
	MERIS	300 m; 1 200 m	15	
	MIPAS	300 km; 3 km	—	
	MWR	20 km	2	
	RA-2	20 km	2	
	SCIAMACHY-limb	垂直方向:3 km	—	
	SCIAMACHY-nadir	沿轨方向:30 km	—	
OrbView-2	SeaWiFS	1.13 km; 4.5 km	8	1997 年 8 月
Landsat-3	RBV	80 m	1	1978 年 3 月
	MSS	79 m; 240 m	5	
Landsat-2	RBV	80 m	3	1975 年 1 月
	MSS	79 m	4	
Landsat-1	RBV	80 m	3	1972 年 7 月
	MSS	79 m	4	

注:GERB,geostationary earth radiation budget,静止卫星地球辐射收支器;SEVIRI,spinning enhanced visible infrared imager,可旋转增强型可见光红外成像仪;FY-3C,FengYun 3C,风云三号 03 星;ERM-1,earth radiation measurement-1；GNOS，GNSS radio occultation sounder，全球导航卫星掩星探测仪；IRAS，infrared atmospheric sounder，红外分光计；MERIS-1，medium resolution imaging spectrometer-1，中分辨率成像光谱仪；MWHS-2，microwave humidity sounder-2，微波湿度计；MWRI，microwave radiation imager，微波成像仪；MWTS-2，micro-wave temperature sounder-2 微波温度计；SBUS，solar backscatter ultraviolet sounder，紫外臭氧垂直探测仪；SIM-2，solar irradiance monitor-2，太阳辐射监测仪；TOU，total ozone unit，紫外臭氧总量探测仪；VIRR，visible and infrared radiometer，可见光红外辐射计；PROBA-V，project for on-board autonomy-végétation，在轨自主计划植被观测卫星；Végétation-P，végétation for PROBA，PROBA 系列的植被观测仪；SNPP，suomi national polar-orbiting partnership，极轨卫星系统；ATMS，advanced technology microwave sounder，先进技术微波声纳；CERES，clouds and the earth's radiant energy system，云与地球辐射能量系统；CrIS，cross-track infrared sounder，跨轨扫描红外探测仪；OMPS，ozone mapping and profiler suite，臭氧制图与剖面仪装置；VIIRS，visible/infrared imager/radiometer suite，可见光红外成像辐射仪；Envisat，environmental satellite，环境卫星；AATSR，advanced along-track scanning radiometer，先进沿轨扫描辐射计；ASAR，advanced synthetic aperture radar，先进合成孔径雷达；GOMOS，global ozone monitoring by occultation of stars，全球臭氧监测仪；MIPAS，michelson interferometer for passive atmospheric sounding，迈克尔逊被动大气探测干涉仪；MWR，microwave radiometer，微波辐射计；RA-2，radar altimeter-2，雷达测高计；SCIAMACHY，scanning imaging absorption spectrometer for atmospheric cartography，扫描成像大气吸收图谱仪；SeaWiFS，sea-viewing wide field-of-view sensor，海洋观察宽视场传感器；RBV，return-beam vidicon，反束光导摄像管。

2.2.2　光谱分辨率

光谱分辨率（spectral resolution 或 bandwidth），是指传感器在接收目标地物辐射的光谱时能分辨的最小波长间隔。相邻波段通道的光谱峰值响应点间的波长间隔称为光谱采样间隔（spectral sampling interval）①。在传感器的工作波段范围内，光谱采样间隔越小，波段宽度（bandwidth）越窄，波段分得越细，光谱分辨率越高。波段宽度通常由半峰全宽（full width at half at maximum，FWHM）这个参量进行描述。

根据光谱分辨率的不同，传感器通常分为全色、单色、多光谱、中等光谱分辨率以及高光谱传感器。全色和多色只有一个通道，全色的波段宽度大于单色的波段宽度。多光谱、中等光谱分辨率以及高光谱最主要的区别在于波段数和波段宽度。与多光谱（≤10 个宽波段）相比，高光谱的波段间隔要窄得多，通常只有 10～20 nm，波段数也有几十甚至上百个。例如：Landsat MSS、TM、ETM＋以及 SPOT HRV、HRVIR、HRG 均是多光谱传感器；Terra 和 Aqua 卫星上搭载的 MODIS 是中等光谱分辨率传感器；EO-1 卫星搭载的 Hyperion 是高光谱传感器。下面主要介绍 MODIS 和 Hyperion 传感器的波段设置。

1999 年美国国家航空航天局（National Aeronautics and Space Administration，NASA）成功发射了地球观测系统（earth observing system，EOS）的第一颗极地轨道环境卫星 Terra，2002 年又成功发射了 Aqua 卫星。Terra 和 Aqua 这两颗卫星上均搭载了 MODIS 传感器，每 1～2 天对地球表面观测一次。如表 2.6 所示，MODIS 光谱范围为 0.405～14.385 μm，共有 36 个波段，可获取关于陆地和海洋温度、初级生产率、陆地地表覆盖、云、气溶胶、水汽和火情等目标的图像，其中两个波段的空间分辨率达 250 m，5 个波段的空间分辨率为 500 m，另 29 个波段的空间分辨率为 1000 m。

① 扩展阅读资料参见 http://www2.brgm.frmineoUserNeed/remote%20sensing.pdf。

表 2.6 MODIS 传感器的波段设置

波段号	波段宽度 /μm	分辨率 /m	主要应用	波段号	波段宽度 /μm	分辨率 /m	主要应用
1	0.620～0.670	250	陆地与云的界限	19	0.915～0.965	1 000	大气水分
2	0.841～0.876	250		20	3.660～3.840	1 000	地表、云温度
3	0.459～0.479	500	陆地与云的性质	21	3.929～3.989	1 000	
4	0.545～0.565	500		22	3.929～3.989	1 000	
5	1.230～1.250	500		23	4.020～4.080	1 000	
6	1.628～1.652	500		24	4.433～4.498	1 000	大气温度
7	2.105～2.155	500		25	4.482～4.549	1 000	
8	0.405～0.420	1 000	海洋水色、水体表层性质、生物化学	26	1.360～1.390	1 000	卷云
9	0.438～0.448	1 000		27	6.535～6.895	1 000	水汽
10	0.483～0.493	1 000		28	7.175～7.475	1 000	
11	0.526～0.536	1 000		29	8.400～8.700	1 000	
12	0.546～0.556	1 000		30	9.580～9.880	1 000	臭氧
13	0.662～0.672	1 000		31	10.780～11.280	1 000	地表、云温度
14	0.673～0.683	1 000		32	11.770～12.270	1 000	
15	0.743～0.753	1 000		33	13.185～13.485	1 000	云顶高度
16	0.862～0.877	1 000		34	13.485～13.785	1 000	
17	0.890～0.920	1 000	大气水分	35	13.785～14.085	1 000	
18	0.931～0.941	1 000		36	14.085～14.385	1 000	

EO-1 是美国 NASA 面向 21 世纪为接替 Landsat-7 卫星而研制的地球观测卫星，于 2000 年 11 月 21 日发射升空。EO-1 卫星轨道与 Landsat-7 基本相同，为太阳同步轨道，轨道高度为 705 km，倾角为 98.7°，与 Landsat-7 前后相差 1 min 过赤道。Landsat-7 上搭载的传感器是增强型专题制图仪 ETM＋。EO-1 上搭载的传感器有高级陆地成像仪 ALI、高光谱成像光谱仪 Hyperion 和大气校正仪 LAC。下面通过比较 ETM＋、ALI 以及 Hyperion 这三个传感器的波段设置（ETM＋热红外波段除外），进一步理解光谱分辨率的含义。Landsat-7 ETM＋与 EO-1 ALI 的波段设置比较见表 2.7。ETM＋各波段的相对光谱响应函数见图 2.4。Hyperion 是第一台星载高光谱成像仪，空间分辨率为 30 m，对地刈幅宽度为 7.5 km，光谱范围为 400～2 500 nm，光谱分辨率约 10 nm，共 242 个波段，其中 VIS 有 35 个波段，NIR 有 35 个波段，SWIR 有 172 个波段。与 ETM＋、ALI 相比，Hyperion 能获取更精细的地物光谱信息。

表 2.7 Landsat-7 ETM＋与 EO-1 ALI 的波段设置比较

Landsat-7 ETM＋			EO-1 ALI		
波段	波长 /nm	空间分辨率 /m	波段	波长 /nm	空间分辨率 /m
PAN	520～900	15	PAN	480～690	10
			1	433～453	30
1	450～515	30	2	450～515	30
2	525～605	30	3	525～605	30
3	630～690	30	4	630～690	30

续表

Landsat-7 ETM+			EO-1 ALI		
波段	波长/nm	空间分辨率/m	波段	波长/nm	空间分辨率/m
4	750～900	30	5	775～805	30
			6	845～890	30
			7	1200～1300	30
5	1550～750	30	8	1550～1750	30
7	2090～2350	30	9	2080～2350	30

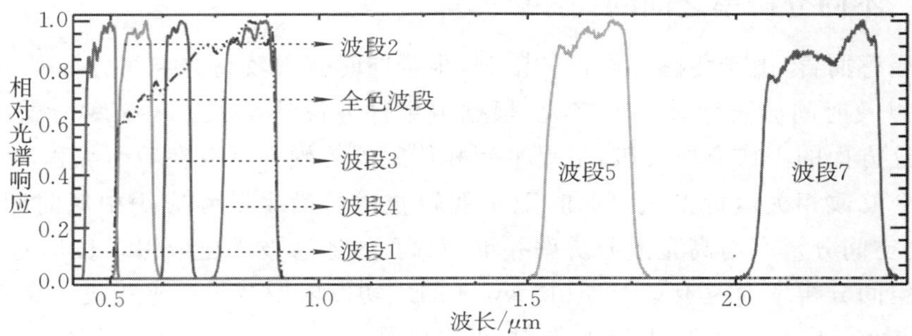

图 2.4　ETM—各波段的相对光谱响应函数

2.2.3　辐射分辨率

辐射分辨率(radiometric resolution)，是指传感器探测元件在接收电磁辐射能量时能分辨的最小辐射度差。对于遥感数字图像，辐射分辨率一般用灰度的分级数(最暗至最亮灰度值之间的分级数目)来表示，即量化级数(quantization level)，单位是位或比特(bit)。图 2.5 给出了量化级数分别为 8 bit 和 3 bit 的灰度梯尺对比图。探测元件的灵敏度越高，量化级数越多，辐射分辨率越高。例如，Landsat TM 量化级数是 8 bit，相应的图像像元 DN 取值范围是 0～255；IKONOS、QuickBird 量化级数是 11 bit，对应的图像像元 DN 值取值范围是 0～2047；Terra-Aqua 卫星搭载的 MODIS 传感器量化级数是 12 bit，对应图像像元 DN 值取值范围是 0～4095；WorldView-3 卫星搭载的 WV-3 Imager 传感器在全色、VIS-NIR 波段的量化级数是 11 bit，在 SWIR 波段量化级数是 14 bit。

遥感图像辐射分辨率较高时，对人眼视觉分析而言，可能存在信息冗余；但对计算机视觉分析而言，不存在冗余之说。原因分析如下：人眼分辨亮暗变化能力不超过 64 个等级，而目前在计算机硬件中每个信号采用 24 bit 的表示方法，即能产生或识别的灰度值范围是 0～16777215。

图 2.5　不同辐射分辨率的比较

2.2.4 时间分辨率

时间分辨率(temporal resolution)是指在同一区域进行的相邻两次遥感观测的最小时间间隔,一般以天数计算。时间间隔越大,时间分辨率就越低,反之时间分辨率就越高。卫星搭载的传感器也称重访周期,它是关于轨道参数(包括轨道高度、轨道倾角、飞行速度等)和传感器总视场、多角度观测等的函数。时间间隔越长,时间分辨率就越低,反之时间分辨率越高。

注意:卫星图像的重访周期并不一定等于卫星轨道的覆盖周期(地球观测卫星对地表重复覆盖一次所需的时间)。

2.2.5 不同分辨率之间的关系

就卫星遥感而言,由于传感器硬件的限制,很难同时获得较高的空间分辨率、光谱分辨率、辐射分辨率以及时间分辨率。一般来说,根据卫星任务设计,满足 1～2 种分辨率指标即可。但近年来在这方面的工作有所突破,卫星平台和传感器等硬件具有在轨可编程能力,地面站可通过控制指令修改相关运行参数,例如,卫星变轨技术可满足实际应用中对时间分辨率的要求。此外,高空间分辨率与高光谱分辨率并重(双高)的遥感技术也取得了长足的发展,第一颗超光谱的高空间分辨率商业卫星 WorldView-3 的成功发射掀开了遥感历史上崭新的一页。

WorldView-3 于 2014 年 8 月 13 日发射,可提供高达 0.31 m 的空间分辨率、16 个波段的多光谱图像。其轨道高度是 617 km,扫描幅宽是 13.1 km,平均重访时间不到 1 天,每天能够采集多达 680 000 km^2 的范围;搭载了 WV-3 Imager、CAVIS 这两个传感器,其技术参数见表 2.8。WV-3 Imager 主要分为三个光谱区间,即全色波段、可见光近红外区间和短波红外区间。全色波段空间分辨率为 0.31 m,量化级数为 11 bit;可见光近红外区间分 8 个波段,空间分辨率为 1.24 m,量化级数为 11 bit;短波红外区间也分 8 个波段,空间分辨率为 3.70 m,量化级数为 14 bit。

表 2.8 WorldView-3 卫星搭载的传感器物理参数

<table>
<tr><th>传感器</th><th colspan="2">波段名称</th><th>波长/nm</th><th>空间分辨率/m</th><th>量化级数</th><th>幅宽</th></tr>
<tr><td rowspan="17">WV-3 Imager</td><td colspan="2">全色</td><td>450～800</td><td>0.31(星下点)</td><td>11 bit</td><td rowspan="17">13.1 km
(星下点)</td></tr>
<tr><td rowspan="8">VNIR</td><td>海岸带</td><td>400～450</td><td rowspan="8">1.24
(星下点)</td><td rowspan="8">11 bit</td></tr>
<tr><td>蓝</td><td>450～510</td></tr>
<tr><td>绿</td><td>510～580</td></tr>
<tr><td>黄</td><td>585～625</td></tr>
<tr><td>红</td><td>630～690</td></tr>
<tr><td>红边</td><td>705～745</td></tr>
<tr><td>NIR-1</td><td>770～895</td></tr>
<tr><td>NIR-2</td><td>860～1040</td></tr>
<tr><td rowspan="8">SWIR</td><td>SWIR-1</td><td>1195～1225</td><td rowspan="8">3.70
(星下点)</td><td rowspan="8">14 bit</td></tr>
<tr><td>SWIR-2</td><td>1550～1590</td></tr>
<tr><td>SWIR-3</td><td>1640～1680</td></tr>
<tr><td>SWIR-4</td><td>1710～1750</td></tr>
<tr><td>SWIR-5</td><td>2145～2185</td></tr>
<tr><td>SWIR-6</td><td>2185～2225</td></tr>
<tr><td>SWIR-7</td><td>2235～2285</td></tr>
<tr><td>SWIR-8</td><td>2295～2365</td></tr>
</table>

续表

传感器	波段名称	波长/nm	空间分辨率/m	量化级数	幅宽
CAVIS	沙漠云层	405～420	30（星下点）	14 bit	13.1 km（星下点）
	浮质 1	459～509			
	绿	525～585			
	浮质 2	620～670			
	水 1	845～885			
	水 2	897～927			
	水 3	930～965			
	NDVI-SWIR	1220～1252			
	卷云	1350～1410			
	雪	1620～1680			
	浮质 3	2105～2245			
	浮质 3	2105～2245			

以美国卫星图像公司提供的美国犹他州普罗沃市机场 WV-3 Imager 样例数据为例，如图 2.6 所示。这组样例数据是 WV-3 Imager 模拟图像，其空间分辨率为 1.24 m，图像大小为 5498 行、2020 列、16 个波段，其中短波红外波段空间分辨率由原来的 3.70 m 重采样至 1.24 m。在图 2.6 中，(a)图是 WV-3 Imager 真彩色合成图像（由于图幅所限，插图大小仅为实际图像的 8%）；(b)图是两个像元点的光谱特征曲线，其中一个像元点位于图像的第 885 行、第 461 列，对应地物类型为湖水，另一个像元点位于图像的第 4067 行、第 1896 列，对应地物类型为植被。为了进行对比说明，图 2.7 给出了与图 2.6 相同覆盖区域的 TM 遥感

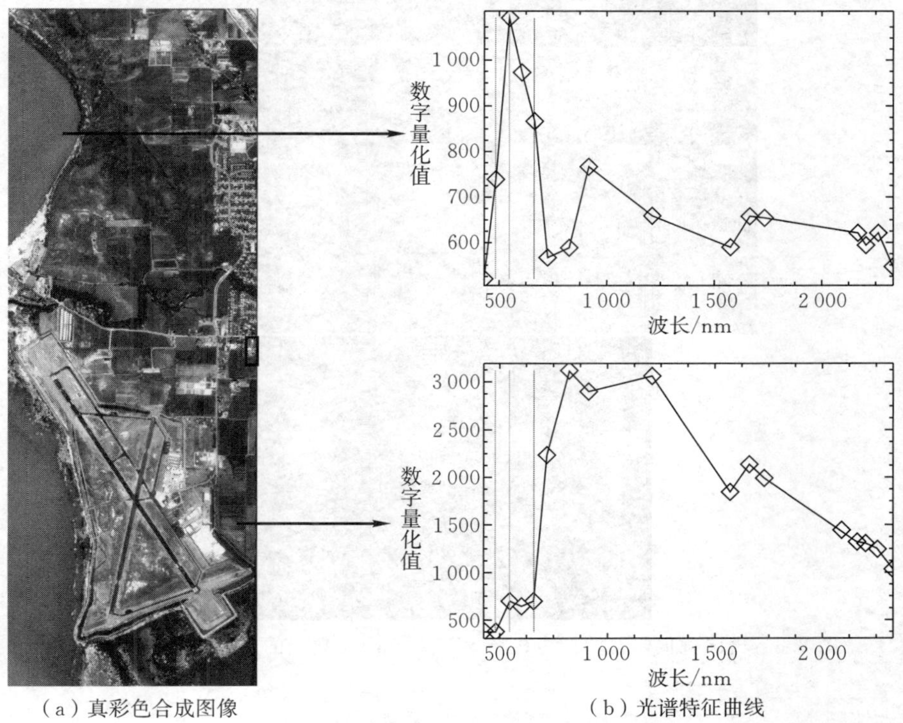

（a）真彩色合成图像　（b）光谱特征曲线

图 2.6　美国犹他州普罗沃市机场 WV-3 Imager 遥感数据

图像，图像空间维数只有 83 行、227 列。在图 2.7 中，从左至右分别为波段 1～5 和 7 的图像，显示比例为 1∶1。与此同时，图 2.8 给出了 83×227 大小的 WV-3 Imager 局部区域图像，所选局部区域如图 2.6 左图中方框所示。在图 2.8 中，从左至右、从上至下依次为 WV-3 Imager 可见光近红外和短波红外的 16 个波段图像，显示比例也是 1∶1。

图 2.7　美国犹他州普罗沃市机场 Landsat-5 TM 遥感图像[①]

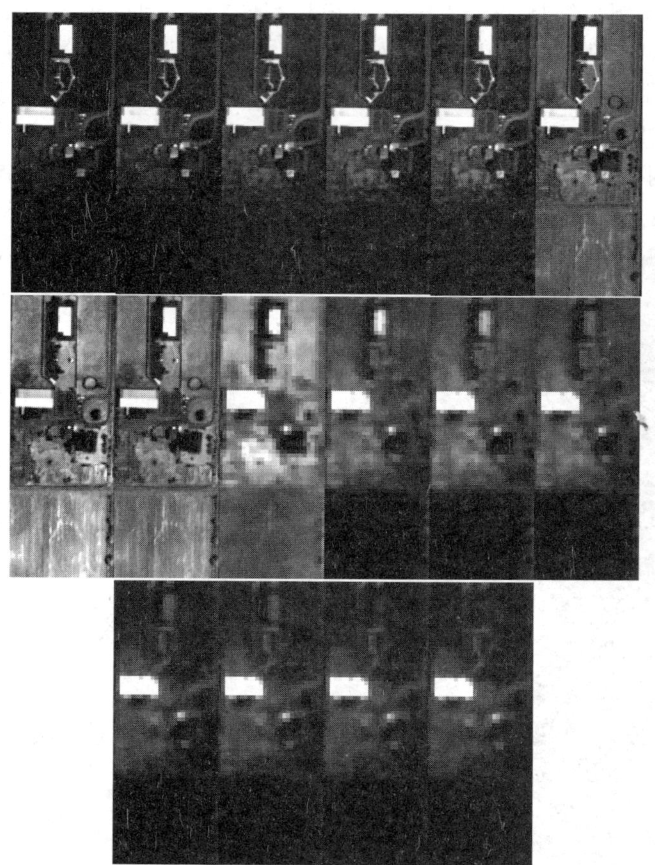

图 2.8　美国犹他州普罗沃市机场 WV-3 Imager 数据的局部区域各波段图像

① 数据来源：http://earthexplorer.usgs.gov/。

2.3　摄影型传感器

2.3.1　概　述

摄影型传感器，就是我们常说的摄影机。从 1839 年发明摄影机至今，摄影机一直是最常用的传感器，也是历史最悠久的传感器。根据平台的不同，可分为航空摄影机和航天摄影机。下面以航空摄影机为例，介绍摄影型传感器的成像原理。

航空摄影可向用户提供高质量的像片产品，其主要为可见光近红外的摄影成像类型。航空摄影机安装在飞机平台上，从空中对地面进行像片拍摄，通过光学系统采用感光材料直接记录地物的反射光谱辐射能量，其工作原理和结构与普通相机基本相同，但由于空中摄影的特殊要求，因此在镜头设计及结构上更为精密和复杂，并能根据设定的飞行任务进行连续摄影。

摄影型传感器的种类主要有四种：单镜头框幅式摄影机（single-lens frame camera）、航带摄影机（continuous-strip camera）、全景摄影机（panoramic camera）和多光谱摄影机（multispectral camera）。

2.3.2　单镜头框幅式摄影机

单镜头框幅式摄影机，简称框幅式摄影机，在快门打开后的一瞬间获得一张完整的像片，一张像片上的所有像点共用同一个摄影中心和同一个像面。其摄影成像方式与传统照相机相同，如图 2.9 所示。感光胶片是传统摄影图像记录的载体，它是根据卤化银物质在光照下发生分解的原理，将卤化银物质均匀地涂布在片基上制作而成的。摄影时通过镜头将物质反射或发射的电磁波聚焦成像在感光胶片上（该过程称曝光）形成潜像，经处理（显影、定影）后产生图像。像片比例尺，即图像的空间分辨率，等于摄影机焦距 f 与航高 H 之比。表 2.9 列出了框幅式摄影机的常用参数，包括胶片类型、图像长宽、焦距和视场角。当航高 H 一定时，焦距 f 越长，图像空间分辨率越高，总视场角越小，图像细节信息越丰富。

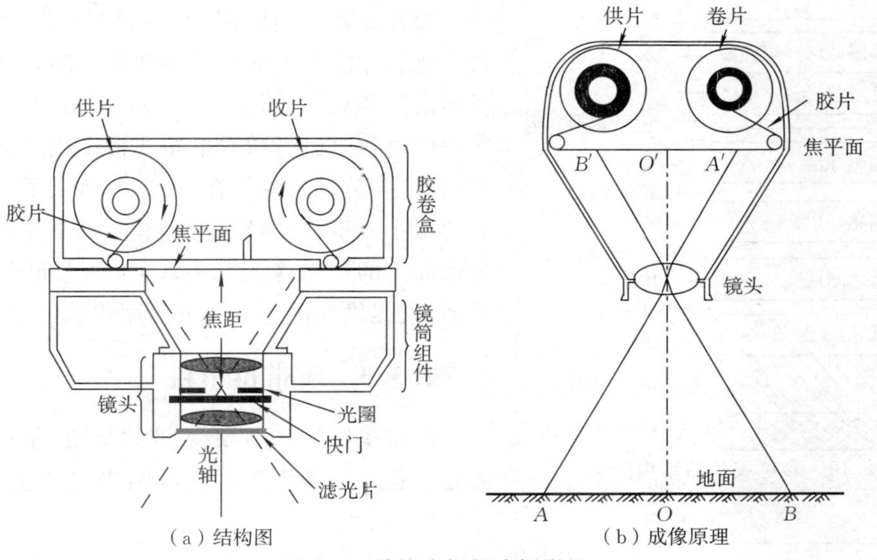

(a) 结构图　(b) 成像原理

图 2.9　单镜头框幅式摄影机

表 2.9 框幅式摄影机的常用参数设置[①]

胶片类型	图像大小(长度×宽度)	焦距	视场角
35 mm	24 mm×36 mm	28 mm	75.4°
35 mm	24 mm×36 mm	50 mm	46.8°
35 mm	24 mm×36 mm	110 mm	22.3°
70 mm	53 mm×53 mm	60 mm	64.0°
70 mm	53 mm×53 mm	100 mm	41.1°
9 in×9 in	230 mm×230 mm	153 mm (6 in)	93.5°
9 in×9 in	230 mm×230 mm	305 mm (12 in)	56.1°

注：表中 1 in=2.54 cm。

摄影胶片的感光范围是 0.3～0.9 μm，可覆盖近紫外、可见光以及近红外波段。摄影胶片主要有三种类型：全色胶片、彩色胶片、彩色红外(color infrared, CIR)胶片。

全色胶片对近紫外和可见光感光，记录得到黑白(black and white, BW)图像。其黑白程度是由胶片上金属银聚集密度的大小决定的：密度越大，图像越黑；密度越小，图像越白。黑和白的强度与地物反射或辐射电磁波的强弱有密切关系，而且其变化是逐渐过渡的。紫外摄影时，通常采用全色胶片，但是需要使用一个滤光片吸收可见光辐射能量，因此，最终胶片上记录的只是紫外光反射辐射信息。

图 2.10 是彩色胶片的结构示意图。与全色胶片相比，彩色或彩色红外胶片相对复杂些。在胶片制造过程中，根据以 RGB(红光 red、绿光 green、蓝光 blue)三原色视觉理论为基础的 CMY(青色 cyan、品红色 magenta、黄色 yellow)减色法原理，将减色性不同的三层乳剂涂于同一片基上；拍摄时将地表地物反射光中的三原色分别记录在感蓝、感绿及感红的乳剂上；有三层感光片，每层感光片都只对一种颜色感光；经显影、定影后在各层中分别形成各原色光的补色染料，即感蓝层中形成黄色染料，感绿层中形成品红染料，感红层中形成青色染料，得到与地物明暗度相反的底片(称之为负片)；印相(利用底片对相纸进行曝光、显影、定影)后，得到与地表地物颜色一致的彩色正像。

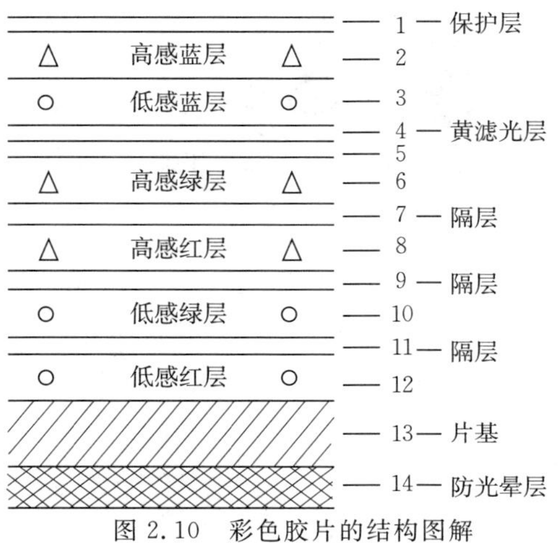

图 2.10 彩色胶片的结构图解

胶片记录生成的图像是遥感模拟图像，经扫描数字化后才能产生遥感数字图像。随着数码航摄影机的推出和成功应用，航空摄影仪正在从胶片时代向数码时代过渡。数码框幅式摄影机通常采用面阵列 CCD 等替代胶片。在 CCD 上植入了许多排列整齐的微小光敏物质，即探测元件，每个探测元件可视为像面上的一个像元。一块 CCD 上包含的像元数越多，其提供的图像空间分辨率也就越高。

2.3.3 航带摄影机

航带摄影机，也叫缝隙式摄影机，是在相机焦平面处设置一个宽度可调的缝隙来代替快门，并使胶

① 扩展阅读资料参见 http://www.for.gov.bc.ca/hts/risc/pubs/aquatic/aerialvideo/aerialvid-03.htm。

片与进入镜头的目标影像同步卷动，通过缝隙进行连续曝光，从而不间断地记录下目标区域的影像，如图 2.11(a)所示。它利用摄影机焦平面前方放置的一个开缝挡板，将缝隙外的影像全部挡去，从而使得摄影瞬间获取的影像是与航线方向垂直且与缝隙等宽的一条线影像。当飞机向前飞行时，摄影机焦平面上与飞行方向成垂直的缝隙中的影像也连续变化，相应地，摄影机内的胶片也不断地卷动，且其卷绕速度与地面在缝隙中的影像移动速度相同，则能得到连续的航带摄影像片。这种摄影机不是一幅一幅地曝光，而是连续曝光，不需要快门。

航带摄影机的投影性质为多中心投影。在某一摄影瞬间获取的一条缝隙宽度的线影像仍为中心投影，如图 2.11(b)所示，最终获得的一整幅影像是由若干条缝隙影像拼接而成的，不同缝隙对应的投影中心是不同的。

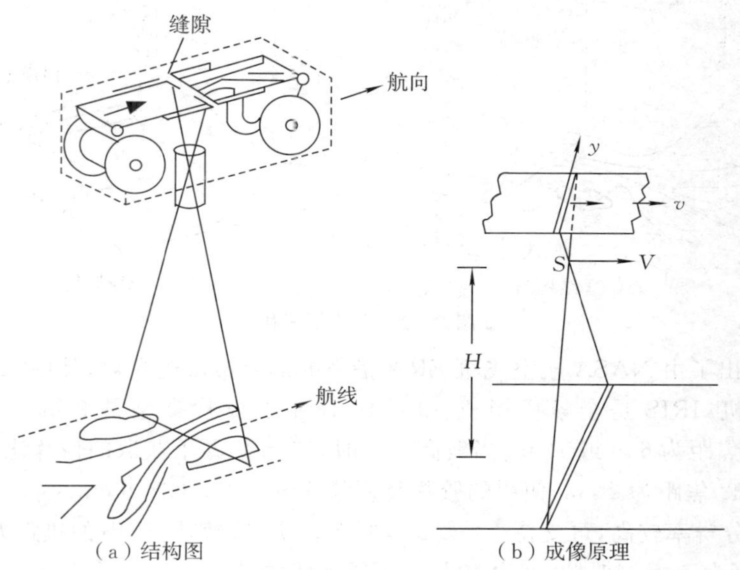

(a) 结构图　(b) 成像原理

图 2.11　航带摄影机

2.3.4　全景摄影机

全景摄影机，又称摇头摄影机，是以观测目标面垂直的轴线为中心进行前后扫描，将较宽的目标区域拍摄下来的一种航空相机。总的来说，全景摄影机广泛应用于摄影行业、工业制造业、对地观测等领域，其扫描视场可达 360°(如 360°全景影像)。扫描方式可分为三种：通过转动镜头进行的直接扫描、让光线经过转动的反射棱镜进入固定镜头的旋转扫描、转动整个相机的整体旋转扫描。对地观测遥感中，全景摄影机主要是通过转动镜头扫描进行宽幅成像的，见图 2.12。为了便于阐述，在下文中，若无特别说明，全景摄影机即指通过转动镜头扫描的全景摄影机。

如图 2.12 所示，全景摄影机是由一条曝光缝隙沿旁向扫描形成图像。全景摄影机的胶片呈弧状旋转，其物镜在垂直于航向的平面上进行扫描，依次在每个瞬间获得一条缝隙影像。当物镜扫描一次后，即可得到一幅完整的图像，然后底片旋进一幅，开始下一次扫描。物镜制造精密，既小又轻，可进行 180°的扫描视场扫描，能将航线两边的地平线内的影像都摄入底片。与航带摄影机相比，其相同点是在物镜焦平面上设有一个开缝挡板，用于限制瞬时视场；其不同点是这个开缝挡板的缝隙是平行于飞行方向的，因此，在某一摄影瞬间得到的是地面上平行于航迹的一条很窄的影像。

全景摄影机的优点是焦距长、视场宽，焦距可达 600 mm 以上，可在长约 23 cm、宽达 128 cm 的胶片上成像，多用于大面积普查和目标搜索。但是，如图 2.12(b)所示，由于在图像拍摄过程中，焦距保持不变，航高随着扫描角 θ 的增大而增大，像片比例尺由中心向两侧逐渐缩小，因此拍摄获得的图像中存在几何变形，我们将这种图像几何变形称为全景畸变。

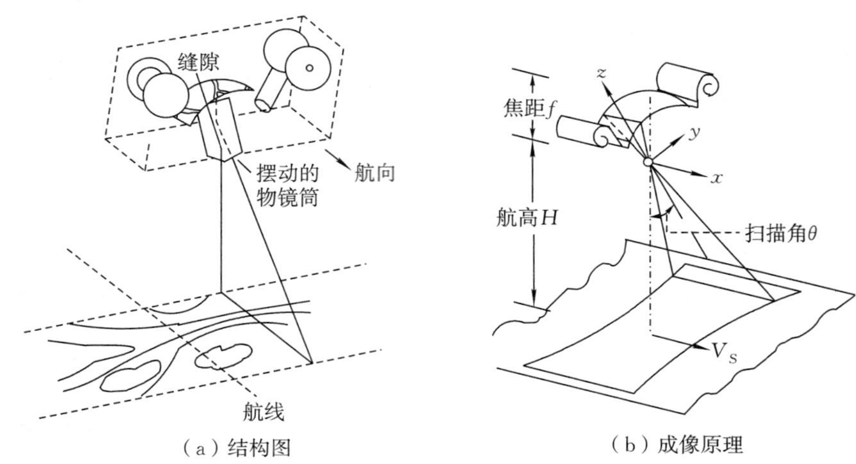

(a) 结构图 (b) 成像原理

图 2.12 全景摄影机

表 2.10 列出了由 NASA 航空飞机 ER-2 搭载的部分摄影机参数，其中 RC-10 和 HR-732 是框幅式摄影机，IRIS 是全景摄影机。RC-10 使用的胶片类型是 9 in×9 in(22.9 cm×22.9 cm)，可选焦距为 6 in 或 12 in；当航高一定时，12 in 焦距下获取的像片比例尺是 6 in 焦距的 2 倍。HR-732 焦距为 24 in，使用的胶片类型是 9 in×18 in(22.9 cm×45.7 cm)，扫描宽度为 15 km；拍摄分辨率较高，可支持 1∶32 500 制图。全景摄影机 IRIS 的焦距为 24 in，其胶片长度为 4.5 in、宽度为 35 in，扫描宽度为 40 km。需要说明的是，表 2.10 中关于空间分辨率和地面覆盖面积等空间参数是 ER-2 在 19.8 km 飞行高度的情况下计算得到的，其中 1 n mile＝1.852 km，1 in＝2.54 cm。图 2.13 是全景摄影机和框幅式摄影机的扫描宽度比较示意图。

表 2.10 NASA 航空飞机 ER-2 搭载的部分摄影机参数①

摄影机型号	镜头	胶片类型	地表覆盖范围	空间分辨率/m	制图比例尺
RC-10	6 in/f4	9 in×9 in	30 km×30 km (16 n mile×16 n mile)	3～8	1∶130 000
RC-10	12 in/f4	9 in×9 in	15 km×15 km (8 n mile×8 n mile)	1.5～4	1∶65 000
HR-732	24 in/f8	9 in×18 in	7.4 km×15 km (4 n mile×8 n mile)	0.6～3	1∶32 500
IRIS	24 in/f3.5	4.5 in×35 in	3.7 km×40 km (2.0 n mile×21.4 n mile)	0.3～2 (星下点)	1∶32 500

① 数据来源：http://www.nasa.gov/centers/dryden/research/AirSci/ER-2/cameras_prt.htm。

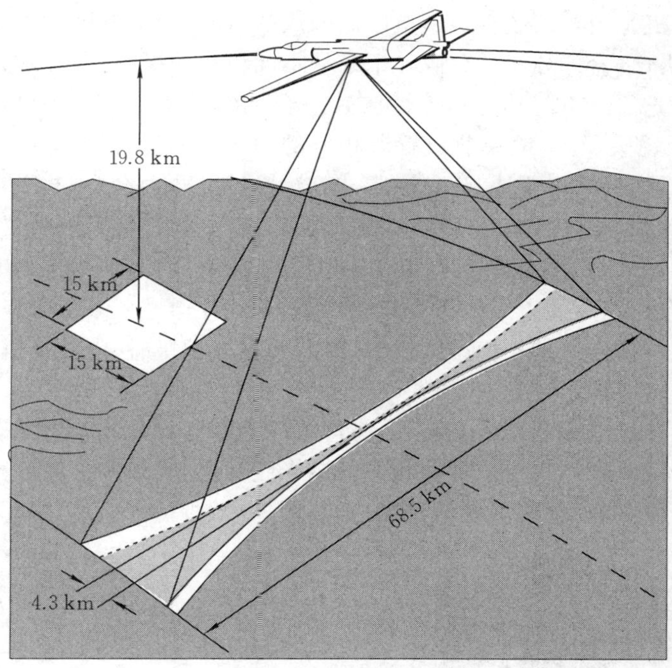

图 2.13　全景摄影机和框幅式摄影机的扫描宽度比较①

2.3.5　多光谱摄影机

对同一地区在同一瞬间摄取多个波段影像的摄影机称为多光谱摄影机。它是在一般摄影方法的基础上，对普通摄影机加以改造，通过选配相应的滤光片和不同光谱感光特性的胶片组合，从而实现多光谱摄影。如图 2.14 所示，根据结构特点的不同，多光谱摄影机可分为三种基本类型：多摄影机型（multi-camera installation）、多镜头型（multi-lens camera）和光束分离型（beam-spillter camera）。

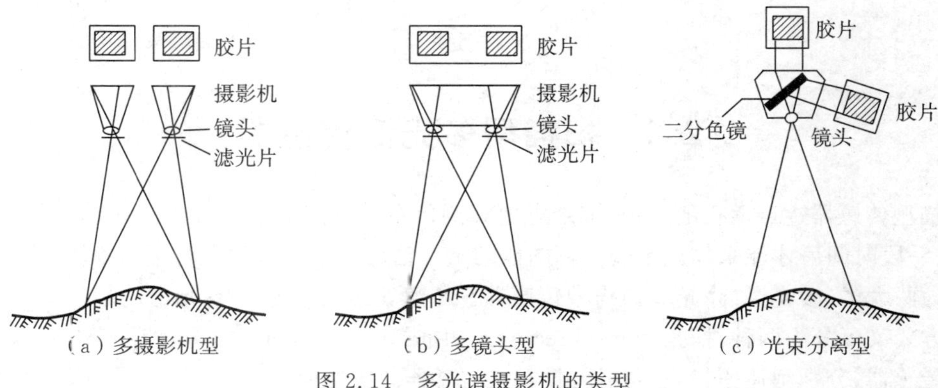

图 2.14　多光谱摄影机的类型

多摄影机型摄影机是用几架普通的航空摄影机组装而成的，对各摄影机分别配以不同的滤光片和胶片的组合，采用同时曝光控制，以便进行同时摄影。

① 数据来源：http://www.geog.ucsb.edu/～jeff/115a/lectures/camera_systems.html。

多镜头型摄影机是用普通航空摄影机改制而成的，在一架摄影机上配置多个镜头，如三镜头、六镜头和九镜头，暗盒部分用几种胶片记录从不同镜头拍摄得到的影像。这种摄影机同样需要选配相应的滤光片与不同感光特性的胶片组合。如图 2.15 所示，MKF-6M 多光谱摄影机主要由机身、6 个镜头（每个镜头前放置着相应的滤色片）、胶片暗盒以及控制平台构成，搭载在载人航天飞行器上，采集对地观测数据。当胶片由 CCD 替代后，即为数码多镜头型摄影机。例如，德美合资企业 Z/I Imaging 公司推出的大面阵 DMC 数码航摄仪、奥地利 Vexcel 公司推出的大面阵 UltraCam-D 数码航摄仪均由 8 个镜头组成，其中沿航线方向排列的 4 个镜头为全色通道，分布在四角的 4 个镜头为红、绿、蓝、近红外通道。采用面阵 CCD 设计，保证了类似胶片一样的几何精度。基于框幅式成像原理，当相机拍摄时，由计算机控制 4 个镜头的快门在同一地点上方依次开启曝光①。

光束分离型摄影机首先利用分光装置，将进入镜头的光束分成若干光束；然后分别透过不同的滤光片，分成不同波段；最后成像在相应的感光胶片上，实现多光谱摄影。若使用 CCD 替代传统胶片记录影像，即为数码多光谱摄影机，如图 2.16 所示。

图 2.15 多光谱摄影机 MKF-6M②

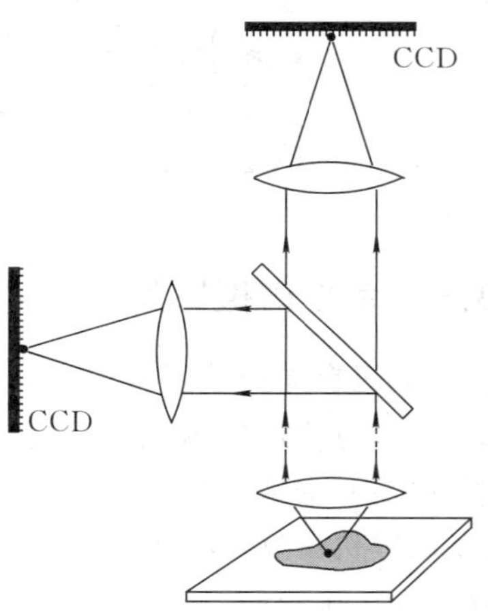

图 2.16 由 CCD 替代胶片记录的光束分离型摄影机

2.4 扫描型多光谱传感器

扫描型传感器逐点逐行地采集、记录对地观测信息。各点的信息按一定顺序先后进入传感器，经过一段时间后才能采集记录完一幅图像的全部信息。根据光谱分辨率的不同，扫描型传感器可分为两大类：多光谱、高光谱扫描型传感器。不管是多光谱还是高光谱的扫描型传感器，按照扫描方式又可分为两种：摆扫(whiskbroom)式和推扫(pushbroom)式传感器。本节围绕多光谱扫描型传感器，分别阐述摆扫式传感器、推扫式传感器的成像原理。

① 扩展阅读资料：http://www.hyvista.com/technology/sensors/ultracam/。

② 数据来源：http://www.deutsches-museum.de/en/collections/transport/astronautics/space-cameras/camera-mkf-6m/。

2.4.1　摆扫式多光谱传感器

摆扫式传感器，又称物面扫描传感器，主要包括光学—机械扫描仪（简称光机扫描仪）、成像雷达等。采用点扫描方式，其收集系统直接对目标面（一般指地面）扫描，逐点逐行顺序收集目标面上各个单元（每个地面单元对应着图像中的一个像元）的信息，获取一幅连续的图像。

以光机扫描仪为例，如图 2.17 所示，其搭载在飞行器平台上，依靠一个旋转棱镜，在垂直于飞行器飞行的方向上，对地面进行扫描。地面瞬时视场角内的地面辐射能经由旋转棱镜反射到反射镜组，经其反射，聚焦在分光器上，经分光器分光后分别照射到相应的探测器上，记录地面瞬时视场角所对应的像元属性值。随着棱镜的旋转，垂直于飞行方向上的地面依次成像形成一条影像线被记录下来。随着平台在飞行方向上的推进，旋转棱镜依次对地面逐行扫描，形成一条条相互衔接的影像线，从而获得一幅连续的图像。

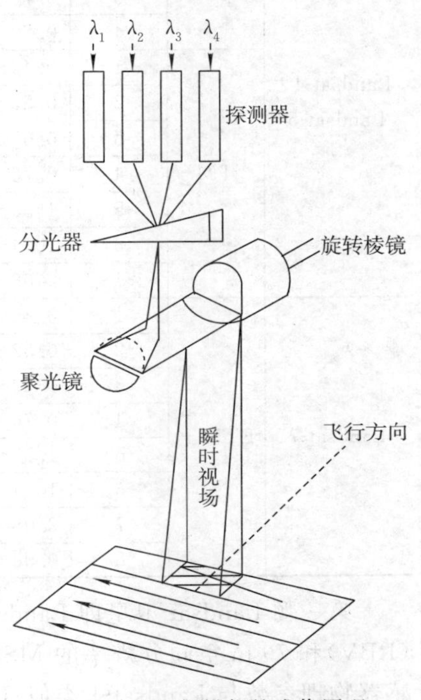

图 2.17　光机扫描仪的成像原理

摆扫式传感器的优点在于可获得较大的总视场，易实现宽幅式成像；其缺点在于每个像元的凝视时间（探测器的瞬时视场角扫过地面分辨单元的时间）相对较短，提高光谱和空间分辨率以及信噪比较困难。

美国陆地卫星 Landsat 多光谱扫描仪（MSS）、专题制图仪（TM）、增强型专题制图仪（ETM—）均为摆扫式，而 Landsat-8 卫星搭载的陆地成像仪（OLI）和热红外传感器（TIRS）则是推扫式。Landsat-1～7 号卫星搭载的传感器主要物理参数详见表 2.11。

表 2.11　Landsat-1～7 卫星搭载的传感器物理参数

卫星	传感器	波段号	波长 /μm	分辨率 /m	量化级数 /bit	覆盖周期 /d	轨道高度 /km	运行时间
Landsat-1，Landsat-2	RBV	1	0.48～0.57	80	6	18（251 个轨道）	917	1972—1978，1975—1982
		2	0.58～0.68	80				
		3	0.70～0.83	80				
	MSS	4	0.50～0.60	79				
		5	0.60～0.70	79				
		6	0.70～0.80	79				
		7	0.80～1.10	79				
Landsat-3	RBV	1	0.505～0.75	80	6	18（251 个轨道）	917	1978—1983
	MSS	4	0.50～0.60	79				
		5	0.60～0.70	79				
		6	0.70～0.80	79				
		7	0.80～1.10	79				
		8	10.4～12.6	240				

续表

<table>
<tr><th>卫星</th><th>传感器</th><th>波段号</th><th>波长
/μm</th><th>分辨率
/m</th><th>量化级数
/bit</th><th>覆盖周期
/d</th><th>轨道高度
/km</th><th>运行时间</th></tr>
<tr><td rowspan="11">Landsat-4，
Landsat-5</td><td rowspan="4">MSS</td><td>1</td><td>0.50～0.60</td><td>82</td><td rowspan="4">6</td><td rowspan="11">16
（233 个轨道）</td><td rowspan="11">705</td><td rowspan="11">1982—2001，
1984—2013</td></tr>
<tr><td>2</td><td>0.60～0.70</td><td>82</td></tr>
<tr><td>3</td><td>0.70～0.80</td><td>82</td></tr>
<tr><td>4</td><td>0.80～1.10</td><td>82</td></tr>
<tr><td rowspan="7">TM</td><td>1</td><td>0.45～0.52</td><td>30</td><td rowspan="7">8</td></tr>
<tr><td>2</td><td>0.52～0.60</td><td>30</td></tr>
<tr><td>3</td><td>0.63～0.69</td><td>30</td></tr>
<tr><td>4</td><td>0.76～0.90</td><td>30</td></tr>
<tr><td>5</td><td>1.55～1.75</td><td>30</td></tr>
<tr><td>6</td><td>10.4～12.5</td><td>120</td></tr>
<tr><td>7</td><td>2.08～2.35</td><td>30</td></tr>
<tr><td rowspan="8">Landsat-7</td><td rowspan="8">ETM+</td><td>1</td><td>0.45～0.52</td><td>30</td><td rowspan="8">8</td><td rowspan="8">16
（233 个轨道）</td><td rowspan="8">705</td><td rowspan="8">1999—至今</td></tr>
<tr><td>2</td><td>0.52～0.60</td><td>30</td></tr>
<tr><td>3</td><td>0.63～0.69</td><td>30</td></tr>
<tr><td>4</td><td>0.76～0.90</td><td>30</td></tr>
<tr><td>5</td><td>1.55～1.75</td><td>30</td></tr>
<tr><td>6</td><td>10.4～12.5</td><td>60</td></tr>
<tr><td>7</td><td>2.08～2.35</td><td>30</td></tr>
<tr><td>8</td><td>0.50～0.90</td><td>15</td></tr>
</table>

第一颗 Landsat 卫星即 Landsat-1 于 1972 年发射，搭载了两个传感器：反束光导摄像管（RBV）和 79 m 空间分辨率的 MSS；Landsat-2 和 Landsat-3 分别于 1975 年、1978 年发射，传感器物理参数与 Landsat-1 类似；Landsat-4 于 1982 年发射，搭载了 MSS 和 TM 传感器。与之前发射的卫星相比，Landsat-4 可获取的空间分辨率提高到了 30 m，量化级数由原先的 6 bit 加到了 8 bit，此外还增加了短波红外波段；Landsat-5 于 1984 年发射，其技术参数等同于 Landsat-4，服役时间长达 28 年（远远超出了 3 年设计寿命）；Landsat-6 卫星搭载了 ETM 传感器，于 1993 年发射，但发射后失联未进入预定轨道。

Landsat-7 卫星于 1999 年发射，搭载了能提供 15 m 空间分辨率全色图像的 ETM+传感器，在近极地近圆形太阳同步轨道上运行，轨道高度是 705 km，轨道倾角为 98.2°。当 Landsat-7 卫星过境时，ETM+传感器在跨轨方向进行扫描，瞬时视场角为 42.5 μrad，扫描宽度即幅宽为 185 km，见图 2.18。ETM+探测器包含两个焦平面，即主（暖）焦平面和冷焦平面（90K），其中主焦平面用于探测波段 1～4 和 8 的电磁辐射信息，冷焦平面用于探测波段 5、6、7 的电磁辐射信息。如图 2.19 所示，ETM+探测器在波段 8、波段 1～5 和 7、波段 6 沿轨道方向分别设有 32、16、8 个探测元件（每个探测元件对应一个像元或一个瞬时视场角）。在每一次行扫描过程中，探测器每次瞬间采集不再是一个点，而是多个点，对应地面长度 480 m。每一次行扫描结束后，得到的也不再是一条线影像，而是若干条线影像。对于 30 m 的空间分辨率而言，每一条线影像对应的地面覆盖面积是 30 m×185 km，有 6 000 多个像素；那么，ETM+扫描镜来回扫描一次后，得到的影像条带对应的地面覆盖面积为 480 m×185 km。

综合图 2.18 和图 2.19 可知，在利用摆扫式传感器进行图像采集的过程中，扫描镜扫描实现了跨轨方向的对地成像覆盖，而卫星平台运行则实现了沿轨道方向的对地成像覆盖。但是，扫描镜跨轨方向和卫星平台沿轨道方向向前运行，会产生复合效应，无法获得连续的扫描线影像。为了避免这一现象发生，摆扫式传感器设有一个机械装置，即扫描线校正器(scan line corrector, SLC)。SLC 以一定规律转动，有效消除了由于扫描镜扫描和平台运动产生的复合效应，使相邻的来回扫描条带间实现不漏扫和不重叠。SLC 位于主光学器件后面，对卫星扫描时的前向运动进行补偿；它是一光电机械结构，由两个平行的，并以一定角度固定在一杆状物上的镀镍玻镜组成。杆状物由一个配有主、备份转速计的扭矩装置驱动，绕一垂直于扫描镜的轴做锯齿状转动。图 2.20 给出了有无 SLC 参与获取图像的对比示意图，其中(a)图表示 SLC 正常工作时的直线扫描模式，(b)图表示无 SLC 补偿时的“Z”字形扫描模式。

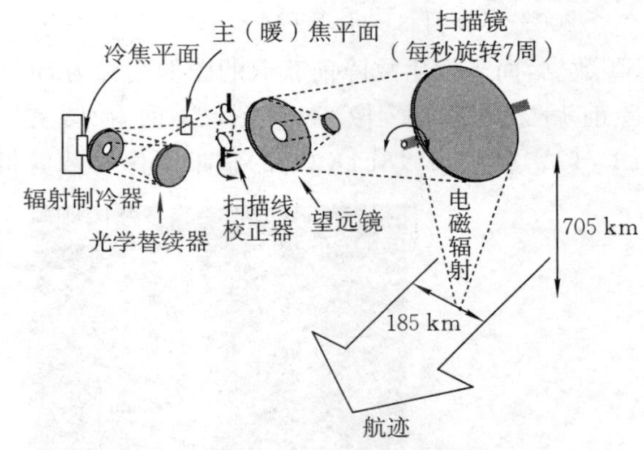

图 2.18　ETM＋传感器收集记录地物电磁辐射信息的过程

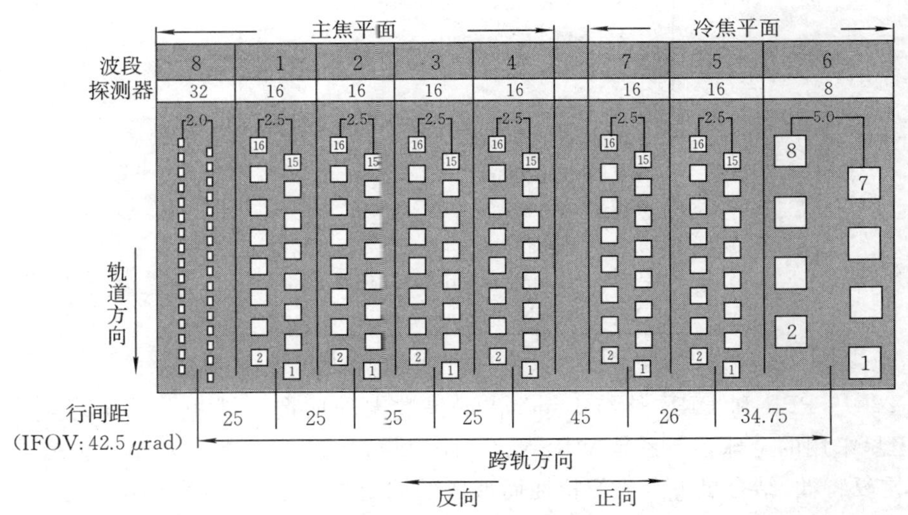

图 2.19　ETM＋传感器的焦平面设计

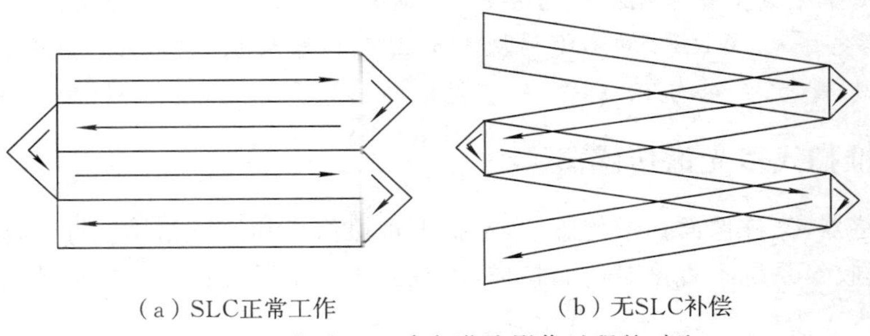

(a) SLC正常工作　　(b) 无SLC补偿

图 2.20　有无 SLC 参与获取影像过程的对比

2003 年 5 月 31 日，ETM+中的 SLC 发生了故障，自此之后，ETM+获取的图像称为 SLC-off 数据，而未发生故障前获取的图像则称为 SLC-on 数据。图 2.21 给出了同一地区 SLC 发生故障前后获取的影像对比图，这两幅图是分别从文件名为 LE71210362003147HAJ01、LE71210362004118EDC02 的整景影像中裁剪得到的。

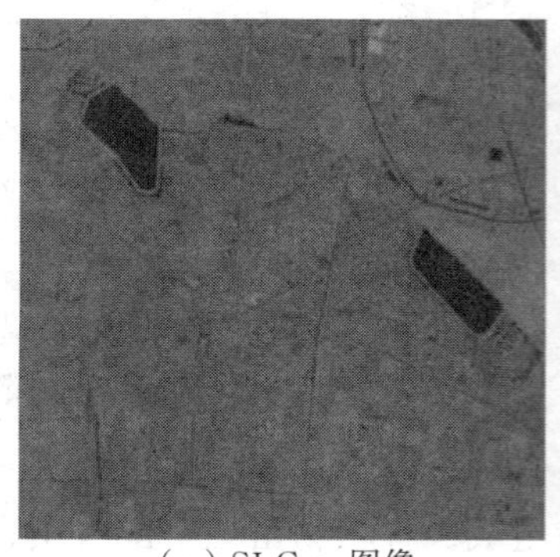
（a）SLC-on图像

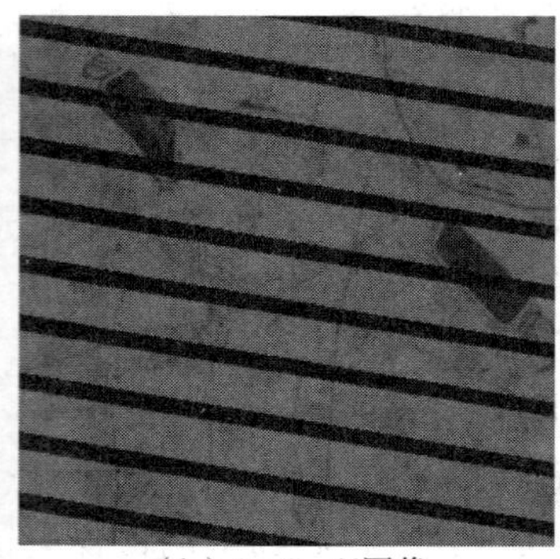
（b）SLC-off图像

图 2.21　Landsat-7 SLC-on 数据与 SLC-off 数据的对比

需要说明的是：遥感图像是分景存档的，Landsat 每景影像的命名规则如图 2.22 所示。

LXSPPPRRRYYYYDDDGSIVV
L = Landsat
X = Sensor
S = Satellite
PPP = WRS path
RRR = WRS row
YYYY = Year
DDD = Julian day of year
GSI = Ground station identifier
VV = Archive version number

图 2.22　Landsat 影像命名规则

图 2.22 中，PPP 和 RRR 是与 Landsat 卫星数据的成像区域相关的全球参考系坐标。Landsat 卫星采用的全球参考系是 WRS 系统（worldwide reference system），它是依据卫星地面轨迹的重复特性，结合星下点成像特性而形成的固定地面参考系，采用由轨道号（path）、行号（row）组成的二维坐标进行标识。目前，WRS 有两个系统，分别为 WRS-1（1983 年之前的参考系，Landsat-1/2/3 卫星采用此参考系）和 WRS-2（1983 年之后的参考系，Landsat-4/5/7/8 卫星采用此参考系）。WRS-2 轨道编号从 1 至 233、行编号从 1 至 248；其中，覆盖中国地区的轨道号为 100～145、行号为 20～48。GSI 是地面站标识①。

2.4.2　推扫式多光谱传感器

推扫式传感器，又称像面扫描传感器，包括电视摄像机和固体扫描仪等。这类传感器采用线扫描方式，其收集系统不直接对地面扫描，而是先用光学系统将地表目标地物辐射信息在靶

① 具体信息可查询 http://landsat.usgs.gov/Historical_IGS.php。

面上聚焦形成条带影像，然后利用摄像管中的电子束对靶面扫描来收集其数据，或 CCD 组成的阵列进行电子扫描来获得数据，见图 2.23。推扫式传感器省去了复杂的光学机械，有超小型、速度快、功率损耗低、寿命长、简单可靠、动态范围宽等特点。

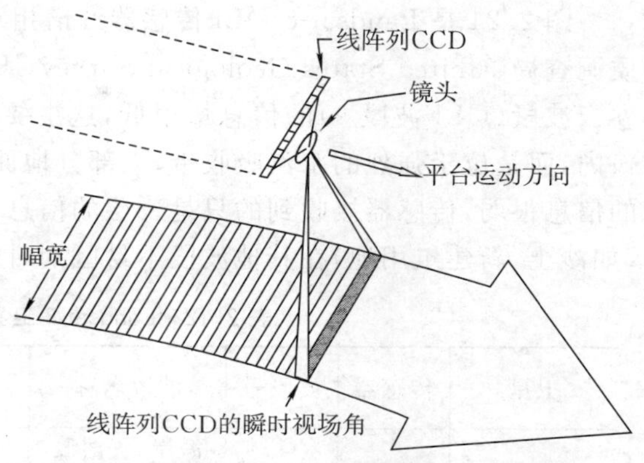

图 2.23　线阵列推扫式扫描仪的成像原理

在摆扫式传感器中，由于探测元件需要靠机械摆动进行扫描，因此若要立即测出每个瞬时视场的电磁辐射特征，就要求探测元件的响应时间足够快。应用 CCD 多元阵列探测器同时扫描，可有效地解决这一问题。例如，要在 1/20s 的时间内扫描完一帧含有 512×512 个像元的图像，可有四种情况：①采用单个探测元件逐像元扫描时，在每个瞬时视场的停留时间只有 $1/(20\times512\times512)=1.9\times10^{-7}$ s，约 0.2 μs，即要求探测元件的响应时间至少要小于 0.2μs 的 1/3，可供选择的探测器就有了很大的限制；②采用一竖列的 16 个探测元件（沿航向排列）同时进行扫描时，探测元件在每个瞬时视场的停留时间为 $1/(20\times512\times512/16)=3.1\times10^{-6}$ s，约 3 μs；③采用由 512 个元件（沿跨轨方向排列）组成的线阵列探测器进行逐行扫描时，探测元件在每个瞬时视场的停留时间就只需 $1/(20\times512)=9.8\times10^{-5}$ s，约 98 μs；④采用 16×512 个元件组成的面阵列探测器，探测元件在每个瞬时视场的停留时间就仅需 $1/(20\times512/16)=1.6\times10^{-3}$ s，约 1600 μs。上述第一、第二种情况为摆扫式，第三、第四种情况为推扫式。由于每个 CCD 探测元件对应于每个地面可分辨率单元即像元，因此 CCD 中所用的探测元件数目越多，体积越小，空间分辨率就越高。

SPOT 卫星的高分辨率可见光扫描仪 HRV 就是一种线阵列推扫式 CCD 传感器，分多光谱和全色两种模式。多光谱 HRV 每个波段由 3 000 个 CCD 探测元件组成一行，每个元件形成的像元对应的地面面积为 20 m×20 m，即空间分辨率为 20 m。全色 HRV 由 6 000 个 CCD 探测元件组成一行，每个元件形成的像元对应的地面面积为 10 m×10 m，即空间分辨率为 10 m。

近几年发射的对地观测卫星，尤其是高分辨率卫星，多采用推扫成像方式。例如，美国 DigitalGlobal 公司分别于 2001 年、2007 年、2009 年、2014 年发射的 QuickBird、WorldView-1、WorldView-2 和 WorldView-3 卫星，均采用推扫成像方式。

下面以 Landsat-8 卫星为例，介绍推扫式传感器的成像原理。Landsat-8 于 2013 年 2 月 11 日发射，搭载了两个推扫式传感器：OLI 和 TIRS，分别探测地表地物反射、发射电磁辐射信息。与 Landsat-7 ETM+相比，OLI 增加了 2 个波段，波段范围也有所变化，其中尤以近红外和全色波段的波长范围变化最明显，见表 2.12。具体如下：

(1)在原蓝光波段之外新增了 1 个深蓝波段，用于监测近海岸水体和大气中的气溶胶，因此也称为海岸、气溶胶波段。

(2)在原近红外波段与短红外波段间新增了一个卷云波段，用于监测卷云。

(3)将原热红外波段的光谱范围一分为二，设置了两个热红外波段。

(4)收窄了原近红外波段的光谱范围，以便去除 0.825 μm 处的水汽吸收影响。

(5)收窄了原全色波段的光谱范围，新的全色波段的光谱范围不再覆盖近红外波段。

图 2.24 是 Landsat-8 OLI 传感器波谱相对响应函数与大气窗口的叠加显示，它由美国地质调查局(United States Geological Survey, USGS)提供的光谱特征查看器绘制获得。新增卷云波段(OLI 波段 9)的信息量很低，这主要是因为其波段光谱范围的设置不是位于大气窗口内，而是位于强烈的水汽吸收带，大部分地面反射的电磁波信息无法穿过大气层，因此它们的信息很弱，传感器接收到的只是云层的信息。这样，当云和少数亮白色、反射率极强的地物(如沙土、新建筑用地)在其他波段不易区别时，就可以借助该波段来加以区别。

表 2.12　Landsat-8 卫星搭载的传感器物理参数

卫星	传感器	波段号	波段名称	波长/μm	空间分辨率/m	量化级数/bit	幅宽/km
Landsat-8	OLI	1	海岸、气溶胶	0.43～0.45	30	12 (14)	185
		2	蓝光	0.45～0.51	30		
		3	绿光	0.53～0.59	30		
		4	红光	0.64～0.67	30		
		5	近红外	0.85～0.88	30		
		6	短波红外 1	1.57～1.65	30		
		7	短波红外 2	2.11～2.29	30		
		8	全色	0.50～0.68	15		
		9	卷云	1.36～1.38	30		
	TIRS	10	热红外 1	10.60～11.19	100		
		11	热红外 2	11.50～12.51	100		

注：传感器焦平面将模拟信号转换为 14 bit 数字信号，但由于数据速率的限制，最终传输到地面的数字信号是 12 bit。

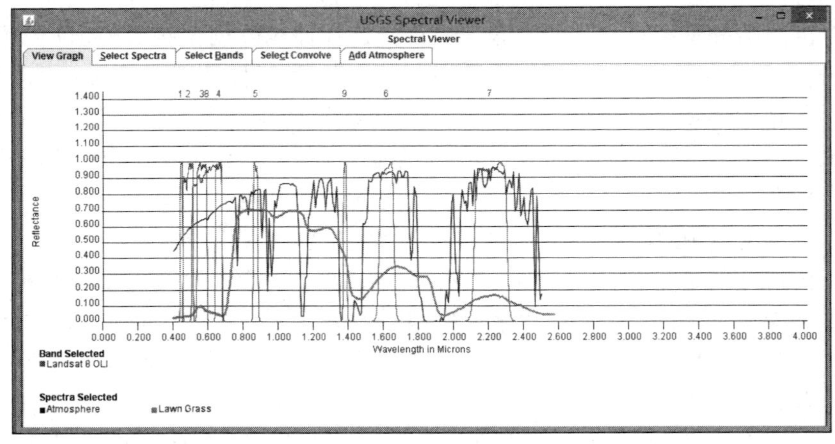

图 2.24　Landsat-8 OLI 传感器波谱相对响应函数与大气窗口的叠加显示[①]

OLI 使用 EO-1 卫星的 ALI 传感器的推扫式成像技术，利用 14 个焦平面组件(focal plane module, FPM)瞬时获取 15°视场角、185 km 幅宽的条带影像，见图 2.25。每个焦平面组件由长阵列的探测元件组成，约覆盖 1/14 的总视场。入瞳后的电磁辐射经干涉滤光器进行光谱分离后，由硅 PIN 探测元件探测可见光近红外波段(波段 1～4 和 8)的电磁辐射信息，由

① 数据来源：http://landsat.usgs.gov/tools_viewer.php。

碲化镉锰 MgCdTe 探测元件探测短波红外(波段 6、7 和 9)的电磁辐射信息。

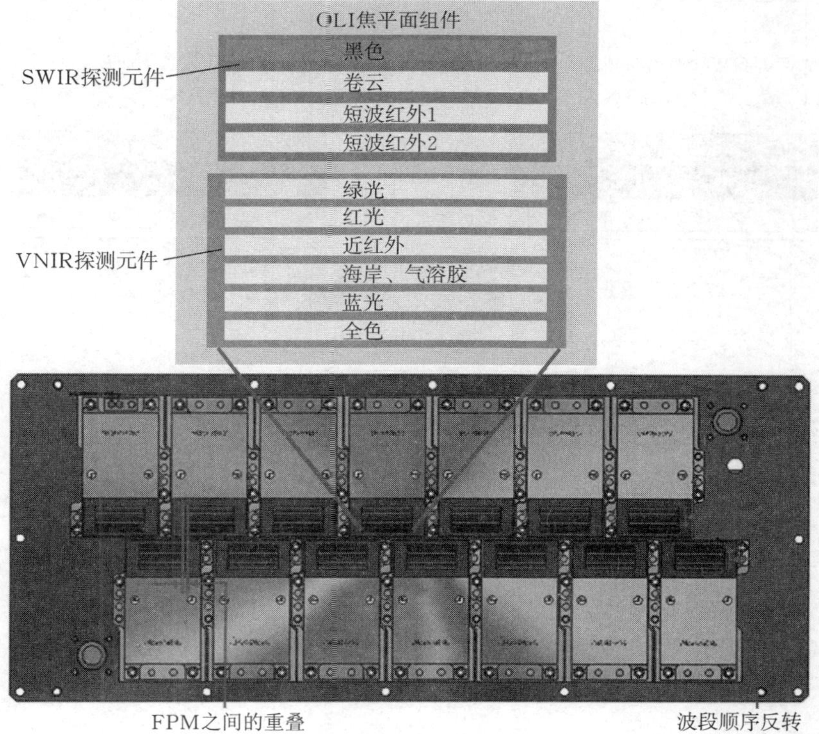

图 2.25　Landsat-8 OLI 传感器的焦平面布局

TIRS 也是采用推扫式成像技术,其焦平面由 3 个量子阱红外探测(quantum-well-infrared-photodetector, QWIP)阵列构成,如图 2.26 所示。每个阵列在跨轨方向上有 640 个探测元件,如图 2.27 所示,阵列与阵列之间有一定的重叠,重建后得到一个有 1850 个像元的线阵列,其空间分辨率为 100 m,对应的地面宽度(幅宽)为 185 km。

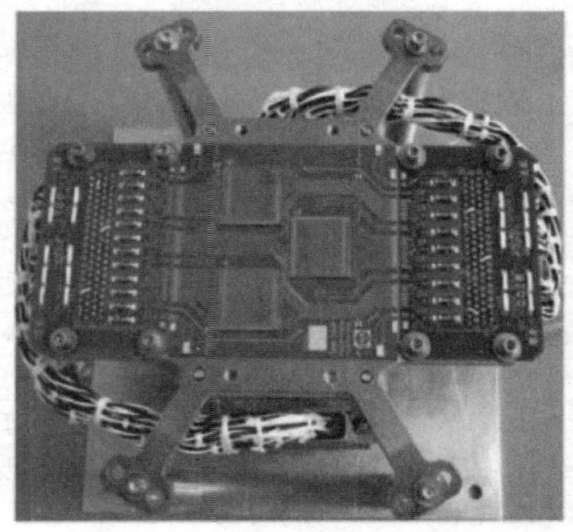

图 2.26　Landsat-8 TIRS 传感器的焦平面实体图[①]

① 数据来源:http://landsat.usgs.gov/landsat8.php。

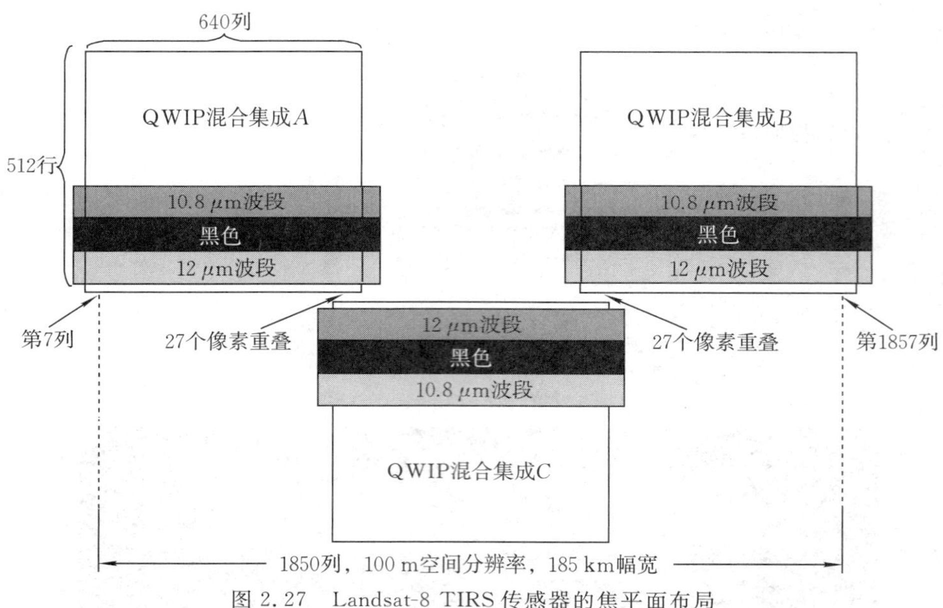

图 2.27　Landsat-8 TIRS 传感器的焦平面布局

2.5　成像光谱仪

2.5.1　基本概念

利用多光谱扫描型传感器获取的图像通常只有 3～10 个宽波段，若扫描型传感器的光谱分辨率较高，扫描成像后得到几十甚至几百个窄波段，那么这样的传感器，我们称之为成像光谱仪。

成像光谱仪通过将传统的空间成像技术与地物光谱技术有机地结合在一起，以多路、连续的高光谱分辨率来获取某一地区的数十甚至数百个波段的地物反射光谱图像。成像光谱仪的成像原理与多光谱扫描型传感器基本相同，其区别仅在于通道数多、各通道的波段宽度窄（数纳米或数十纳米）。成像光谱仪获取的高光谱图像可用图像立方体进行表示，且其像元的光谱特征曲线近似连续，如图 2.28 所示。图 2.28 的数据源是由 AVIRIS(airborne visible/infrared imaging spectrometer)机载成像光谱仪于 1997 年 6 月 20 日获取的，并经辐射校正后的反射率图像，其对应的地理位置是美国加利福尼亚州莫菲特场(Moffett Field)。AVIRIS 共有 224 个波段，覆盖 0.4～2.5 μm 的 VIS-NIR-SWIR。在图 2.28 中，上图是由原始数据制作而成的图像立方体，下图是图像中心像元(第 256 行、第 307 列)的光谱特征曲线(原始数据共有 512 行、614 列)。图 2.29 是由 TM 多光谱图像(不包括第 6 个波段)制作得到的图像立方体，源数据是从文件名为 LT50440341997174AAA01 的整景数据中裁剪得到的，地面覆盖范围与图 2.28 大致相同(此处用到的 AVIRIS 和 TM 数据没有经过几何配准，此外，TM 数据也没有经过辐射校正)。与 AVIRIS 数据相比，TM 制作得到的图像立方体立体感不强，光谱特征曲线也不连续。

与多光谱扫描型传感器类似，成像光谱仪根据平台的不同可分为地基(车载和船舰载等)、机载(无人机和航空飞机等)、星载(航天飞机和卫星平台等)，根据扫描成像方式的不同可分为摆扫、推扫、凝视等类型。对地观测遥感技术中主要采用摆扫或推扫获取高光谱遥感图像。摆扫式成像光谱仪通常采用一维线阵列 CCD 传感器，推扫式传感器通常采用二维面阵列 CCD 传感器。星载成像光谱仪多采用推扫式成像。

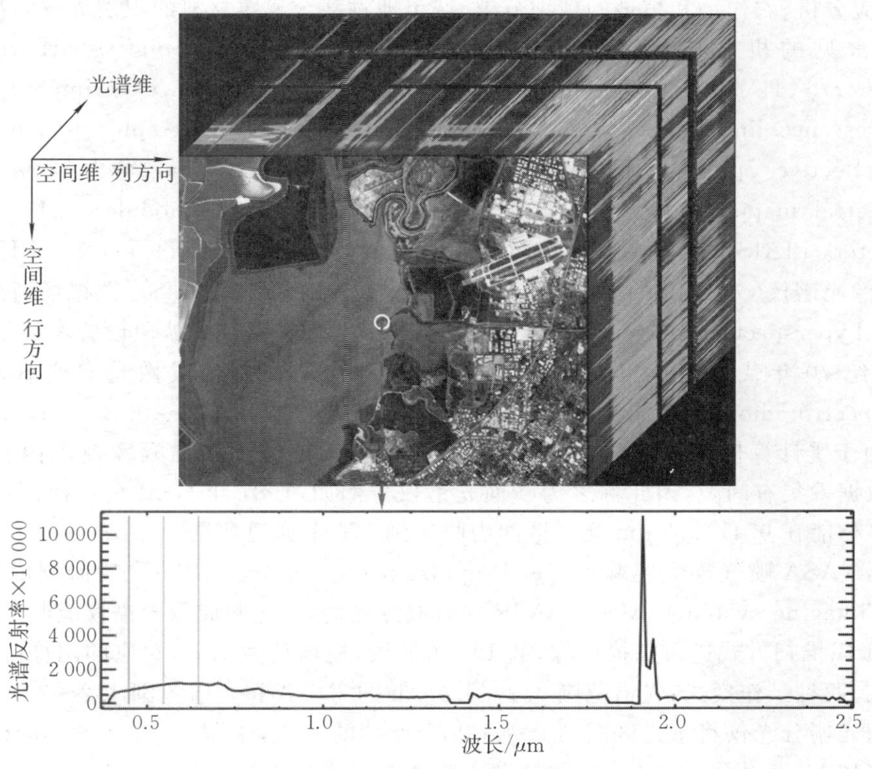

图 2.28　AVIRIS 高光谱遥感图像①

图 2.29　TM 多光谱遥感图像②

① 数据来源：http://aviris.jpl.nasa.gov/data/free_data.html。

② 数据来源：http://earthexplorer.usgs.gov/。

2.5.2 机载成像光谱仪

早期的成像光谱仪以机载为主，不仅在地质、能源领域研究中发挥了作用，而且在生物地球化学效应分析、农作物和植被的精细分类、城市地物甚至建筑材料的识别等方面都获得了成功应用。常见的机载成像光谱仪有：美国的AVIRIS、DAIS（digital airborne imaging spectrometer）①、HYDICE（hyperspectral digital imagery collection experiment），加拿大的FLI（fluorescence line imager）、CASI（compact airborne spectrographic imager），德国的ROSIS（reflective optics system imaging spectrometer）、HySpex，澳大利亚的HyMap（hyperspectral mapper）以及中国的模块化航空成像光谱仪（modular airborne imaging spectrometer，MAIS）、推帚式成像光谱仪（pushbroom hyperspectral imager，PHI）、实用型模块化成像光谱仪（operational modular imaging spectrometer，OMIS）、宽视场高光谱成像仪（wide fov hyperspectral imager，WHI）等。部分机载成像光谱仪的波段设置参数见表2.13。

20世纪70年代末，由美国NASA约翰逊宇航中心研制的成像光谱仪SIS（scanning imaging spectroradiometer）能提供32个波段，感光范围是0.43～0.80 μm，波段宽度为15 nm。由于受计算机硬件限制，早期的成像光谱仪不能够在扫描幅宽范围内获得连续的图像，即数据采集有间隙，因此称之为断面光谱仪。例如，1981年GER公司研制的一台机载断面光谱仪，能在0.4～2.5 μm光谱区间内收集到576个通道数据。

此后，NASA喷气推进实验室（Jet Propulsion Laboratory，JPL）先后研制成功了AIS-1（airborne imaging system）、AIS-2、AVIRIS等成像光谱仪，这些成像光谱仪能产生连续图像。

AIS-1以推扫方式进行扫描成像，共128个波段，视场角为3.7°，对应的图像幅宽为32个像元。它有两种工作模式：光谱范围0.9～2.4 μm的树模式和光谱范围1.2～2.4 μm的岩石模式，利用光栅分光仪将感光区间划分为128个连续的波段，采用32×32大小的碲镉汞面阵列探测器（10 bit量化级数）同时采集空间维和光谱维的电磁辐射信息。AIS-2是AIS-1的改进，其感光范围扩展至0.8～2.4 μm。

AVIRIS于1984年开始研发，于1987年搭载在NASA ER-2飞机上第一次进行地面图像采集。AVIRIS以10 nm左右的光谱间隔，将0.4～2.55 μm感光区间划分为224个波段，使用线阵列CCD探测各波段的电磁辐射信息。线阵列CCD共有224个不同探测元件，其中硅材料制成的线阵列探测元件对应着可见光波段，锑化铟制成的线阵列探测元件对应着近红外和短波红外波段。AVIRIS以摆扫方式进行扫描成像，使用一个扫描镜在跨轨方向来回扫描，每扫描一次，即得到614个像元（幅宽为614个像元），每个像元有224个光谱特征值。像元的大小，即图像空间分辨率取决于每次飞行任务的航高设计。

加拿大于1981年由Moniteq Limited研制成功了FLI成像光谱仪，也称之为PMI（programmable multispectral imager）。FLI（PMI）由加拿大渔业及海洋部运营，其感光范围为430～805 nm，可提供512像元幅宽、288个波段的高光谱图像。现今被成功推广应用的CASI就是在FLI（PMI）的基础上改进而成的。CASI是加拿大ITRES Research Limited推出的一款商用成像光谱仪，使用反射光栅和面阵列CCD探测器，以推扫方式进行扫描成像，其

① DAIS由美国GER（Geophysical Environmental Research）公司研制，由德国宇航中心（German Space Agency，Deutsches Zentrum für Luft-und Raumfahrt，DLR）运营。

总视场角为 35°，光谱范围为 0.4～1.0 μm。面阵列 CCD 共有 288 行、512 列，即 288×512 个像元。CASI 有三种工作模式可选，即空间、光谱以及全模式①。在全模式中，面阵列探测器在跨轨方向上瞬间采集了 35°视场角对应的行信息，该扫描行共有 512 个像元，每个像元有 288 个反射光谱特征。空间分辨率随着航高变化而变化，当航高为 1 km 时，图像空间分辨率为 1.23 m。

澳大利亚于 1996 年开始运营 HyMap 成像光谱仪。HyMap 是由 Integrated Spectronics 研发、由 HyVista 负责运营，其前身是 PROBE-1（由美国 Earth Search Sciences 所有）。HyMap 以摆扫方式进行扫描成像。在 HyMap 系列中，第一个传感器可获取的图像波段数共 96 个波段，感光范围是 0.55～2.5μm。后来改进的 HyMap 传感器波段数增加到了 128 个波段，感光范围也由原先的 VIS-NIR-SWIR 扩展至 VIS-NIR-SWIR-MWIR-LWIR②。

20 世纪 80 年代初、中期，在国家科技攻关项目和“863”计划的支持下，我国也开展了高光谱成像技术的独立发展计划；80 年代中期，根据地质矿产资源勘探的需求，研制出了工作波段在短波红外光谱区间(2.0～2.5 μm)的 6～8 波段细分的红外光谱扫描仪和工作波段在 8～12 μm 光谱范围的航空热红外多光谱扫描仪；在此基础上，80 年代后期又研制出了 MAIS，在 VIS-NIR-SWIR 有 64 个波段，并与 6～8 波段的热红外多光谱扫描仪集成使用。通过在我国西部干旱环境下的地质找矿试验，这一技术被证明对各种矿物的识别以及矿化蚀变带的制图十分有利，成为地质研究和填图的有效工具。此后，中国科学院上海技术物理研究所又自行研制了 PHI、OMIS-Ⅰ和 OMIS-Ⅱ等。PHI 成像光谱仪在 VIS-NIR 共有 244 个波段，其光谱分辨率≤5 nm；OMIS 感光范围更宽。如 OMIS-Ⅰ共有 128 个波段，其中 VIS-NIR(0.46～1.1 μm)有 32 个波段，SWIR(1.06～1.70 μm 及 2.0～2.5 μm)有 48 个波段，MWIR(3.0～5.0 μm)有 8 个波段，LWIR(8.0～12.5 μm)有 6～8 个波段。

表 2.13　部分机载成像光谱仪的波段设置参数

名称	全名	研制单位	波段数	光谱范围/μm
AIS-1	airborne imaging spectrometer	NASA JPL	128	0.9～2.4 1.2～2.4
AIS-2	airborne imaging spectrometer	NASA JPL	128	0.8～2.4
AVIRIS	airborne visible/infrared imaging spectrometer	NASA JPL	224	0.4～2.5
CASI	compact airborne spectrographic imager	ITRES Research Limited	288	0.4～1.0
DAIS	digital airborne imaging spectrometer	GERCorperation	211	0.4～12.0
FLI	flourocence line imager	Moniteq Limited	228	0.430～0.805
HYDICE	hyperspectral digital imagery collection experiment	Naval Research Laboratory	210	0.4～2.5
HyMap	hyperspectral mapper	Integrated Spectronics	128	0.45～2.5
MAIS	modualr airborne imaging spectrometer	中国 SITP	71	0.44～11.8
PHI	pushbroom hyperspectral imager	中国 SITP	244	0.4～1.0
OMIS	operational modular imaging spectrometer	中国 SITP	128	0.4～12.5
ROSIS	reflective optics system imaging spectrometer	DLR	115	0.4～0.9

① 扩展阅读资料：http://geo.arc.nasa.gov/sge/jskiles/top-down/OTTER/OTTER_docs/CASI.html。

② 扩展阅读资料：http://www.hyvista.com/? page_id=275。

2.5.3 星载成像光谱仪

在机载成像光谱仪运行成功之后，20 世纪 90 年代末期星载成像光谱仪开始应用发展，例如 2000 年号称新千年计划第一星的 EO-1 的 Hyperion、2001 年欧洲的 PROBA-1(project for on-board autonomy) 卫星上的 CHRIS(compact high resolution imaging spectrometer)、2008 年中国 HJ-1 星上的高光谱成像仪 HSI、2009 年国际空间站(international space station，ISS)上的 HICO(hyperspectral imager for the coastal ocean)等。

EO-1 Hyperion 是以推扫方式进行扫描成像的，其波段设置见 2.2 节，这里不再重复。下面分别介绍 PROBA CHRIS、HJ-1A HIS 以及 HICO。

欧洲空间局(European Space Agency，ESA)于 2001 年 10 月 22 日成功发射 PROBA-1 卫星，其上搭载 7 个传感器：CHRIS、HRC(high resolution camera)、WAC(wide angle camera)、SREM(space radiation environment monitor)、DEBIE(debris in-orbit evaluator)、SIPs(smart instrument points)、MRM(miniaturised radiation monitor)。CHRIS 光谱范围为 415～1050 nm，光谱分辨率为 5～12 nm，星下点空间分辨率为 20 m，对地刈幅宽度为 14 km，波段数大于 19(实际得到的波段数和空间分辨率取决于所选择的成像模式)。

环境与灾害监测预报小卫星星座 A、B 星(HJ-1A/1B 星)于 2008 年 9 月 6 日成功发射，主要载荷参数见表 2.14。HJ-1A 星搭载了 CCD 相机和高光谱成像仪 HSI，HJ-1-B 星搭载了 CCD 相机和红外多光谱相机。HJ-1A、HJ-1B 星都搭载了两台 CCD 相机，以星下点对称放置，平分视场、并行观测，联合完成对地刈幅宽度为 700 km(一台 CCD 的扫描幅宽为 360 km)、空间分辨率为 30 m、4 个谱段的推扫成像。此外，在 HJ-1A 卫星装载有一台超光谱成像仪，完成对地刈幅宽度为 50 km、空间分辨率为 100 m、110～128 个光谱谱段的推扫成像，具有±30°侧视能力和星上定标功能。在 HJ-1B 卫星上还装载有一台红外相机，完成对地幅宽为 720km、地面像元分辨率为 150 m/300 m、4 个红外波段的成像。

表 2.14 HJ-1A、B 卫星的主要载荷参数①

平台	传感器	波段号	光谱范围/μm	空间分辨率/m	幅宽/km	重访周期/d
HJ-1A	CCD 相机	1	0.43～0.52	30	一台：360 两台：700	4
		2	0.52～0.60	30		
		3	0.63～0.69	30		
		4	0.76～0.90	30		
	高光谱成像仪	110～128 个谱段	0.45～0.95	100	50	4
HJ-1B	CCD 相机	1	0.43～0.52	30	一台：360 两台：700	4
		2	0.52～0.60	30		
		3	0.63～0.69	30		
		4	0.76～0.90	30		
	红外多光谱相机	5	0.75～1.10	150	720	4
		6	1.55～1.75			
		7	3.50～3.90			
		8	10.5～12.5	300		

① 数据来源：http://www.cresda.com/n16/n1130/n1582/8384.html。

HICO 是由美国 NASA 于 2009 年 9 月 10 日发射升空，于 2009 年 9 月 24 日安装在 ISS 平台上，于 2009 年 9 月 25 日采集了第一幅图像。表 2.15 列出了 HICO 传感器的主要技术参数。HICO 空间分辨率为 90 m，光谱范围为 353～1 080 nm，光谱分辨率（光谱采样间隔）为 5.7 nm，共有 128 个波段，波段筛选后有 87 个波段，见表 2.16。在表 2.16 中，由底纹标识的是去掉的波段，括号里的数值是波段编号。图 2.30 是 2014 年 3 月 16 日太湖区域的 HICO 高光谱遥感数据，数据维数是 2000 行、500 列、87 个波段；左图是真彩色合成图像显示，右图上下两条曲线分别对应着两个不同像元点的光谱剖面图（横坐标为波长，纵坐标为辐亮度），一个像元是位于第 500 行、第 200 列的混合像元（植被等地物类型的综合）；另一个像元是第 900 行、第 100 列的纯净像元，地物类型是湖水。

表 2.15　HICO 传感器的主要技术参数

空间分辨率/m	90（随成像高度、角度的变化而变化）
一景图像的大小/km	42×192（随成像高度、角度的变化而变化）
一景图像的大小/像元	512×2 000（宽度×高度） （图像裁剪后的大小：500×2 000）
总视场/(°)	6.92（由中心±3.46） 跨轨方向覆盖 512 个像元
波段	128 个波段 （波段筛选后的数量：87 个波段）
波长/nm	353～1080 （波段筛选后的波长：400～900）
真彩色合成的 RGB 波段/nm	红(R)：638.9（波段 42） 绿(G)：553.0（波段 27） 蓝(B)：461.4（波段 11）
光谱分辨率/nm	5.7
数据类型	BIL* /BSQ** 二进制格式、HDF5***

注：* BIL：band interleaved by line，行交叉式。
**BSQ：band sequential，波段交叉式。
***HDF：hierarchy format，分层数据格式。

表 2.16　HICO 传感器的波段设置（要去除的波段由底纹标识）

波长/nm	波长/nm	波长/nm	波长/nm	波长/nm	波长/nm
352.528	(14) 478.544	(36) 604.560	(58) 730.576	(80) 856.592	982.608
358.256	(15) 484.272	(37) 610.288	(59) 736.304	(81) 862.320	988.336
363.984	(16) 490.000	(38) 616.016	(60) 742.032	(82) 868.048	994.064
369.712	(17) 495.728	(39) 621.744	(61) 747.760	(83) 873.776	999.790
375.440	(18) 501.456	(40) 627.472	(62) 753.488	(84) 879.504	1005.52
381.168	(19) 507.184	(41) 633.200	(63) 759.216	(85) 885.232	1011.25
386.896	(20) 512.912	(42) 638.928	(64) 764.944	(86) 890.960	1016.98
392.624	(21) 518.640	(43) 644.656	(65) 770.672	(87) 896.688	1022.70
398.352	(22) 524.368	(44) 650.384	(66) 776.400	902.416	1028.43
(1) 404.080	(23) 530.096	(45) 656.112	(67) 782.128	908.144	1034.16
(2) 409.808	(24) 535.824	(46) 661.840	(68) 787.856	913.872	1039.89
(3) 415.536	(25) 541.552	(47) 667.568	(69) 793.584	919.600	1045.62

续表

波长/nm	波长/nm	波长/nm	波长/nm	波长/nm	波长/nm
(4) 421.264	(26) 547.280	(48) 673.296	(70) 799.312	925.328	1051.34
(5) 426.992	(27) 553.008	(49) 679.024	(71) 805.040	931.056	1057.07
(6) 432.720	(28) 558.736	(50) 684.752	(72) 810.768	936.784	1062.80
(7) 438.448	(29) 564.464	(51) 690.480	(73) 816.496	942.512	1068.53
(8) 444.176	(30) 570.192	(52) 696.208	(74) 822.224	948.240	1074.26
(9) 449.904	(31) 575.920	(53) 701.936	(75) 827.952	953.968	1079.98
(10) 455.632	(32) 581.648	(54) 707.664	(76) 833.680	959.696	
(11) 461.360	(33) 587.376	(55) 713.392	(77) 839.408	965.424	
(12) 467.088	(34) 593.104	(56) 719.120	(78) 845.136	971.152	
(13) 472.816	(35) 598.832	(57) 724.848	(79) 850.864	976.880	

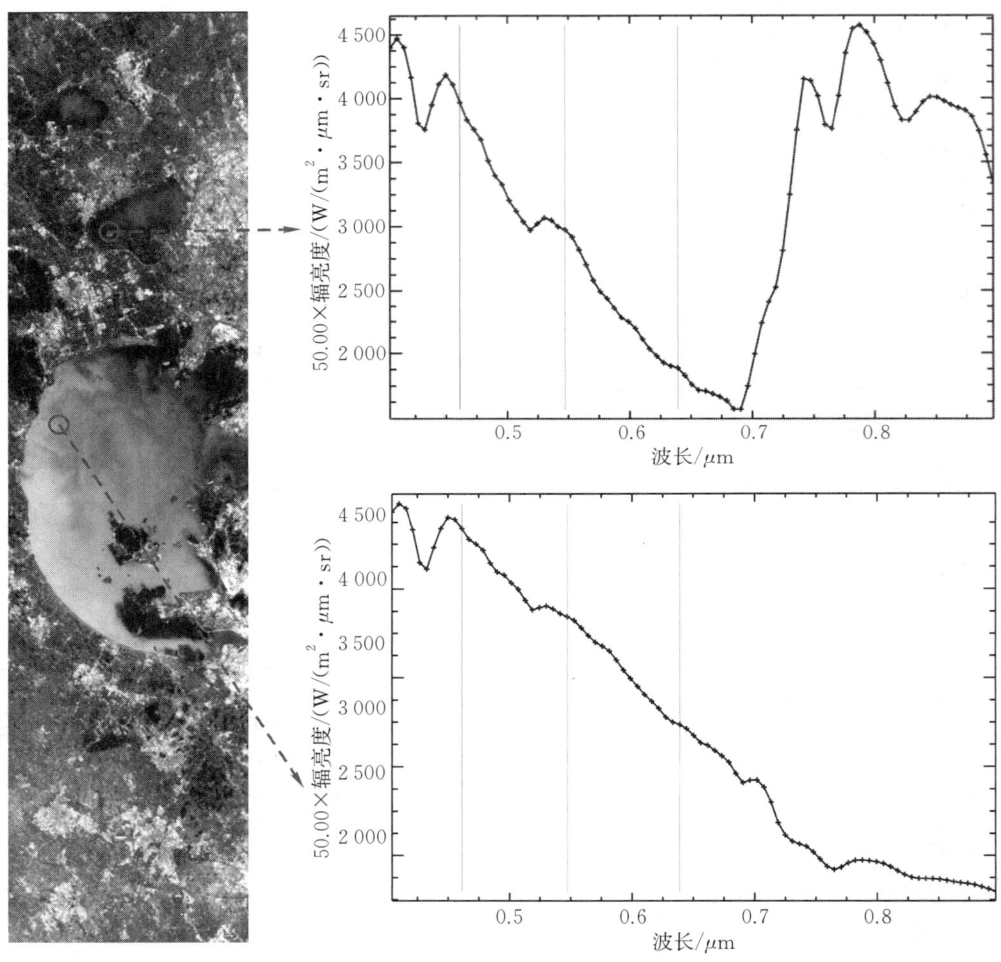

图 2.30 HICO 高光谱遥感图像①

① 数据来源：http://hico.coas.oregonstate.edu/index.shtml。

2.5.4　摆扫式与推扫式成像光谱仪

摆扫式成像光谱仪采用线阵探测器同时获取瞬时视场(对应图像中的一个像元)的所有光谱信息,由扫描镜在沿跨轨方向上的前后摆扫与平台的沿轨运动来完成二维空间成像。其成像原理与图 2.17 类似,所不同的是,经光学色散装置分色后得到的波段数增加至几十甚至上百个,与之对应的探测元件个数也增加到相同的个数,探测元件排列成行,即形成线阵列的探测器。属于此类的成像光谱仪有:中国科学院上海技术物理研究所研制的 OMIS 系统、美国的 AVIRIS 等。

推扫式成像光谱仪在获取数据时,面阵列探测器对应着一个入射狭缝限制的瞬时视场行,如图 2.31 所示。面阵列探测在获得一维空间信息(狭缝对应的地面成像行)的同时,记录地面成像行中每个像元的所有光谱信息,并通过平台的沿轨推扫对二维空间的另一维(行数)进行扫描从而实现空间成像。相对于摆扫式而言,推扫式成像光谱仪的优点在于其凝视时间可增加 10^3 数量级,因而可大幅提高系统灵敏度和信噪比;同时由于没有光机扫描运动部分,仪器体积相对较小。但受探测器器件尺寸和光学设计限制,大幅宽成像难以实现。属于该类的成像光谱仪有中国科学院上海技术物理研究所的 PHI 系统、HJ-1A 星搭载的超光谱仪 HSI、加拿大的 CASI 系统、美国的 Hyperion 和 HICO 等。

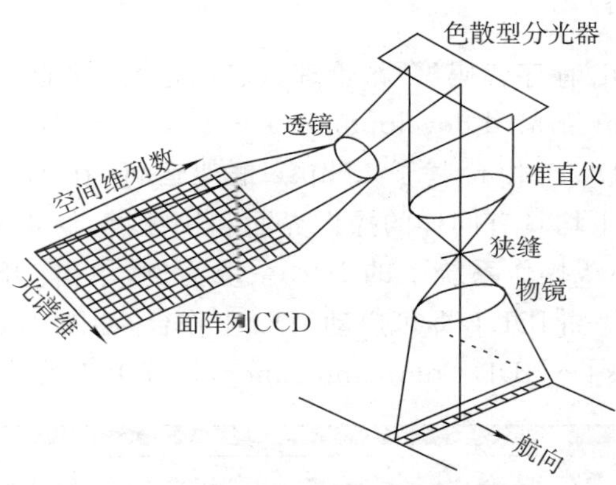

图 2.31　推扫式成像光谱仪的成像原理

思考题

1. 遥感传感器的基本组成有哪些?

2. 与多光谱遥感图像相比,高光谱遥感图像的优势主要体现在哪些方面?

3. 列举至少 3 个近 5 年内发射的高分辨率遥感商业成像卫星,并简要说明相关传感器的性能参数。

4. 试举例说明由多镜头组成的框幅式数码航摄仪的工作原理。

5. 以 Landsat-7 ETM+和 Landsat-8 OLI 为例,比较说明摆扫式和推扫式扫描型传感器的成像过程。

6. 试举例说明推扫式成像光谱仪的成像原理。

第 3 章　遥感图像读写

地面接收站负责接收星体传送下来的遥感图像数据，并将其分类记录在磁带或光盘上。如何读取和存储遥感图像数据是遥感数字图像处理的第一步。本章重点介绍几种常用的遥感数字图像格式以及基于 IDL 的遥感数字图像读写。

3.1　IDL 基本语法

ENVI 是使用 IDL 语言编写的完整遥感图像处理平台，架构非常灵活，提供一个功能全面的应用程序接口(application program interface, API)函数库，可以满足用户的个性化需求。用户可以很方便地通过 IDL 语言以及 ENVI 提供的二次开发工具对 ENVI 的功能进行扩展，添加新的功能函数，甚至开发独立于 ENVI 界面的全新系统。

3.1.1　IDL 工作台

IDL 工作台是进行 IDL 程序代码编写、管理、调试、运行、功能的图形化界面操作环境，也就是 IDL 集成开发环境(integrated development environment, IDE)工具集。

自 IDL 7.0 版本起，IDL 工作台基于 Eclipse 框架运行，在 Windows、Macintosh、Solaris 或 Linux 等不同操作系统下均具有同样的操作界面和快捷键，便于在不同操作系统的平台下进行源码开发。以 Windows 操作系统下的 IDL 系统为例，单击[开始]→[程序]→[IDL]或[开始]→[程序]→[ENVI]→[IDL]，即可启动 IDL 工作台，如图 3.1 所示；也可单击[开始]→[程序]→[ENVI]→[Tools]→[IDL Command Line]，打开 IDL 命令行界面，如图 3.2 所示。

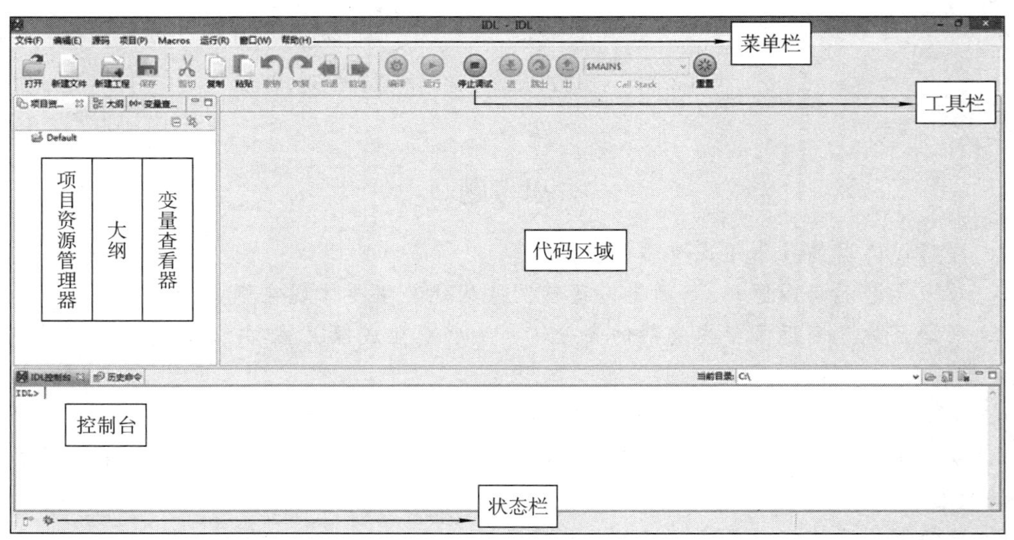

图 3.1　IDL 工作台

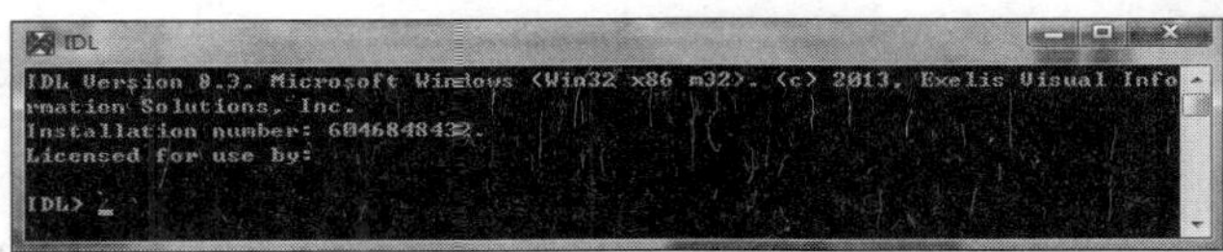

图 3.2　IDL 命令行界面

3.1.2　IDL 数据类型

1. 基本数据类型

IDL 基本数据类型有字节型(Byte)、整型(Integer)、无符号整型(Unsigned Integer)、长整型(Long)、无符号长整型(Unsigned Long)、64 位长整型(64 bit Long)、64 位无符号长整型(64 bit Unsigned Long)、浮点型(Floating-point)、双精度浮点型(Double-precision)、复数(Complex)、双精度复数(Double-precision Complex)、字符串型(String);组合数据类型有数组(Array)、结构体(Structure)、对象(Object)、指针(Pointer)、链表(List)、哈希表(Hash)等。表 3.1 列出 IDL 主要数据类型,包括每个数据类型的名称、编码、字节数、取值范围、创建方式和命令等信息。字节型取值范围为 0～255,整型取值范围为－32768～＋32767,长整型取值范围为－2147483648～＋2147483647。

表 3.1　IDL 主要的数据类型

类型	描述	编码	字节数	赋值定义	创建命令
Null	未定义变量	0	—	*a* = !NULL *a* = [ ] *a* = { }	!NULL
Byte	字节型	1	1	*a* = 5B *a* = BYTE(5)	BYTE BYTEARR
Integer	16 位 有符号整型	2	2	*b* = 0 *b* = 0S *b* = FIX(0)	FIX INTARR
Unsigned Integer	16 位 无符号整型	12	2	*c* = 0U *c* = UINT(0)	UINT UINTARR
Long	32 位有符号 长整型	3	4	*d* = 0L *d* = LONG(0)	LONG LONGARR
Unsigned Long	32 位无符号 长整型	13	4	*e* = 0UL *e* = ULONG(0)	ULONG ULONGARR
64 bit Long	64 位有符号 长整型	14	8	*f* = 0LL *f* = LONG64(0)	LONG64 LONG64ARR
64 bit Unsigned Long	64 位无符号 长整型	15	8	*g* = 0ULL *g* = ULONG64(0)	ULONG64 ULONG64ARR
Floating-point	浮点型	4	4	*h* = 0.0 *h* = FLOAT(0)	FLOAT FLTARR
Double-precision	双精度 浮点型	5	8	*i* = 0.0D *i* = DOUBLE(0)	DOUBLE DBLARR
Complex	复数	6	8	*j* = $ COMPLEX(1.0,0.0) *j* = COMPLEX(1,0)	COMPLEX COMPLEXARR

续表

类型	描述	编码	字节数	赋值定义	创建命令
Double-precision complex	双精度复数	9	16	*k* = DCOMPLEX $ (1.0, 2.0)	DCOMPLEX DCOMPLEXARR
String	字符串	7	0～32767	*l* ='Hello' *l* = STRING $ ([72B, 101B])	STRING STRARR
Structure	结构体	8	—	—	CREATE _STRUCT
Pointer	指针	10	—	—	PRT_NEW
Object	对象	11	—	—	OBJ_NEW
List	链表	11	—	—	LIST
Hash	哈希表	11	—	—	HASH

2. 变量

IDL 变量有局部变量和系统变量之分，两者之间的区别在于在 IDL 程序中的生命周期不一样，前者仅仅在所在的函数或过程中有效，后者则始终有效或在某个程序的周期中有效。

与 C 语言不同，IDL 局部变量无须事先申明，可通过赋值语句进行定义。变量可以通过类型转换函数进行强制类型转换。IDL 默认的数据类型是整型，若运算结果超出了其取值范围，则输出的结果就不正确。例如：

```
IDL> a = 20000
IDL> b = 20000
IDL>PRINT, a + b
    - 25536
IDL>PRINT, LONG(a) + LONG(b)
   40000
```

系统变量又可分为两种类型：一类是预定义系统变量，另一类是自定义的系统变量。预定义系统变量可查看 IDL 工作台中的变量查看器 System 文件夹，如图 3.3 所示。下面介绍几组在图形输出中常用到的!D、!P、!X、!Y、!Z 等预定义系统变量。

!D 系统变量提供当前显示设备的信息，在控制台命令行输入“HELP, !D, /str”，即可查询相关信息。

```
IDL>HELP, !D, /str
** Structure !DEVICE, 17 tags, length = 84, data length = 84:
  NAME          STRING         'WIN'
  X_SIZE        LONG           640
  Y_SIZE        LONG           512
  X_VSIZE       LONG           640
  Y_VSIZE       LONG           512
  X_CH_SIZE     LONG           7
  Y_CH_SIZE     LONG           13
  X_PX_CM       FLOAT          28.3402
  Y_PX_CM       FLOAT          28.3395
```

```
N_COLORS        LONG        16777216
TABLE_SIZE      LONG        256
FILL_DIST       LONG        1
WINDOW          LONG        -1
UNIT            LONG        0
FLAGS           LONG        328124
ORIGIN          LONG        Array[2]
ZOOM            LONG        Array[2]
```

图 3.3 IDL 预定义系统变量

!D 是结构体数据类型，有 NAME 等 17 个成员变量，部分变量说明见表 3.2。

表 3.2 !D 系统变量

系统变量名	变量描述
!D. NAME	当前图形设备的名称
!D. N_COLORS	当前图形设备使用的颜色数
!D. TABLE_SIZE	当前分配的颜色表索引数
!D. X_SIZE	当前图形窗口的宽(单位:像元)
!D. Y_SIZE	当前图形窗口的高(单位:像元)
!D. WINDOW	当前图形窗口的索引号(未创建或打开图形窗口,值为-1)

!P 用于获取和更改默认的画图设置，也是结构体数据类型，共有 22 个成员变量。

```
IDL> HELP, !P, /str
** Structure !PLT, 22 tags, length = 296, data length = 288:
   BACKGROUND      LONG              0
   CHARSIZE        FLOAT             0.000000
   CHARTHICK       FLOAT             0.000000
   CLIP            LONG              Array[6]
   COLOR           LONG              16777215
   FONT            LONG              - 1
   LINESTYLE       LONG              0
   MULTI           LONG              Array[5]
   NOCLIP          LONG              0
   NOERASE         LONG              0
   NSUM            LONG              0
   POSITION        FLOAT             Array[4]
   PSYM            LONG              0
   REGION          FLOAT             Array[4]
   SUBTITLE        STRING            "
   SYMSIZE         FLOAT             0.000000
   T               DOUBLE            Array[4, 4]
   T3D             LONG              0
   THICK           FLOAT             0.000000
   TITLE           STRING            "
   TICKLEN         FLOAT             0.0200000
   CHANNEL         LONG              0
```

!X、!Y、!Z 用于获取、更改画图坐标轴的默认属性，也都是数据结构类型，共有 22 个成员变量。

```
IDL> HELP, !X, /str
** Structure !AXIS, 22 tags, length = 1584, data length = 1576:
   TITLE            STRING            "
   TYPE             LONG              0
   STYLE            LONG              0
   TICKS            LONG              0
   TICKLEN          FLOAT             0.000000
   THICK            FLOAT             0.000000
   RANGE            DOUBLE            Array[2]
   CRANGE           DOUBLE            Array[2]
   S                DOUBLE            Array[2]
   MARGIN           FLOAT             Array[2]
   OMARGIN          FLOAT             Array[2]
   WINDOW           FLOAT             Array[2]
   REGION           FLOAT             Array[2]
   CHARSIZE         FLOAT             0.000000
```

```
  MINOR            LONG         0
  TICKV            DOUBLE       Array[60]
  TICKNAME         STRING       Array[60]
  GRIDSTYLE        LONG         0
  TICKFORMAT       STRING       Array[10]
  TICKINTERVAL     DOUBLE       0.00000000
  TICKLAYOUT       LONG         0
  TICKUNITS        STRING       Array[10]
```

自定义系统变量的命名形式与预定义系统变量相同，即“! ＋变量名”，其创建格式为：DEFSYSV，变量名，变量值。例如，在控制台命令行输入：

```
IDL>DEFSYSV, '!NEW_SYS_VAR', 2.0
```

自定义一个浮点型标量的系统变量，其变量名为!NEW_SYS_VAR，初始值为2.0；也可在一个过程中进行定义，如：

```
PRO define_new_sys_var
  DEFSYSV, '!NEW_SYS_VAR', 2.0
  print, !NEW_SYS_VAR
END
```

3. **数组**

为了处理方便，在程序设计中我们将具有相同类型的若干变量有序地组织起来。这些按序排列的同类数据元素的集合称为数组(array)。IDL是面向矩阵的第四代语言，数组维数0～8维，但需要注意的是：

(1)与线性代数中的矩阵不同，也与MATLAB的矩阵不同，IDL中数组下标是从零开始的正值，顺序先是列标，后是行标。

(2)IDL最初的设计目的是用来处理行扫描的卫星遥感图像数据，其数组在内存中是按行优先的顺序进行存储的，相应地，其索引也是行优先(也是从零开始的正值)。

数组可通过方括号[ ]直接赋值进行创建。

```
IDL> ;赋值创建数组
IDL> a = [[1,2,3],[4,5,6]]
IDL> PRINT, a
     1       2       3
     4       5       6
IDL> ;取出第1行、第2列的元素
IDL> PRINT, a[1,0]
     2
IDL> ;取出数组中第2个元素
IDL> PRINT, a[1]
     2
IDL> ;取出第1行的所有元素
IDL> PRINT, a[*,0]
     1       2       3
```

也可通过创建全零或索引数组函数、MAKE_ARRAY 函数、RANDOMN 等创建特殊数组函数，见表 3.3。

表 3.3　IDL 数组创建函数

函数	数据类型(说明)	函数	数据类型(说明)
BINGEN	字节型(索引)	LONARR	长整型(默认值 0)
BOOLARR	布尔(默认值 0)	MAKE_ARRAY	(定义类型)
BYTARR	字节型(默认值 0)	OBJARR	对象
CINDGEN	复数(索引)	PTRARR	指针
COMPLEXARR	复数(默认值 0)	RANDOMN	浮点型(零均值的正态分布)
DBLARR	双精度(默认值 0)	RANDOMU	浮点型([0,1]区间均匀分布)
DCINDGEN	双精度复数(索引)	REPLICATE	(复制数组)
DCOMPLEXARR	双精度复数(默认值 0)	SINGEN	字符串(索引)
DINDGEN	双精度(索引)	STRARR	字符串(默认值 0)
FINDGEN	浮点(索引)	TIMEGEN	双精度浮点(索引,儒略日)
FLTARR	浮点(默认值 0)	UINDGEN	无符号整型(索引)
IDENTITY	单位矩阵(对角线全 1)	UINTARR	无符号整型(默认值 0)
INDGEN	整型(索引)	UL64INDGEN	无符号 64 位长整型(索引)
INTARR	整型(默认值 0)	ULINDGEN	无符号长整型(索引)
L64INDGEN	64 位长整型(索引)	ULONG64ARR	无符号 64 位长整型(默认值 0)
LINDGEN	长整型(索引)	ULONGARR	无符号长整型(默认值 0)
LON64ARR	64 位长整型(默认值 0)		

IDL 常用的数组运算函数见表 3.4。

表 3.4　IDL 常用的数组运算函数/过程

函数/过程	调用格式	说明
ARRAY_EQUAL	*Result* = ARRAY_EQUAL (*Op*1, *Op*2)	判断元素是否相等
ARRAY_INDICES	*Result* = ARRAY_INDICES (*Array*, *Index*)	将索引转换为下标
BLAS_AXPY	BLAS_AXPY,*Y*, *a*, *X*	计算 $Y = aX + Y$
INVERT	*Result* = INVERT (*Array*)	矩阵求逆
MAX	*Result* = MAX (*Array*)	返回最大值
MIN	*Result* = MIN (*Array*)	返回最小值
REFORM	*Result* = REFORM (*Array*, D_1[,…,D_8])	数组维数调整
REPLICATE_INPLACE	REPLICATE_INPLACE, *Array*, *Value* …	数组元素替换
REVERSE	*Result* = REVERSE (*Array* [, *Subscript_Index*])	数组反转
ROT	*Result* = ROT (*Array*, *Angle*)	任意角度旋转
ROTATE	*Result* = ROTATE (*Array*, *Direction*)	90°整倍数旋转
SHIFT	*Result* = SHIFT (*Array*, S_1,…,S_n)	数组平移
SIZE	*Result* = SIZE (*Array* [, /L64] [, /DIMENSIONS])	返回数组信息
SORT	*Result* = SORT (*Array* [, /L64])	数组排序
TOTAL	*Result* = TOTAL (*Array* [, *Dimension*])	数组元素求和
TRANSPOSE	*Result* = TRANSPOSE (*Array* [, *P*])	数组转置
UNIQ	*Result* = TRANSPOSE (*Array* [, *Index*])	返回唯一值的下标
WHERE	*Result* = WHERE (*Array* [, *Count*], [, /L64])	条件查找

例如：

```
IDL> ;创建一维索引数组
IDL> a = INDGEN(7)
IDL> PRINT, 'a = ', a
     a =       0       1       2       3       4       5       6
IDL> ;条件查询
IDL> b = WHERE(a GT 3, count, COMPLEMENT = b_c, NCOMPLEMENT = b_nc)
IDL> PRINT, b
     4           5           6
IDL> PRINT, count
     3
IDL> PRINT, b_c
     0           1           2           3
IDL> PRINT, b_nc
     4
IDL> ;数组反转
IDL> c = REVERSE(b)
IDL> PRINT, c
     6           5           4
IDL> ;数组求和
IDL> d = TOTAL(b)
IDL> PRINT, d
     15.000
IDL> ;MAKEARRAY 创建二维数组
IDL> a = MAKE_ARRAY(3, 2, /INTEGER, VALUE = 5)
IDL> PRINT, a
     5       5       5
     5       5       5
IDL> b = REFORM(a, 6, 1)
IDL> PRINT, b
     5       5       5       5       5       5
IDL> ;元素替换 a[*,0] = 3
IDL> REPLICATE_INPLACE, a, 3, 1, [0,0]
IDL> PRINT, a
     3       3       3
     5       5       5
IDL> a = MAKE_ARRAY(3, 2, /INTEGER, VALUE = 5)
IDL> ;元素替换 a[0,*] = 3
IDL> REPLICATE_INPLACE, a, 3, 2, [0,0]
IDL> PRINT, a
     3       5       5
     3       5       5
IDL> a = MAKE_ARRAY(3, 2, /INTEGER, VALUE = 5)
IDL> ;元素替换 a[1,*] = 3
IDL> REPLICATE_INPLACE, a, 3, 2, [1,1]
IDL> PRINT, a
     5       3       5
     5       3       5
```

4. 字符串

字符串和字符串数组的创建可以通过直接赋值或函数来实现。例如：

```
IDL> ;赋值创建字符串
IDL> s = 'abcdef'
IDL> HELP, s
S               STRING    = 'abcdef'
IDL> PRINT, s
abcdef
IDL> s_arr = STRARR(3)
IDL> HELP, s_arr
s_arr           STRING    = Array[3]
```

ASCII 字符中有一些不能打印的字符，这些字符的 BYTE 值小于 32 或大于 126，如水平 TAB 值为 9B、竖直 TAB 值为 11B、回车值为 13B。示例说明如下：

```
PRO Explain_Special_String
  wTlb = WIDGET_BASE(/Column, xSize = 200, ySize = 50)
  label = WIDGET_LABEL(wTlb, value = 'abcdef' + STRING(13B) + 'hijklMn' $ +
    STRING(13B) + 'opqrst', ySize = 40)
  WIDGET_CONTROL, wTlb, /Realize
END
```

执行“Explain_Special_String”过程，弹出窗口如图 3.4 所示。

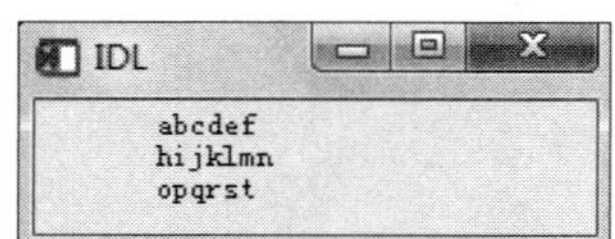

图 3.4　运行“Explain_Special_String”过程的结果

字符串操作在数据读取、命令行输入以及各种输入窗口中非常重要。常用的字符串操作函数见表 3.5。

表 3.5　IDL 常用的字符串操作函数

函数名	函数描述
STRCMP(*Str*1, *Str*2[, *N*], /FOLD_CASE)	对两个字符串进行比较，如果 *N* 存在，则只对前 *N* 个进行比较，/FOLD_CASE 表示模糊比较
STRCOMPRESS(*Str*, /REMOVE_ALL)	删除字符串 *Str* 中的空格
STREGEX(…)	正则表达式
STRJOIN(*Str*[, *Delimiter*], /SINGLE)	字符串相连接
STRLEN(*Str*)	返回字符串的长度
STRLOWCASE(*Str*)	将所有的大写字母改写成小写字母
STRMATCH(*Str*1, *Str*2, /FOLD_CASE)	字符串 *Str*1 中是否存在 *Str*2，可以使用通配符
STRMID(*Str*, *Pos*, *Len*, /REVERSE_OFFSET)	从字符串 *Pos* 开始，取出 *Len* 个字符，字符串的第 1 个字符的位置为 0
STRPOS(*Str*, *Sea_Str*[, *Pos*], /REVSE_OFFSET, /REVERSE_SEARCH)	从一个字符串中查找与另外一个字符串完全匹配的起始点所在的位置

续表

函数名	函数描述
STRPUT, *Destination*, *Source*[, *Position*]	将 *Source* 字符串插入到变量 *Destination* 中，插入点 *Position* 的默认值为 0
STRSPLIT(*Str*[, *Pattern*][, /EXTRACT])	根据特定的要求拆分字符串 *Str*
STRTRIM(*Str*[, *Flag*])	移去字符串中的空格；*Flag*：0(移去左边空格)，1(移去右边空格)，2(移去两边的空格)
STRUPCASE(*Str*)	将所有的小写字母改写成大写字母

5. 结构体

结构体是标量、数组或结构的集合，也就是一种复合变量。结构体可分为两类：命名结构体和匿名结构体，结构体可以继承。

创建命名结构体时用大括号{}，同时需要赋予结构体名称。例如，创建命名为 Struct1 的具有两个成员变量 Tag1、Tag2 的结构体：

```
IDL> s1 = {Struct1, Tag1:'AAA', Tag2:'BBB'} ;创建命名结构体
IDL>HELP, s1, /structure
** Structure STRUCT1, 2 tags, length = 24, data length = 24:
  Tag1                STRING    'AAA'
  Tag2                STRING    'BBB'
IDL>PRINT, s1.Tag1 ;访问结构体
AAA
```

创建匿名结构体的方法与创建命名结构体类似，区别在于创建时不需要结构体名。例如：

```
IDL> s2 = {Tag1:'AAA', Tag2:'BBB'} ; 创建匿名结构体
IDL>HELP, s2, /structure
** Structure <21f7c18>, 2 tags, length = 24, data length = 24, refs = 1:
  Tag1                STRING         'AAA'
  Tag2                STRING         'BBB'
IDL> s3 = CREATE_STRUCT('First', 0, s2, 'Last', 3) ;加入 First、Last 成员变量
IDL>HELP, s3, /structure
** Structure <224a198>, 4 tags, length = 32, data length = 28, refs = 1:
  FIRST             INT                 0
  Tag1              STRING              'AAA'
  Tag2              STRING              'BBB'
  LAST              INT                 3
IDL> PRINT,N_TAGS(s3) ;返回结构体中的成员个数
      4
IDL> PRINT,TAG_NAMES(s3) ;返回结构体成员的名字
FIRST TAG1 TAG2 LAST
```

3.1.3 IDL 程序编写

编写简单功能时通常采用命令行、文件、批处理等模式，编写复杂或大型项目工程时采用工程项目模式。本书主要采用命令行或文件模式，编写运行相关代码。下面主要介绍 IDL 程

序编写的文件模式。文件模式是执行文件中包含一个或多个功能模块的方式。IDL 中，功能模块只能是过程(procedure)或函数(function)，它们必须经过编译来运行或通过调用来执行。

1. 过程

过程是一个或多个 IDL 语句序列构成的能够进行编译的规范格式集合。在编写时，过程必须以“PRO”开始，以“END”结束；“PRO”后面为过程名称，若有关键字，以“,”分隔。下面以编写一个具有绘制高斯函数曲线功能的过程为例，进行说明。

(1)单击主菜单[文件]→[新建文件]或点击工具栏中“新建文件”按钮，输入代码，如代码 3.1 所示。

代码 3.1 用于绘制高斯函数曲线的示例代码

```
PRO plotagauss, center, sigma, X = x, Y = y
  ; 绘制高斯函数曲线 plots a gaussian function with
  ; center, sigma 分别为高斯分布的中心和方差
  ; X, Y 是可选关键词,返回 x 和 y 的值
  x = FINDGEN(1000) / 999; numbers running 0 to 1 in steps of 0.001
  x = x * 6 * sigma - 3 * sigma; widen x to range over 6 sigma
  x = x + center; center the x range on the bell curve center
  arg = ((x - center)/sigma)^2
  y = EXP( - arg)
  PLOT, x, y
END
```

(2)单击主菜单[文件]→[保存]，文件名设置为“plotagauss. pro”；然后单击工具栏中“编译”按钮，控制台输出信息：

```
IDL> .compile - v 'F:\BookDemo\code\ch3\plotagauss.pro' ;编译源码文件
    % Compiled module: PLOTAGAUSS.
```

(3)在控制台命令行输入如下信息：

```
IDL> plotagauss, 1.0, 3.0
```

则弹出窗口如图 3.5 所示。

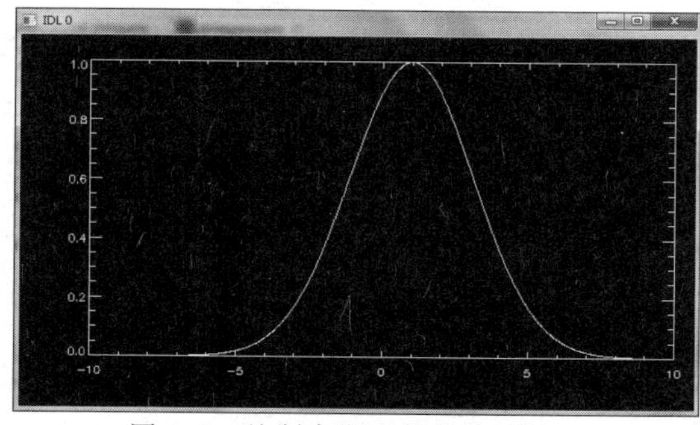

图 3.5 绘制高斯函数曲线的结果

若在控制台命令行输入如下信息：

```
IDL> plotagauss, 1.0, 3.0, X = x1, Y = y1
```

则不仅会弹出高斯曲线窗口，而且还得到 x1 和 y1 两个变量：

```
IDL> HELP, x1, y1
  x1            FLOAT      = Array[1000]
  y1            FLOAT      = Array[1000]
IDL> OPLOT, x1, y1, LINESTYLE = 1,THICK = 3 ;oplot 定义曲线线型、粗细等
```

2. **函数**

函数与过程类似，编写时需要以“FUNCTION”开始，以“END”结束。FUNCTION 后面为函数名称，如果有关键字，则以“,”分隔；END 结束之前一般有 RETURN 语句。下面以编写一个运算函数 $y = x^2\cos x$ 为例进行说明。

(1)单击主菜单[文件]→[新建文件]或点击工具栏中“新建文件”按钮，输入代码：

```
FUNCTION modelfun, x
  y = x^2 * cos(x)
RETURN, y
END
```

(2)单击主菜单[文件]→[保存]，文件名设置为“modelfun.pro”；然后单击工具栏中“编译”按钮，控制台输出信息：

```
IDL> .compile -v 'F:\BookDemo\code\ch3\modelfun.pro' ;编译源码文件
   % Compiled module: MODELFUN.
```

即可调用此函数，例如在控制台命令行输入如下信息：

```
IDL> x = [1,2,3,4]
IDL> y = modelfun(x)
IDL> PRINT,'y =',y
   y =     0.540302     -1.66459     -8.90993     -10.4583
```

或输入：

```
IDL> x = FINDGEN(100)/25
IDL> y = modelfun(x)
IDL> OPLOT, x, y, LINESTYLE = 1, THICK = 3
```

则得到绘图窗口，如图 3.6 所示。

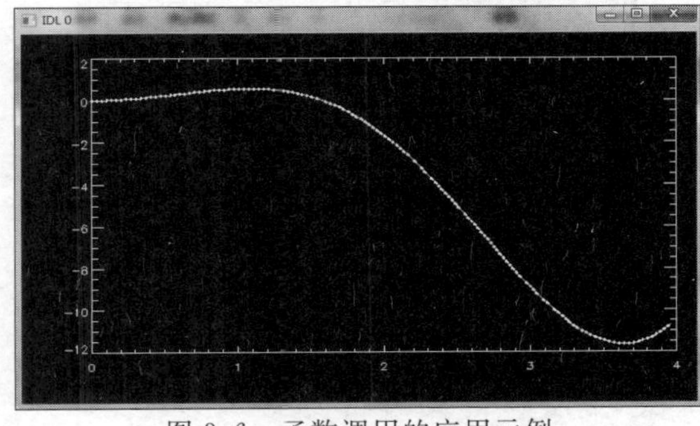

图 3.6　函数调用的应用示例

3.1.4 ENVI 功能扩展

ENVI 功能扩展包括创建波段波谱数学函数、自定义数据输入、交互式用户程序和 ENVI 二次开发等。下面以创建 $(b_2-b_1)/(b_2+b_1)$ 波段运算函数为例，进行简单说明。

(1)编写一个运算为 $(b_2-b_1)/(b_2+b_1)$ 的函数，并保存为 bm_ratio. pro 文件，见代码 3.2。

代码 3.2 波段运算函数

```
;两个输入变量：波段 b1 和 b2
;一个关键字：CHECK
FUNCTION bm_ratio, b1, b2, CHECK = check
  ;计算差值
  den = FLOAT(b1) - b2
  ;如果设置了 check 关键字，检查被 0 除问题
  IF(KEYWORD_SET(CHECK)) $
    THEN ptr = WHERE(den EQ 0.,count) $
  ELSE count = 0
  IF (count GT 0) THEN den[ptr] = 1.0
  ;继续计算比率结果
  result = (FLOAT(b1) + b2)/den
  IF(count GT 0) THEN result[ptr] = 0.0
  ;返回结果
  RETURN,result
END
```

(2)拷贝 bm_ratio. pro 文件至 ENVI 安装目录下的…\save_add 文件夹中；在 ENVI 主菜单中选择[File]→[Compile IDL Module]，编译 bm_ratio. pro 函数；重新启动 ENVI+IDL 即可调用函数，或将功能函数保存为 *. sav 文件格式，放入…\save_add 文件夹中，如图 3.7 所示。

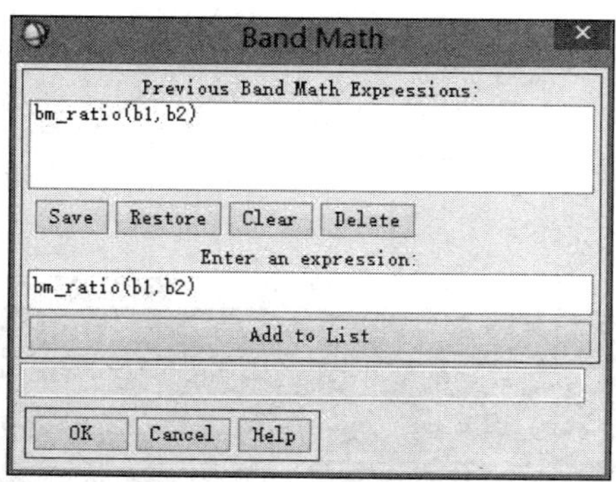

图 3.7 ENVI 功能扩展示例

将源码文件 *. pro 保存为 *. sav 文件的命令如下：

```
IDL>.COMPILE 'F:\BookDemo\code\ch3\bm_ratio.pro'
IDL> RESOLVE_ALL, /CONTINUE_ON_ERROR, SKIP_ROUTINES = 'ENVI'
IDL> SAVE, FILE = 'F:\BookDemo\code\ch3\bm_ratio.sav', /ROUTINES
```

ENVI API 函数主要分为以下几种类型[①]：应用程序控制(application control)、数据控件(data control)、显示控件(display control)、ENVI 经典数据控件(ENVI classic data control)、ENVI 经典显示例程(ENVI classic display routines)、ENVI 经典处理例程(ENVI classic processing routines)、已废弃的例程(obsolete routines)、处理例程(processing routines)等。例程是系统对外提供的功能接口或服务的集合。代码 3.3 给出了一个简单的批处理程序示例，它是利用 ENVI 5 或更高版本的 API 函数 ENVI::openraster 依次读取存放在\data\time_series 文件夹下的时间序列栅格图像，然后获取每幅栅格图像元数据的获取时间并打印显示。ENVI::OpenRaster 归属于应用程序控制(application control)类别，返回得到的是一个 ENVIRaster 对象；运用 ENVIRasterToFID 函数可将 ENVIRaster 对象转换为文件标识，以供 ENVI 经典编程例程使用。

代码 3.3　简单的批处理程序示例

```
; 简单的批处理程序示例
; 源自 http://www.exelisvis.com/docs/
; programmingguidegettingstarted.html#Writing
PRO Batch_Program_Demo

  ; 修改 IDL 编译规则
  COMPILE_OPT IDL2 ;等同于 COMPILE_OPT DEFINT32, STRICTARR

  ; 启动程序
  e = ENVI(/HEADLESS)

  ; 选择输入文件
  TimeSeriesDir = FILEPATH(", Subdir = ['data','time_series'], $
    Root_Dir = e.Root_Dir)
  Rasters = FILE_SEARCH(TimeSeriesDir, 'AirTemp*.dat')

  ; 打印各时序栅格数据的获取时间
  FOR i = 0, N_ELEMENTS(Rasters) - 1 DO BEGIN
    Raster = e.OpenRaster(Rasters[i])
    Metadata = Raster.Metadata['acquisition time']
    PRINT, metadata
  ENDFOR

  e.Close
END
```

ENVI 经典处理例程提供了一系列的 DOIT 函数，几乎包含了 ENVI 的所有图像处理功

① 数据来源：http://www.exelisvis.com/docs/routines-2.html。

能，可方便用户调用从而实现批处理，这些 DOIT 函数都是面向过程的。ENVI 5.1 版本提供了一种全新的面向对象的 API 模式，即 ENVITask；提供了 ENVIQUACTask（遥感图像快速大气校正）、ENVIRadiometricCalbirationTask（辐射定标）、ENVIReprojectGLTTask（MODIS 等遥感图像几何校正并去除蝴蝶结效应）、ENVIRPCOrthorectificationTask（RPC 正射校正）等 4 个 ENVITask，即有：

```
IDL>nv = ENVI()
ENVI>PRINT, nv.TASK_NAMES
QUAC RPCOrthorectification RadiometricCalibration ReprojectGLT
```

ENVI 5.2 版本已将 ENVITask 增加至 58 个，具体可在处理例程类别中查询，但尚未完全包含 ENVI 图像处理功能。本书内容涉及 ENVI 图像处理功能时，仍以 DOIT 函数为主。

3.2　遥感数字图像格式

地面接收站接收存储星体传送下来的遥感图像数据时，通常分两部分进行存储：元数据和图像数据。元数据包含了遥感图像的空间维数、波段数、地图投影、中心经纬度坐标等信息。图像数据包含了所有像元的光谱属性值，其属性值是光谱辐亮度经量化后的数值，即 DN 值。

3.2.1　图像数据的串流记录方式

为了管理和使用上的方便，图像数据通常采用串流记录方式，存放在大容量的外部存储器介质中。串流记录方式通常有三种：波段交叉式（band sequential, BSQ）、行交叉式（band interleaved by line, BIL）以及像元交叉式（band interleaved by pixel, BIP）。以一幅 N_l 行、N_s 列、N_b 个波段的遥感图像为例，分别阐述 BSQ、BIL、BIP 的记录方式。

BSQ 是像元按波段顺序依次排列的数据格式，它先按照波段顺序分块排列，在每个波段块内，再按照行列顺序排列。同一波段的像元保存在一个块中，保证了像元空间位置的连续性。BSQ 数据排列遵循以下规律（表 3.6）：第 1 个波段为第 1 个数据块，第 2 个波段为第 2 个数据块……第 N_b 个波段为第 N_b 个数据块；共 N_b 数据块，每个数据块中，像元按行列顺序存储。

表 3.6　BSQ 格式数据排列

波段 1	(1, 1)	(1, 2)	(1, 3)	…	(1, N_s)
	(2, 1)	(2, 2)	(2, 3)	…	(2, N_s)
	(3, 1)	(3, 2)	(3, 3)	…	(3, N_s)
	⋮	⋮	⋮		⋮
	(N_l, 1)	(N_l, 2)	(N_l, 3)	…	(N_l, N_s)
波段 2	(1, 1)	(1, 2)	(1, 3)	…	(1, N_s)
	(2, 1)	(2, 2)	(2, 3)	…	(2, N_s)
	(3, 1)	(3, 2)	(3, 3)	…	(3, N_s)
	⋮	⋮	⋮		⋮
	(N_l, 1)	(N_l, 2)	(N_l, 3)	…	(N_l, N_s)

续表

波段 3	(1, 1)	(1, 2)	(1, 3)	…	(1, N_s)
	(2, 1)	(2, 2)	(2, 3)	…	(2, N_s)
	(3, 1)	(3, 2)	(3, 3)	…	(3, N_s)
	⋮	⋮	⋮		⋮
	(N_l, 1)	(N_l, 2)	(N_l, 3)	…	(N_l, N_s)
⋮					
波段 N_b	(1, 1)	(1, 2)	(1, 3)	…	(1, N_s)
	(2, 1)	(2, 2)	(2, 3)	…	(2, N_s)
	(3, 1)	(3, 2)	(3, 3)	…	(3, N_s)
	⋮	⋮	⋮		⋮
	(N_l, 1)	(N_l, 2)	(N_l, 3)	…	(N_l, N_s)

BIL是波段按行交叉排列的数据格式，它先以行为单位进行分块排列，在每个块内，再按照波段顺序排列像元。同一行不同波段的数据保存在一个数据块中，像元的空间位置在列的方向上是连续的。BIL数据排列遵循以下规律(表3.7)：第1行为第1个数据块，依次排列着第1行第1～N_b个波段；第2行为第2个数据块，依次排列着第2行第1～N_b个波段……第N_l行为第N_l个数据块，依次排列着第N_l行第1～N_b个波段。

表3.7 BIL格式数据排列表

第1行	波段1	(1, 1)	(1, 2)	(1, 3)	…	(1, N_s)
	波段2	(1, 1)	(1, 2)	(1, 3)	…	(1, N_s)
	波段3	(1, 1)	(1, 2)	(1, 3)	…	(1, N_s)
	⋮	⋮	⋮	⋮		⋮
	波段 N_b	(1, 1)	(1, 2)	(1, 3)	…	(1, N_s)
第2行	波段1	(2, 1)	(2, 2)	(2, 3)	…	(2, N_s)
	波段2	(2, 1)	(2, 2)	(2, 3)	…	(2, N_s)
	波段3	(2, 1)	(2, 2)	(2, 3)	…	(2, N_s)
	⋮	⋮	⋮	⋮		⋮
	波段 N_b	(2, 1)	(2, 2)	(2, 3)	…	(2, N_s)
第3行	波段1	(3, 1)	(3, 2)	(3, 3)	…	(3, N_s)
	波段2	(3, 1)	(3, 2)	(3, 3)	…	(3, N_s)
	波段3	(3, 1)	(3, 2)	(3, 3)	…	(3, N_s)
	⋮	⋮	⋮	⋮		⋮
	波段 N_b	(3, 1)	(3, 2)	(3, 3)	…	(3, N_s)
⋮						
第 N_l 行	波段1	(N_l, 1)	(N_l, 2)	(N_l, 3)	…	(N_l, N_s)
	波段2	(N_l, 1)	(N_l, 2)	(N_l, 3)	…	(N_l, N_s)
	波段3	(N_l, 1)	(N_l, 2)	(N_l, 3)	…	(N_l, N_s)
	⋮	⋮	⋮	⋮		⋮
	波段 N_b	(N_l, 1)	(N_l, 2)	(N_l, 3)	…	(N_l, N_s)

BIP是波段按像元交叉排列的数据格式，它以像元为单位进行分块排列，每个块内为当前像元不同波段的属性值。像元的各个波段数据保存在一个数据块中，打破了像元空间位置的连续性。BIP数据排列遵循以下规律(表3.8)：第1行第1列为第1个数据块，第1行

第 2 列为第 2 个数据块……第 1 行第 N_s 列为第 N_s 个数据块，第 2 行第 1 列为第 (N_s+1) 个数据块……第 N_l 行第 1 列为第 $[N_s(N_l-1)+1]$ 个数据块……第 N_l 行第 N_s 列为第 N_lN_s 个数据块；共 N_lN_s 个数据块，每个数据块内，依次排列着单个像元的第 1～N_b 个波段的属性值。

表 3.8　BIP 格式数据排列

列/行	第 1 列					第 2 列					…
	波段 1	波段 2	波段 3	…	波段 N_b	波段 1	波段 2	波段 3	…	波段 N_b	…
第 1 行	(1, 1)	(1, 1)	(1, 1)	…	(1, 1)	(1, 2)	(1, 2)	(1, 2)	…	(1, 2)	…
第 2 行	(2, 1)	(2, 1)	(2, 1)	…	(2, 1)	(2, 2)	(2, 2)	(2, 2)	…	(2, 2)	…
第 3 行	(3, 1)	(3, 1)	(3, 1)	…	(2, 1)	(2, 2)	(2, 2)	(2, 2)	…	(2, 2)	…
⋮	⋮	⋮	⋮		⋮	⋮	⋮	⋮		⋮	
第 N_l 行	$(N_l, 1)$	$(N_l, 1)$	$(N_l, 1)$	…	$(N_l, 1)$	$(N_l, 2)$	$(N_l, 2)$	$(N_l, 2)$	…	$(N_l, 2)$	…

3.2.2　ENVI 支持的遥感图像格式

遥感图像处理软件中，图像格式通常有内部格式与外部格式之分。内部格式是软件自身定义的格式。

ENVI 内部格式(我们称之为 ENVI 图像格式)是通用栅格数据格式；每组图像数据由两个文件描述：一是以文本 ASCII 形式表示的头文件(后缀名.hdr)，二是采用 BSQ、BIL、BIP 格式以二进制形式记录的图像数据文件(后缀名.img)。图 3.8 是 ENVI 提供的.hdr 头文件和.img 图像数据文件。ENVI 头文件可通过 NotePad 或 UltraEdit 等打开，也可通过选择工具箱中的[Raster Management]→[Edit ENVI Header]查看或编辑，如图 3.9 所示。ENVI 图像数据文件可通过选择菜单[File]→[Open]或[File]→[Open As]→[Generic Formats]→[Binary]打开，存储格式可通过选择工具箱[Raster Management]→[Convert Interleave]进行转换，如图 3.10 所示。通过波段选择对遥感图像进行屏幕显示时，最适合采用 BSQ 存储格式，如图 3.11 所示。采用光谱角制图 SAM 分类器对遥感图像进行分类时，最适合采用 BIP 存储格式。

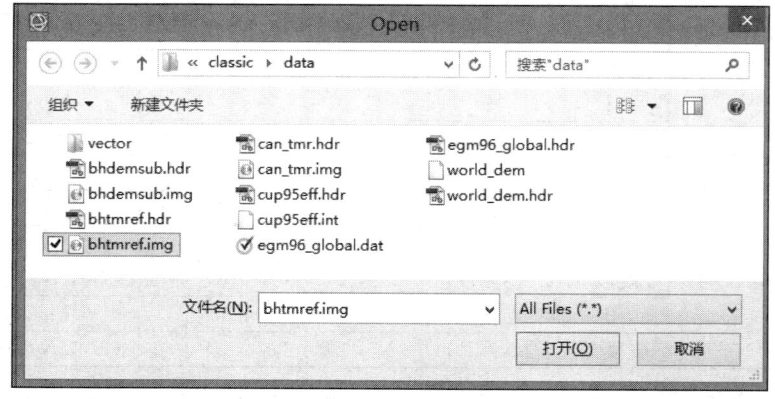

图 3.8　ENVI 提供的.hdr 头文件和.img 图像数据文件

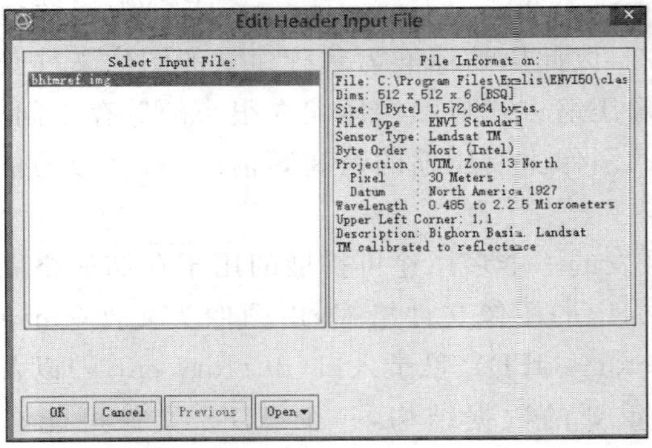

(a) 查看头文件信息

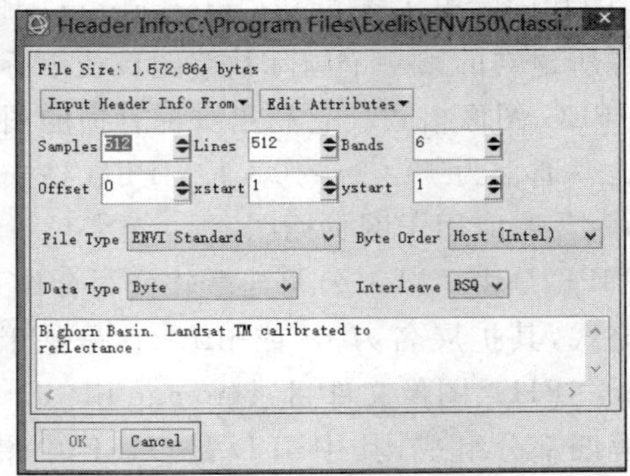

(b) 编辑头文件信息

图 3.9 ENVI 头文件信息查看和编辑

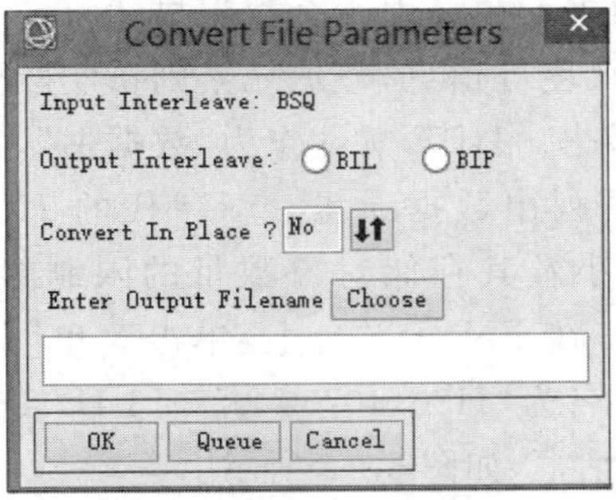

图 3.10 BSQ、BIL、BIP 格式转换

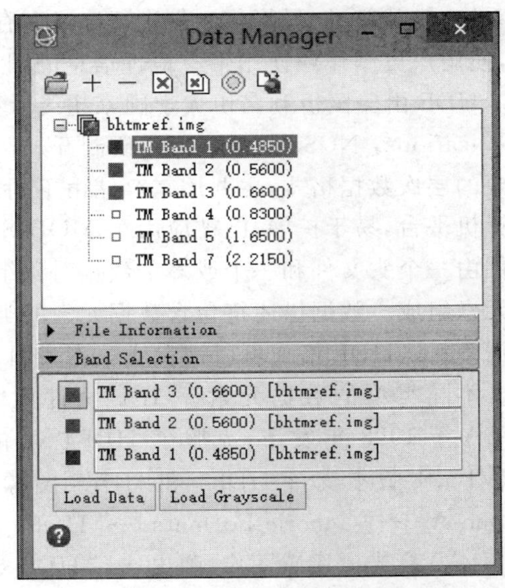

图 3.11 通过波段选择进行图像屏幕显示

ENVI 外部格式有位图(bitmap, BMP)、联合图像专家小组(joint photographic experts group, JPEG)、标签图像文件格式(tagged image file format, TIFF)、地理标签图像文件格式(geographic tagged image file format, GeoTIFF)、分层数据格式(hierarchy data format, HDF)等图像格式。

BMP 是 Windows 操作系统中的标准图像文件格式,其默认的文件扩展名是 BMP 或 bmp。Windows 系统内部各图像绘制操作都是以 BMP 为基础的。Windows 3.0 以前的 BMP 图像文件格式与显示设备有关,因此称之为设备相关位图(device-dependent bitmap, DDB)文件格式。Windows 3.0 以后的 BMP 图像文件与显示设备无关,因此称之为设备无关位图(device-independent bitmap, DIB)格式。BMP 图像文件一般由四个部分组成:位图文件头(bitmap file header)、位图信息头(bitmap information header)、颜色查找表(color table)和图像像元数据阵列。

JPEG 是由国际标准化组织(International Organization for Standardization, ISO)、国际电话电报咨询委员会(Consultative Committee on International Telephone and Telegraph,

CCITT)和国际电工委员会(International Electrotechnical Commission, IEC)为连续色调静态图像所建立的第一个国际数字图像压缩标准,以此压缩标准为基础建立的图像文件交互格式是 JPEG 图像格式。它利用一种有损的图像压缩方式将图像压缩在很小的储存空间中,其压缩比率通常为 10∶1～40∶1。JPEG 格式的图像主要压缩的是高频信息,对色彩的信息保留较好,普遍应用于网页插图。

TIFF 是由 Aldus 公司与微软公司合作开发的一个多用途可扩展的用于存储栅格图像的文件格式,其扩展名为 tif 或 tiff。它是基于标记的图像文件格式,由图像头文件(image file header, IFH)、图像文件目录(image file directory, IFD)、目录入口(dirctory entry)以及图像数据等四部分组成;其中 IFD 是 TIFF 中最重要的数据结构,一个 TIFF 文件可能有多个 IFD,这说明文件中有多个图像,每个 IFD 标识 1 个图像的基本属性。

GeoTIFF 作为 TIFF 的一种扩展,在 TIFF 的基础上,通过地理标签(GeoTag)对各种坐标系统、椭球基准、投影信息等进行定义和存储,将图像数据和地理数据存储在同一图像文件中,使用户可制作或使用带有地理信息的图像。

HDF 由美国伊利诺伊大学国家超级计算应用中心(National Central for Supercomputing Applications, NCSA)于 1987 年研制开发,它是用于存储和分发科学数据的一种自我描述、多对象的层次数据格式,主要用来存储由不同计算机平台产生的各种类型科学数据,适用于多种计算机平台,易于扩展,已被应用于 MODIS、ASTER、HJ-1A HSI 等遥感数据中。一个 HDF 文件由一个头文件和一个或多个数据对象组成,每个数据对象又由一个数据描述符和一个数据元素组成。数据描述符包含数据元素的类型、位置、尺度等信息,数据元素则指实际的图像数据资料。HDF 格式可以被看成一本带目录的多章节书。HDF 文件作为"数据书",每一章包含不同类型的数据元素。HDF 文件用"数据目录"列出数据元素。新一代的 HDF5 由 NCSA 于 1998 年发布,克服了 HDF4 对单个文件大小及其存储对象数量的限制等问题。ENVI 5.1 版本支持 HDF4 和 HDF5 图像数据格式。在 ENVI 平台上,单击菜单[File]→[Open As]→[Generic Formats]→[HDF5],打开文件名为"H2014075040251.L1B_ISS.h5"的 HICO 高光谱遥感图像,弹出选择 HDF 数据集的对话框,如图 3.12 所示。

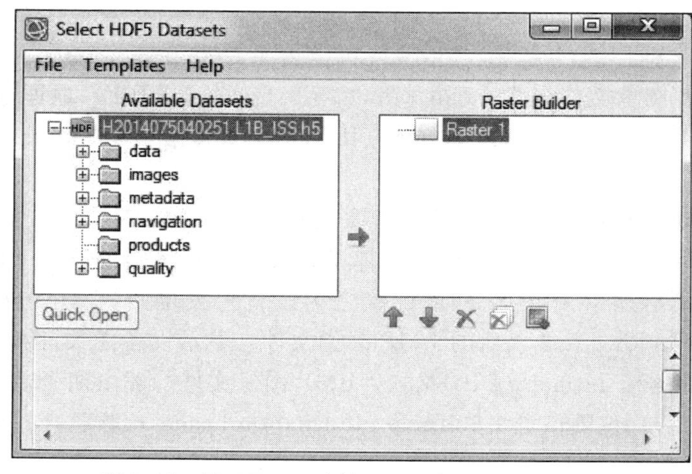

图 3.12　ENVI 5.1 选择 HDF5 数据集的对话框

3.3　遥感数字图像读取

本节主要讲述ENVI格式的遥感图像数据读取。BMP、TIFF等图像格式文件可调用READ_BMP、READ_TIFF等函数或IIMAGE工具进行读取或调用，更多的图像读取函数可查询ENVI+IDL帮助文件。

3.3.1　基于IDL库函数的遥感图像读取

ENVI格式的遥感图像是由*.hdr和*.img两个文件加以描述的。因此，读取该格式的遥感图像数据时，首先需要读取*.hdr文件以获取图像数据维数、数据类型、数据流的记录方式等信息，然后根据数据维数和数据类型定义数组，开辟内存空间，最后读取图像数据文件。

1. 读取遥感图像头文件信息

(1)获取遥感图像头文件名。调用DIALOG_PICKFILE函数：

```
IDL> headerFname = DIALOG_PICKFILE(TITLE = "Please select ENVI header file", $
IDL> PATH = 'C:\Program Files\Exelis\ENVI51\classic\data', $
IDL> FILTER = " * .hdr", /READ)
```

弹出对话框，如图3.13所示。

图3.13　调用DIALOG_PICKFILE函数弹出的对话框

选择bhtmref.hdr文件，单击[打开]按钮，在IDL控制台打印返回的头文件名headerFName：

```
IDL> PRINT, headerFName
C:\Program Files\Exelis\ENVI51\classic\data\bhtmref.hdr
```

(2)打开遥感图像头文件。调用OPENR过程，以只读方式打开头文件：

```
IDL> OPENR, lun, headerFName, /GET_LUN
IDL> PRINT, '设备号(Uint Number):  ', lun
返回的单元号:        100
```

(3)定义存储头文件信息的结构体。首先，查看.hdr文件头信息，如图3.14所示。

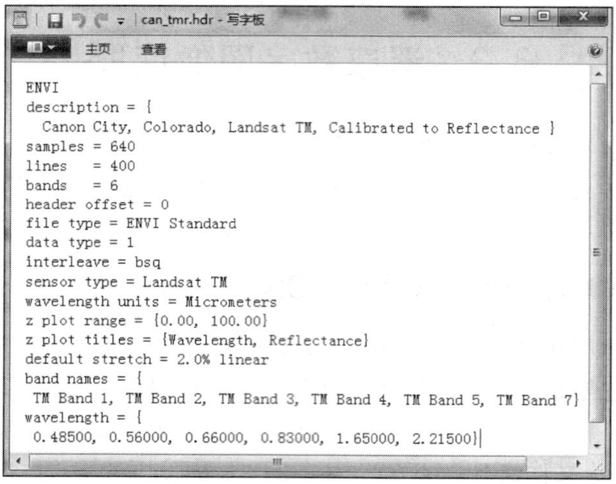

```
ENVI
description = {
  Canon City, Colorado, Landsat TM, Calibrated to Reflectance }
samples = 640
lines   = 400
bands   = 6
header offset = 0
file type = ENVI Standard
data type = 1
interleave = bsq
sensor type = Landsat TM
wavelength units = Micrometers
z plot range = {0.00, 100.00}
z plot titles = {Wavelength, Reflectance}
default stretch = 2.0% linear
band names = {
 TM Band 1, TM Band 2, TM Band 3, TM Band 4, TM Band 5, TM Band 7}
wavelength = {
 0.48500, 0.56000, 0.66000, 0.83000, 1.65000, 2.21500}
```

图 3.14 查看文件头信息

然后，定义存储文件头信息的结构体：

```
header = { $
  description:"", $ ;数据描述
  samples:0L, $ ;列数
  lines:0L, $ ;行数
  bands:0L, $ ;波段数
  header_offset:0L, $ ;文件头偏移位
  file_type:"", $ ;文件类型
  data_type:0L, $ ;数据类型
  interleave:"", $; 记录方式
  sensor_type:"", $ ;传感器类型
  wavelength_units:"", $ ;波长单位
  z_plot_range:[-1D, -1D], $ ;z-plot 光谱值范围
  z_plot_titles:["",""], $ ;z-plot 坐标轴名
  band_names:PTR_NEW(), $ ;波段名称
  wavelength:PTR_NEW() $ ;波长
  }
```

(4)读取遥感图像头文件信息。调用 READF 过程逐行读取头文件信息，重点介绍从头文件第 4 行中获取图像列数，并赋值给 header 结构体的 samples 成员：

```
IDL> str = ''
IDL> ; 读第 1 行
IDL> READF, lun, str
IDL> str = STRTRIM(STRCOMPRESS(str),2) ; 删除空格
IDL> ; 判断是否为 ENVI 头文件
IDL> IF(str EQ 'ENVI') THEN MESSAGE, 'It is a valid format', /CONTINUE
% $MAIN$: It is a valid format
IDL> ; 读第 2 行
IDL> READF, lun, str
```

```
IDL> PRINT,'当前读取的信息是:', str
当前读取的信息是:description = {
IDL> ;读第 3 行
IDL> READF, lun, str
IDL> PRINT,'当前读取的信息是:', str
当前读取的信息是: Bighorn Basin. Landsat TM calibrated to reflectance}
IDL> ;读第 4 行
IDL> READF, lun, str
IDL> PRINT,'当前读取的信息是:', str
当前读取的信息是:samples = 512
IDL> str = STRCOMPRESS(str)
IDL> equalPosition = STRPOS(str,'=')
IDL> PRINT,'等号位置:', equalPosition
等号位置:      8
IDL> name = STRTRIM(STRMID(str,0,equalPosition),2)
IDL> PRINT,'提取等号左边的信息:', name
提取等号左边的信息:samples
IDL> value = STRTRIM(STRMID(str,equalPosition + 1),2)
IDL> PRINT,'提取等号右边的信息:', value
提取等号右边的信息:512
IDL> IF name EQ 'samples' THEN header.samples = FIX(value)
IDL> HELP, header, /STR
** Structure <2061188>, 14 tags, length = 128, data length = 128, refs = 1:
   DESCRIPTION          STRING         ''
   SAMPLES              LONG           512
   LINES                LONG           0
   BANDS                LONG           0
   HEADER_OFFSET        LONG           0
   FILE_TYPE            STRING         ''
   DATA_TYPE            LONG           0
   INTERLEAVE           STRING         ''
   SENSOR_TYPE          STRING         ''
   WAVELENGTH_UNITS     STRING         ''
                        STRING         ''
   Z_PLOT_RANGE         DOUBLE         Array[2]
   Z_PLOT_TITLES        STRING         Array[2]
   BAND_NAMES           POINTER        <NullPointer>
   WAVELENGTH           POINTER        <NullPointer>
```

(5)关闭头文件。调用 FREE_LUN 过程,释放设备号并关闭文件:

```
IDL>FREE_LUN, lun ;用来释放设备号,并关闭文件
```

至此,头文件读取完毕,返回 header 结构体,可通过访问 header 结构体获得图像的行列号、波段数等信息。

2. 读取遥感图像数据

(1)获取图像数据文件名。图像头文件名等于图像数据文件名加“. hdr”。若已知图像头文件名,通过拆分字符串或提取字符,即可获得图像数据文件名。

```
IDL> dotPosition = STRPOS(headerFName,'.',/REVERSE_SEARCH)
IDL> PRINT,'后缀点号位置:', dotPosition
后缀点号位置:        51
IDL> FName = STRMID(headerFName,0,dotPosition) + '.img'
IDL>;判断文件是否存在
IDL> IF FILE_TEST(FName) THEN $
> PRINT,'相对应的图像数据文件名为:', STRING(13B), FName
相对应的图像数据文件名为:
C:\Program Files\Exelis\ENVI51\classic\data\bhtmref.img
```

(2)读取图像数据。调用直接读取二进制文件的函数 READ_BINARY,将图像数据输入至数组中。

```
ImageData = $
  READ_BINARY( FName, $
  DATA_DIMS = (header.bands * header.samples * header.lines), $
  DATA_TYPE = header.data_type, $
  DATA_START = header.header_offset )
```

(3)更改图像数据维数。依据存储顺序,调用矩阵运算函数 REFORM,将一维数组转换为三维数组。若输入图像的存储顺序是 BSQ 格式的,则输出图像的数据维数应是[列数 samples][行数 lines][波段数 bands]。

```
ImageData = REFORM( originalImage, header.samples, header.lines, header.bands )
```

综上,我们可以编写两个函数:READ_ENVI_HEADER 和 READ_ENVI_IMAGE。READ_ENVI_HEADER 用于读取 ENVI 头文件,代码 3.4 列出了基于 IDL 库函数的 ENVI 头文件读取。

代码 3.4 基于 IDL 库函数的 ENVI 头文件读取

```
;函数功能:用于读取 ENVI 头文件
;输入变量:ENVI 头文件名
;输出变量:存储头文件信息的结构体
;调用格式:header = READ_ENVI_HEADER(headerFName)

FUNCTION READ_ENVI_HEADER, headerFName

  ;打开文件
  OPENR, lun, headerFName, /GET_LUN

  ;定义结构体
  header = { description:'', $ ;数据描述
    samples:0L, $ ;列数
```

续代码

```
    lines:0L, $ ;行数
    bands:0L, $ ;波段数
    header_offset:0L, $ ;文件头偏移位
    file_type:", $ ;文件类型
    data_type:0L, $ ;数据类型
    interleave:", $ ; 记录方式
    sensor_type:", $ ;传感器类型
    wavelength_units:", $ ;波长单位
    z_plot_range:[-1D,-1D], $ ;z-plot 光谱值范围
    z_plot_titles:[",",], $ ;z-plot 坐标轴名
    band_names:PTR_NEW(), $  ;波段名称
    wavelength:PTR_NEW() $  ;波长
    }

; 开始读取文件头信息

; 首先读取第一行信息,判断是否为有效文件
str = "
READF, lun, str
str = STRTRIM( STRCOMPRESS( str ), 2 )
IF ( str NE "ENVI" ) THEN BEGIN
  MESSAGE, '不是有效的 ENVI 头文件', /CONTINUE
  RETURN, -1
ENDIF

;然后按顺序逐行读取,直至文件末尾
WHILE NOT EOF( lun ) DO BEGIN
  READF, lun, str
  IF (STRLEN(str) GT 0) THEN BEGIN

    ; 读取字段,并拆分
    str = STRCOMPRESS(str)
    equalPosition = STRPOS(str,'=')
    IF (equalPosition GT 0) THEN BEGIN
      name = STRTRIM(STRMID(str,0,equalPosition),2)
      value = STRTRIM(STRMID(str, equalPosition+1),2)
      multilineValue = STRTRIM(value,2)
    ENDIF ELSE BEGIN
      multilineValue = multilineValue + " + STRTRIM( str, 2 )
    ENDELSE
    ; 判断字段是否为多行
    IF (STRPOS(multilineValue,'{')NE-1)AND(STRPOS(multilineValue,'}') NE-1) $
    THEN BEGIN
```

续代码

```
        multilineComplete = 1
        multilineValue = STRTRIM(multilineValue, 2)
        multilineValue = STRMID(multilineValue,1,STRLEN(multilineValue) - 2)
      ENDIF ELSE BEGIN
        multilineComplete = 0
      ENDELSE

      ；结构体的成员变量赋值
      CASE STRLOWCASE(name) OF
        "description"： IF multilineComplete $
          THEN header.description = multilineValue
        "samples"： header.samples = FIX(value)
        "lines"： header.lines = FIX(value)
        "bands"： header.bands = FIX(value)
        "header offset"： header.header_offset = FIX(value)
        "file type"： header.file_type = value
        "data type"： header.data_type = FIX(value)
        "interleave"： header.interleave = STRLOWCASE(value)
        "sensor type"： header.sensor_type = value
        "wavelength units"： header.wavelength_units = value
        "z plot range"： IF multilineComplete $
          THEN header.z_plot_range = DOUBLE(STRSPLIT(multilineValue,',',/EXTRACT))
        "z plot titles"： IF multilineComplete $
          THEN header.z_plot_titles = STRSPLIT(multilineValue,',',/EXTRACT)
        "band names"： IF multilineComplete $
          THEN header.band_names = PTR_NEW(STRSPLIT(multilineValue,',',/EXTRACT))
        "wavelength"： IF multilineComplete $
          THEN header.wavelength = $
            PTR_NEW(DOUBLE(STRSPLIT(multilineValue,',',/EXTRACT)))
        ELSE：
      ENDCASE
    ENDIF
  ENDWHILE
  ；读取文件头信息结束

  ；释放逻辑设备号，并关闭文件
  FREE_LUN, lun

  ；返回 header 结构体
  RETURN, header
END
```

READ_ENVI_IMAGE 用于读取 ENVI 图像数据文件，代码 3.5 列出了基于 IDL 库函数的 ENVI 图像数据读取。

代码 3.5　基于 IDL 库函数的 ENVI 图像数据读取

```
; 函数功能:用于读取 ENVI 图像数据
; 输入变量:ENVI 图像数据文件名、存储头文件信息的结构体
; 输出变量:存储图像数据的多维数组
; 调用格式:ImageData = READ_ENVI_IMAGE(FName,HEADER = header)

FUNCTION READ_ENVI_IMAGE, FName, HEADER = header

  ; 检查 ENVI 图像数据文件是否存在
  IF NOT FILE_TEST( FName ) THEN BEGIN
    MESSAGE, "Image filename provided does not exist", /CONTINUE
    RETURN, - 1
  ENDIF

  ; 读取图像数据
  ImageData = $
    READ_BINARY(FName, $
    DATA_DIMS = (header.bands * header.samples * header.lines), $
    DATA_TYPE = header.data_type, $
    DATA_START = header.header_offset)

  ; 依据存储顺序,在元素总个数不变的前提下,更改 ImageData 数组维数
  CASE header.interleave OF
    "bsq": ImageData = $
      REFORM(ImageData,header.samples,header.lines,header.bands)
    "bil": ImageData = $
      REFORM(ImageData,header.samples,header.bands,header.lines)
    "bip": ImageData = $
      REFORM(ImageData,header.bands,header.samples,header.lines)
  ENDCASE

  ; 读取存储图像数据的多维数组
  RETURN, ImageData
END
```

编译和调用 READ_ENVI_HEADER 和 READ_ENVI_IMAGE 这两个函数,将读取遥感图像数据存至多维数组中。

```
IDL> .RESET_SESSION
IDL> ; 查询当前工作空间路径
IDL> CD, CURRENT = workDir
IDL> ; 设置工作空间路径
IDL> CD, 'F:\BookDemo\code\ch3'
IDL> .compile - v 'F:\BookDemo\code\ch3\read_envi_header.pro'
% Compiled module: READ_ENVI_HEADER.
```

```
IDL> .compile -v 'F:\BookDemo\code\ch3\read_envi_image.pro'
% Compiled module: READ_ENVI_IMAGE.
IDL> headerFName = DIALOG_PICKFILE(TITLE = 'Please select ENVI header file', $
IDL> PATH = 'C:\Program Files\Exelis\ENVI51\classic\data', $
IDL> FILTER = '*.hdr' )
IDL> dotPosition = STRPOS(headerFName,'.',/REVERSE_SEARCH)
IDL> FName = STRMID(headerFName,0,dotPosition) + '.img'
IDL> header = READ_ENVI_HEADER(headerFName)
IDL> ImageData = READ_ENVI_IMAGE(FName,HEADER = header)
IDL> HELP, ImageData
IMAGEDATA       BYTE       = Array[512, 512, 6]
;显示真彩色波段组合图像
IDL> TVSCL, IMAGEDATA, TRUE = 3
```

3.3.2 基于 ENVI 库函数的遥感图像读取

在 IDL 平台下，调用 ENVI 库函数以读取 ENVI 图像格式的多光谱遥感图像数据，其主要步骤包括配置 ENVI+IDL 编程环境、打开遥感图像文件、读取遥感图像数据等。

(1)配置 ENVI+IDL 编程环境。通过调用 ENVI 过程，加载 ENVI 库函数，若不设置 RESTORE_BASE_SAVE_FILES 关键字，则会启动 ENVI 经典用户界面。

```
IDL> .RESET_SESSION
    IDL>ENVI
    % Restored file: ENVI.
    % Restored file: ENVI_M01.
    % Restored file: ENVI_M02.
    % Restored file: ENVI_M03.
    % Restored file: ENVI_M04.
    % Restored file: ENVI_M05.
    % Restored file: ENVI_M06.
    % Restored file: ENVI_M07.
    % Restored file: ENVI_M08.
    % Restored file: ENVI_D01.
    % Restored file: ENVI_D02.
    % Restored file: ENVI_D03.
    % Restored file: ENVI_CW.
    % Restored file: ENVI_IDL.
    % Restored file: ENVI_IOW.
    % Restored file: ENVI_RV.
    % Restored file: ENVI_BAT.
```

(2)打开遥感图像文件。打开遥感图像文件有多种方式。可调用 ENVI_PICKFILE、ENVI_OPEN_FILE 函数，获取输入遥感图像的文件名和文件标识。调用 ENVI_PICKFILE 程序如下：

```
ENVI> FName = ENVI_PICKFILE(TITLE = 'Pick an ENVI image file') ;返回文件名
ENVI>
```

弹出文件选择对话框如图 3.15 所示。

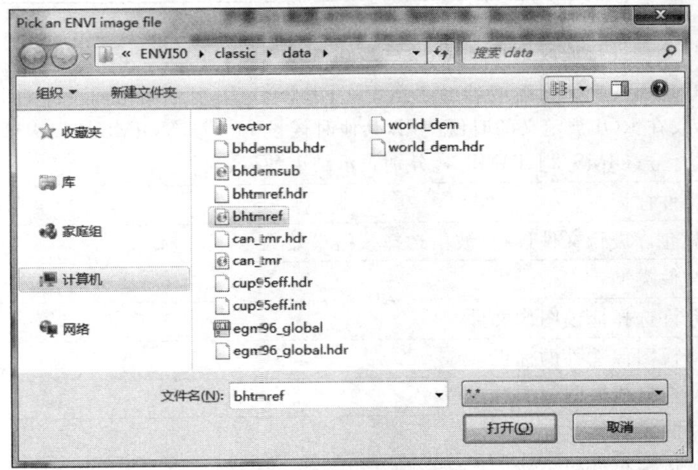

图 3.15　调用 ENVI_PICKFILE 程序弹出的文件选择对话框

选择 bhtmref.img 文件，单击[打开]按钮，即返回文件名；然后调用 ENVI_OPEN_FILE 过程，获取文件标识 FID，利用 FID 通过 ENVI_FILE_QUERY 查询图像文件信息。

```
ENVI> FName = ENVI_PICKFILE(TITLE = 'Pick an ENVI image file')
ENVI> PRINT, 'The selected filename is:'. STRING(13B), FName
The selected filename is:
C:\Program Files\Exelis\ENVI51\classic\data\bhtmref.img
ENVI> ENVI_OPEN_FILE, FName, R_FID = fid; 返回文件的 fid
ENVI> HELP, fid
FID             LONG      =           2
ENVI> ;查询图像文件信息
ENVI> ENVI_FILE_QUERY,fid,NS = ns,NL = nl,NB = nb,DATA_TYPE = data_type, $
ENVI> INTERLEAVE = interleave,DIMS = dims, $
ENVI> OFFSET = offset,XSTART = xstart,YSTART = ystart
ENVI> PRINT,'列数 = ',ns,STRING(13B),'行数 = ',nl,STRING(13B), '波段数 = ',nb
列数 =          512
行数 =          512
波段数 =            6
ENVI> PRINT, DIMS
          -1           0         511           0         511
```

也可调用 ENVI_SELECT 过程，其调用格式如下：

```
ENVI_SELECT [, /BAND_ONLY] [, DIMS = variable] [, FID = variable] [, /FILE_ONLY] [, FILE_TYPE = integer] [,/MASK] [, M_FID = variable] [, M_POS = variable] [, /NO_DIMS] [, /NO_SPEC] [, POS = variable] [, /ROI] [, TITLE = string]
```

调用格式中，等号左侧或斜杠右侧的单词是关键字，若关键字用中括弧括起来的话，表示该关键字是可选项；此外，关键字不同于参数，其顺序可以任意的。ENVI_SELECT 中的关键字说明见表 3.9。

表 3.9 ENVI_SELECT 的关键字说明

关键字	说明
BAND_ONLY	只允许进行波段选择，输入文件按钮失效
DIMS	它是由 5 个元素组成的一个数组。DIMS[0]用于存储指向一个打开的 ROI 区域的指针，仅在 ROI 被定义的时候使用，其他时候设为 -1L。DIMS[1]、DIMS[3]分别表示起始列、行号；DIMS[2]、DIMS[4]分别表示结束的行、列号
FID	文件标识
FILE_ONLY	只允许进行文件选择，波段选择按钮失效
FILE_TYPE	文件类型
MASK	允许选择掩模图像文件
M_FID	掩模图像文件的标识
M_POS	所选择掩模图像的波段位置
NO_DIMS	空间子集按钮失效
NO_SPEC	光谱子集按钮失效
POS	一个关于所选波段号的数组
ROI	允许基于 ROI 关注区进行裁剪图像
TITLE	用以设置打开文件选择对话框的标题

在 IDL 控制台中输入：

```
ENVI> ; return the FID, DIMS, and POS inforation
ENVI> ENVI_SELECT, TITLE = 'Pick an ENVI image file', FID = fid, DIMS = dis, POS = pos
```

弹出文件选择对话框，单击[Open]→[New File]，选择图像文件 bhtmref.img，Spatial Subset、Spectral Subset 等信息默认，如图 3.16 所示。

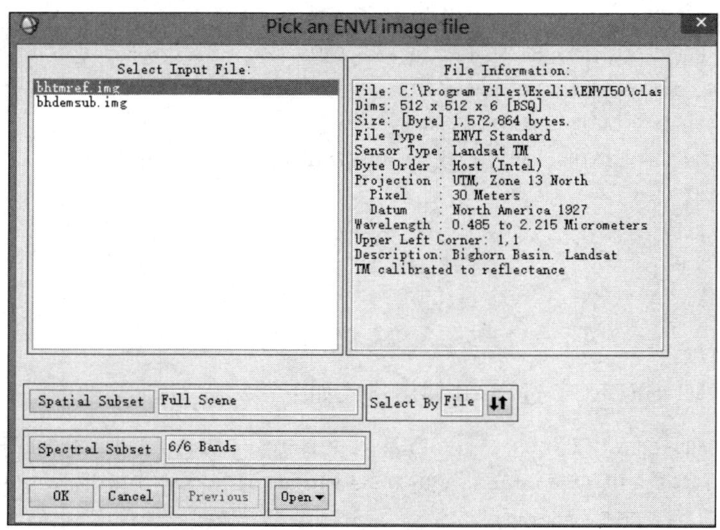

图 3.16 调用 ENVI_SELECT 过程弹出的文件选择对话框

返回文件标识 FID、图像空间维 DIMS、选择的波段 POS 等信息如下：

```
ENVI> ; return the FID, DIMS, and POS information
ENVI> ENVI_SELECT, TITLE = 'Pick an ENVI image file', FID = fid, DIMS = dims, POS = pos
ENVI> HELP, fid, dims, pos
FID             LONG        = 2
DIMS            LONG        = Array[5]
POS             LONG        = Array[6]
```

(3)读取 ENVI 遥感图像数据。可调用 ENVI_GET_DATA 函数，逐波段读取整幅遥感图像。ENVI_GET_DATA 调用格式如下：

```
Result  =  ENVI_GET_DATA(/COMPLEX, DIMS = array, FID = file ID [, INTERP = {0 | 1 | 2 | 3}],
POS = long integer [,XFACTOR = integer] [, YFACTOR = integer])
```

其中关键字说明如下：

——若输出数据是复数类型时，需设置关键字 COMPLEX。

——DIMS 是由 5 个元素组成的数组。DIMS[0]在这个程序中不使用，设置为－1L；DIMS[1]对应列号的起始值，DIMS[2]对应列号的结束值，DIMS[3]对应行号的起始值，DIMS[4]对应行号的终止值。

——FID 是文件标识，它是一个大于零的长整型标量，但不等于逻辑设备号(logical unit number，LUN)。对于一个已知的 ENVIRaster 对象，可由 ENVIRasterToFID 程序获取对应的 FID。若 FID 等于－1 时，则当前的 FID 无效。

——INTERP 是一个可选关键字，用于指定插值方法，只有在 XFACTOR 或 YFACTOR 不等于 1 的情况下使用。若采用最近邻法，则 INTERP 设置为 0；若采用双线性内插法，则 INTERP 设置为 1；若采用三次卷积法，则 INTERP 设置为 2；若采用像元聚集法(pixel aggregate)，则 INTERP 设置为 3。

——POS 用于指定返回数据对应的波段号，由一个长整型标量表示。

——XFACTOR、YFACTOR 是可选关键字，分别用于指定数据在 X、Y 方向上的缩放系数。

综上，可将上述三个步骤写在一个过程中，具体如代码 3.6 所示。

代码 3.6　基于 ENVI 库函数的 ENVI 格式图像读取

```
; 过程功能：利用 ENVI 库函数，读取 ENVI 图像数据
; 调用格式
; ENVI_READ_ENVI_IMAGE[, IMAGEDATA = imagedata], [FID = fid]

PRO ENVI_READ_ENVI_IMAGE, IMAGEDATA = imagedata, FID = fid

  ; 设置环境
  COMPILE_OPT IDL2
  ENVI

  ; 获取图像文件名
```

续代码

```
  FName = ENVI_PICKFILE(TITLE = 'Pick an ENVI image file')

  ;获取图像文件标识
  ENVI_OPEN_FILE, FName, /INVISIBLE, /NO_INTERACTIVE_QUERY, $
    /NO_REALIZE, R_FID = fid

  ;查询头文件信息
  ENVI_FILE_QUERY,fid,DIMS = dims,NB = nb,DATA_TYPE = data_type, $
    INTERLEAVE = interleave

  ;读取图像数据
  imagedata = [];
  FOR i = 0,nb - 1 DO BEGIN
    data = ENVI_GET_DATA(DIMS = dims, FID = fid, POS = i)
    imagedata = [[[imagedata]],[[data]]]
  ENDFOR

END
```

在 IDL 控制台调用 ENVI_READ_ENVI_IMAGE 过程，具体如下：

```
IDL> .RESET_SESSION
IDL> ENVI
ENVI> .compile -v 'F:\BookDemo\code\ch3\envi_read_envi_image.pro'
% Compiled module: ENVI_READ_ENVI_IMAGE.
ENVI> ENVI_READ_ENVI_IMAGE, IMAGEDATA = imagedata, FID = fid
ENVI> HELP, imagedata
IMAGEDATA       BYTE       = Array[512, 512, 6]
```

3.4 遥感数字图像输出

遥感数字图像输出主要有两大类：打印机、印刷机等设备上输出的硬拷贝，显示器、电子存储器等设备输出的软拷贝。本节主要介绍关于遥感数字图像显示、存储的 IDL 程序实现。需要说明的是：对于 ENVI 5（或更高版本），可通过调用 ENVI::OpenRaster 函数，在 ENVI 中打开遥感图像，其中 ENVI::OpenRaster 函数返回的是 ENVI 栅格对象 ENVIRaster；可通过调用 ENVIRaster::Export 将遥感图像数据存储至磁盘中；可通过调用 ENVIView::CreateLayer 函数进行遥感图像的显示。为了更好地剖析遥感图像数据流的处理和运行过程，本节程序代码是基于经典 ENVI 环境进行编写的。

3.4.1 遥感数字图像显示

计算机显示器采用三原色 RGB 加色法，有阴极射线管显示、液晶显示和等离子显示等方法。如图 3.17 所示，数字图像显示的一般过程为：

(1)计算机中央处理器(central processing unit, CPU)从存储介质中读取数据,并以位的形式保存在图像处理器的缓冲存储器(图像存储器)内,通过读取器读取存储器里的位数据,将此值赋给彩色查找表(color lookup table, CLUT)中的 RGB。

(2)数模转换器将 R、G、B 值变为适当的模拟信号(连续的电信号),该模拟信号用以调整 R、G、B 电子枪的强度,从而控制每个像素的屏幕显示颜色。

目前计算机硬件多采用 24 bit 模式,即使用 3 个 8 bit 无符号整数(0～255)表示 R、G、B 的强度。表 3.10 列出了一些常见颜色的 RGB 组合值。

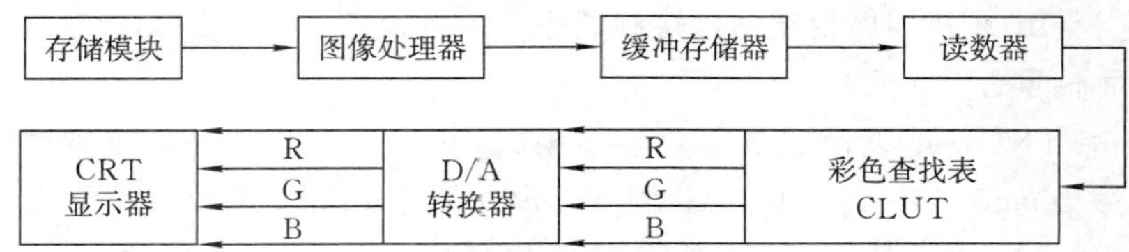

图 3.17　数字图像显示的一般过程

表 3.10　一些常见颜色的 RGB 组合值

颜色(英文名称)	红色成分	绿色成分	蓝色成分
黑色(black, B)	0	0	0
白色(white, W)	255	255	255
红色(red, R)	255	0	0
绿色(green, G)	0	255	0
蓝色(blue, B)	0	0	255
青色(cyan, C)	0	255	255
品红(magenta, M)	255	0	255
黄色(yellow, Y)	255	255	0
灰色(gray)	128	128	128
橄榄色(olive)	128	128	0
深青色(dark Cyan)	0	128	128

IDL 提供了 TV 和 TVSCL 过程以及 IMAGE 函数等,用以显示图像。ENVI 提供了 ENVI_DISPLAY_BANDS 例程来显示灰度或彩色图像,该例程被 ENVI 5 及更高版本的 ENVIView::CreateLayer 所取代。这里重点介绍调用 TV 和 TVSCL 的图像显示方法。TV 的调用格式如下:

```
TV, Image [, Position] [, /CENTIMETERS | , /INCHES] [, /ORDER] [, TRUE = {1 | 2 | 3}] [, /WORDS]
[, XSIZE = value] [, YSIZE = value]
```

或

```
TV, Image [, X, Y [, Channel]] [, /CENTI METERS | , /INCHES] [, /ORDER] [, TRUE = {1 | 2 | 3}]
[, /WORDS] [, XSIZE = value] [, YSIZE = value]
```

其中参数和关键字说明如下:

——参数 Image 是关于显示图像的二维或三维数组,其数据类型须为字节型。

——参数 X 和 Y 可选,它们是用来定义显示图像的左下角坐标(相对于屏幕的左下角)的。

——参数 Position 属整数类型，用来定义图像在图形窗口中的位置。

——参数 Channel 用来定义内存通道。图像显示设备通常能够存储多个图像，利用 Channel 参数标记存储图像的内存通道。

——关键字 CENTIMETERS 是指厘米单位。若设定了 CENTIMETERS 关键字，则 X、Y、Xsize、Ysize 和 Z 参数均是以厘米为单位进行计量。

——关键字 INCHES 是指英寸单位。若设定了 INCHES 关键字，所有的位置和大小变量均是以英寸为单位进行计量。

——关键字 ORDER 用以指定图像绘制顺序。一旦设定 ORDER 关键字，图像将从上至下进行绘制，而不再是从下至上。

——关键字 TRUE 用以设定真彩色显示模式，其值设定为波段的维索引(dimensional index)。若参数 Image 是一个三维数组，对于 BSQ 格式，Image 维数为列数 Samples、行数 Lines、波段数 Bands，则 TRUE＝3；对于 BIL 格式，Image 维数为列数 Samples、波段数 Bands、行数 Lines，则 TRUE＝2；对于 BIP 格式，Image 维数为波段数 Bands、列数 Samples、行数 Lines，则 TRUE＝1。

——关键字 WORDS 对于 8 位显示器无效，其要求显示器的颜色深度至少为 16 位。若设置了此关键字，参数 Image 将被转换为短整型，然后显示在设备上。

——关键字 XSIZE、YSIZE 用以指定图像输出的宽度和高度。若这两个关键字都没有设定，图像将被等比例缩放以填满整个绘图区域。若设定了 XSIZE 或 YSIZE 关键字，则图像将被缩放至指定的图像宽度或高度。

IMAGE 函数中也调用了 TV 过程，可在图形窗口中显示图像，具体见 IDL 帮助文档。与 TV 相比，TVSCL 调用格式类似，但输出的图像显示效果不同。TVSCL 是将图像数据先拉伸后再显示，等同于先调用 BYTSCL 函数再调用 TV 过程(BYTSCL 函数的调用将在第 6 章进行介绍)。例如，编写过程 Display_ENVI_Image_Demo，以说明比较 TV 与 TVSCL，见代码 3.7。

代码 3.7　TV 与 TVSCL 的图像显示效果比较

```
;说明:TV 与 TVSCL 的比较

PRO Display_ENVI_Image_Demo

  ;设置环境
  COMPILE_OPT IDL2
  ENVI

  ;打开文件
  ENVI_OPEN_FILE, FName, /INVISIBLE, $
    /NO_INTERACTIVE_QUERY, /NO_REALIZE, R_FID = fid

  ;查询头文件信息
  ENVI_FILE_QUERY,fid,DIMS = dims,NB = nb,NL = nl,NS = ns, $
    DATA_TYPE = data_type,INTERLEAVE = interleave

```

续代码

```
  dims = [-1L,100, 499, 0, nl-1]; 定义图像的空间维数

  ; 读取图像数据
  imagedata = [];
  FOR i = 0,nb-1 DO BEGIN
    data = ENVI_GET_DATA(DIMS = dims, FID = fid, POS = i)
    imagedata = [[[imagedata]],[[data]]]
  ENDFOR

  ; 显示单波段图像
  pos = 3
  ; 1)TV
  WINDOW, 1, XSIZE = 400, YSIZE = nl, TITLE = 'Calling TV Procedure for single band'
  CASE interleave of
    'bsq': TV, REFORM(imagedata[*,*,pos]), /ORDER
    'bil': TV, REFORM(imagedata[*,pos,*]), /ORDER
    'bip': TV, REFORM(imagedata[pos,*,*]), /ORDER
  ENDCASE
  ; 2)TVSCL
  WINDOW, 2, XSIZE = 400, YSIZE = nl, TITLE = 'Calling TVSCL Procedure for single band'
  CASE interleave of
    'bsq': TVSCL, REFORM(imagedata[*,*,pos]), /ORDER
    'bil': TVSCL, REFORM(imagedata[*,pos,*]), /ORDER
    'bip': TVSCL, REFORM(imagedata[pos,*,*]), /ORDER
  ENDCASE

END
```

运行代码 3.7,选择 can_tmr.img 作为输入图像,得到的窗口显示结果如 3.18 所示:

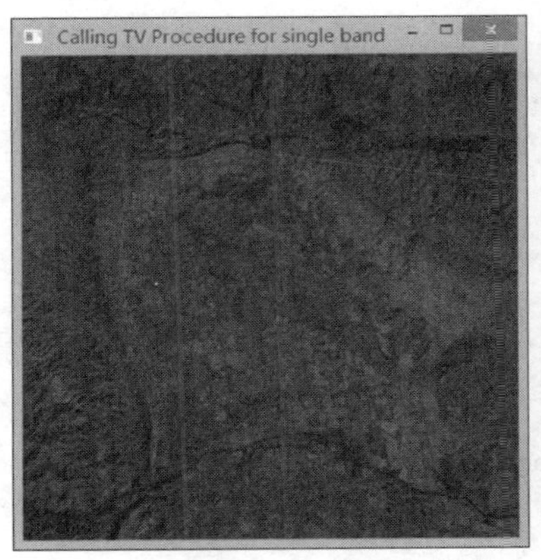

(a) 调用TV显示单波段图像结果

(b) 调用TVSCL显示单波段图像结果

图 3.18　调用 TV 与 TVSCL 的图像显示结果比较

此外,TV、TVSCL 还有图形关键字:CHANNEL、DATA、DEVICE、NORMAL、T3D 以

及 Z。下面主要介绍 CHANNEL 和 DEVICE 关键字的使用。

CHANNEL 等同于系统变量!P.CHANNEL，可在 ERASE 过程、TVRD 函数、TV 和 TVSCL 过程中进行设置。彩色显示器是基于色光三原色 RGB 加色法原理，通过电子枪打在屏幕的红、绿、蓝三色发光极管上来产生颜色的。关键字 CHANNEL 是用来指定内存通道，值为 1 时，对应着红色通道；值为 2 时，对应着绿色通道；值为 3 时，对应着蓝色通道。代码 3.8 是关于 TV/TVSCL 中关键字 CHNNEL 使用示例脚本；单击 IDL 工具栏[新建文件]按钮，将代码拷贝至新建文件中，全选后单击鼠标右键，在弹出的菜单中选择[运行所选文本]即可，运行结果见图 3.19。图 3.19 中，(a)图是利用图像处理软件 Photoshop 通道查看的截图，(b)图是彩色图像的显示结果，(c)图是各通道数据的查看结果。

代码 3.8 TV、TVSCL 的 CHNNEL 关键字使用

```
；重置
.RESET_SESSION
；以红色玫瑰为例，说明彩色图像的 R、G、B 通道
；定义文件路径名
FName = FILEPATH('rose.jpg', $
  SUBDIRECTORY = ['examples', 'data'])
；查询图像信息
queryStatus = QUERY_IMAGE(FName, imageInfo)
；获取图像大小
imageSize = imageInfo.dimensions
；读取图像
image = READ_IMAGE(file)
；提取红、绿、蓝通道数据
redChannel = REFORM(image[0, * , * ])
greenChannel = REFORM(image[1, * , * ])
blueChannel = REFORM(image[2, * , * ])
；清除窗口内容
ERASE
；创建窗口
WINDOW, 0, XSIZE = imageSize[0], YSIZE = imageSize[1], $
  TITLE = '红色玫瑰'
；显示彩色图像
TV, image, TRUE = 1
```

续代码

```
；创建窗口
WINDOW, 1, XSIZE = 3 * imageSize[0], YSIZE = 2 * imageSize[1], $
  TITLE = '彩色图像的红/绿/蓝通道显示'

；灰度显示各通道图像
TV, redChannel, 0
TV, greenChannel, 1
TV, blueChannel, 2

;  When using a "decomposed" display system, the red channel is 1, the green channel is 2,
and the blue channel is 3.
TV, redChannel, CHANNEL = 1, 3
TV, greenChannel, CHANNEL = 2, 4
TV, blueChannel,CHANNEL = 3, 5
```

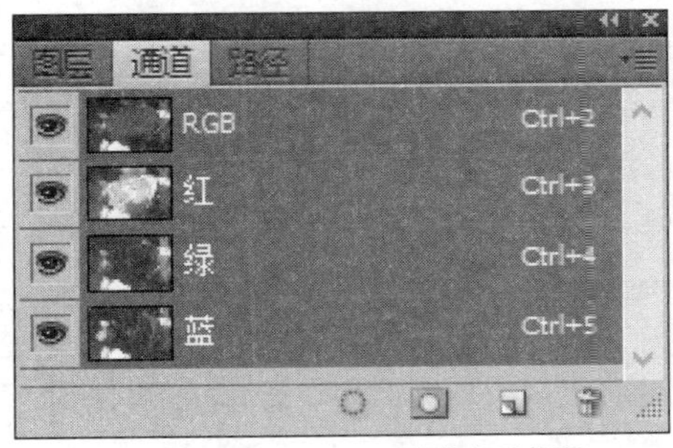

（a）利用Photoshop通道查看截图

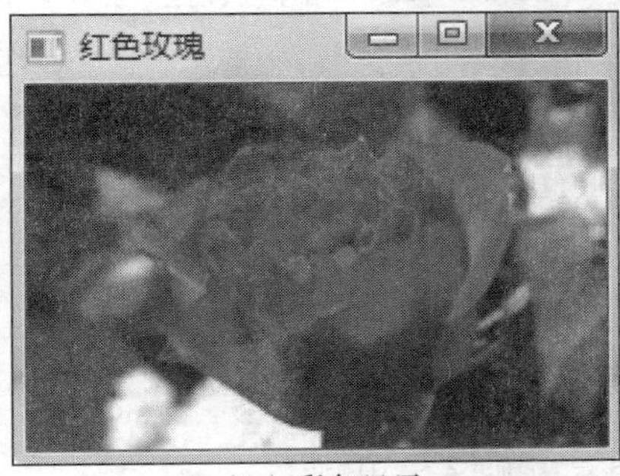

（b）彩色显示

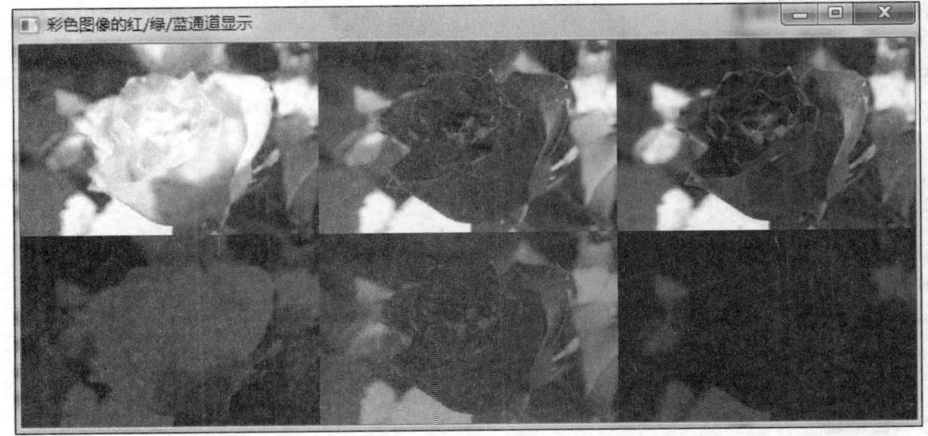

（c）各通道显示（从左至右分别为红、绿、蓝通道，上栏是各通道的灰度显示）

图 3.19　代码 3.8 的调用结果

关键字 DEVICE 在 AXIS、CONTOUR、CURSOR、DRAW _ ROI、PLOT、PLOTS、POLYFILL、SHADE_SURF、SURFACE、TVCRS、XYOUTS、TV 及 TVSCL 等过程中都有使用。若设置了 DEVICE 关键字，数据裁剪或显示的位置是定义在显示设备坐标系统下的。代码 3.9 是关于 TV、TVSCL 中关键字 DEVICE 使用示例脚本；单击 IDL 工具栏[新建文件]

按钮，将代码拷贝至新建文件中，全选后单击鼠标右键，在弹出的菜单中选择[运行所选文本]，在输入文件对话框中选择 bhtmref 遥感图像，运行结果见图 3.20。图 3.20 中，左上角是红光波段的显示结果，右上角是绿光波段的显示结果，左下角是蓝光波段的显示结果，右下角是真彩色组合的显示结果。

代码 3.9　TV、TVSCL 的 DEVICE 关键字使用

```
; DEVICE 关键字的使用示例
;
; 重置
.RESET_SESSION

; 配置环境
ENVI

; 输入图像
ENVI_SELECT, TITLE = '输入遥感图像', FID = fid, DIMS = dims, POS = pos
; 选择前 3 个波段

; 读取图像
imageData = [];
FOR i = 0,SIZE(pos,/N_ELEMENTS) - 1 DO $
  imageData = [[[imageData]],[[ENVI_GET_DATA(FID = fid, DIMS = dims, POS = pos[i])]]]

; 图像缩放
ns = dims[2] - dims[1] + 1
nl = dims[4] - dims[3] + 1
nb = SIZE(pos,/N_ELEMENTS)
xFactor = 0.5
yFactor = 0.5
imageData = CONGRID(imageData,ns * xFactor,nl * yFactor,nb)

; 各通道数据提取
redChannel = REFORM(imageData[ * , * ,2])
greenChannel = REFORM(imageData[ * , * ,1])
blueChannel = REFORM(imageData[ * , * ,0])
imageRGB = [[[redChannel]],[[greenChannel]],[[blueChannel]]]

; 创建窗口
WINDOW, TITLE = '显示多波段组合图像', XSIZE = ns, YSIZE = nl

; 指定位置显示
TVSCL, redChannel, channel = 1, 0,        nl * yFactor, /ORDER, /DEVICE
TVSCL, greenChannel, channel = 2, ns * xFactor, nl * yFactor, /ORDER, /DEVICE
TVSCL, blueChannel, channel = 3, 0,        0,     /ORDER, /DEVICE
TVSCL, imageRGB, TRUE = 3, ns * xFactor,   0,     /ORDER, /DEVICE
```

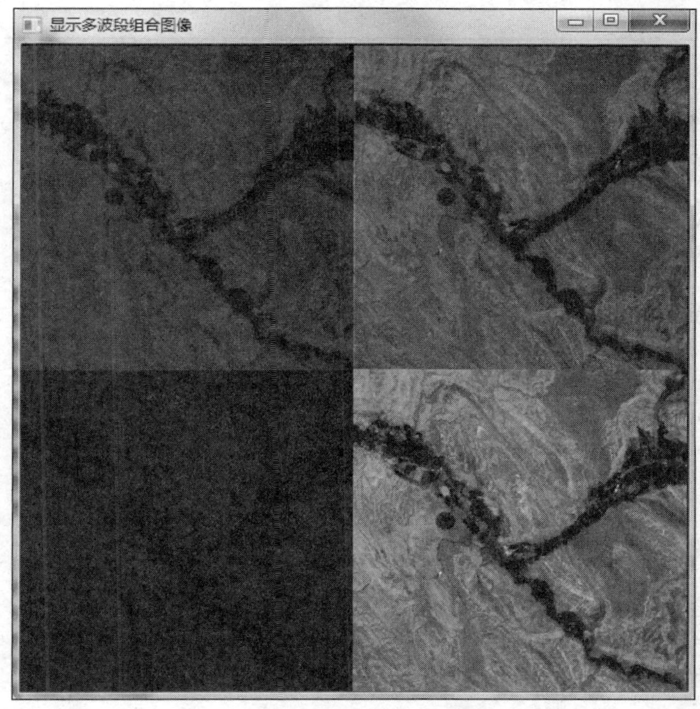

图 3.20　代码 3.9 的调用结果

3.4.2　遥感数字图像存储

遥感数字图像从磁盘读取至计算机内存中，经一定的处理后，将处理后的图像由内存保存至磁盘中，从而实现输出图像的永久性保存，为后续处理分析提供数据支持。存储遥感数字图像的方式有多种，可调用的函数有 WRITEU、ENVI_WRITE_ENVI_FILE、ENVI_ENTER_DATA、WRITE_IMAGE 等。

1. WRITEU

首先，以二进制文件方式，采用 WRITEU 过程将图像数据写入磁盘中；然后调用 ENVI_SETUP_HEAD 过程，进行相应头文件信息的写入。WRITEU 的调用格式如下：

```
WRITEU, Unit, Expr1,…, Exprn [, TRANSFER_COUNT = variable]
```

仍然以 bmtmref 遥感图像为例，调用代码 3.6 所示的 ENVI_READ_EVNI_IMAGE 过程，将遥感图像读取至计算机内存中，然后进行一个简单的波段运算（近红外波段减去红光波段），最后将波段运算的结果以 WRITEU 二进制方式写入存储至磁盘中，见代码 3.10。

代码 3.10　WRITEU 存储遥感图像

```
; 说明：WRITEU 存储遥感图像

PRO Writeu_ENVI_Image_Demo, OUTDATA = outdata

  ; 设置环境
  COMPILE_OPT IDL2
```

续代码

```
ENVI

; 输入图像
ENVI_READ_ENVI_IMAGE, IMAGEDATA = inputdata, FID = fid

ENVI_FILE_QUERY,fid,DESCRIP = descrip,NS = ns,NL = nl,NB = nb,DATA_TYPE = data_type, $
  INTERLEAVE = interleave,DIMS = dims,FNAME = fname

; 转换为 BSQ 存储格式
CASE interleave OF
  0: inputdata  =  inputdata
  1: inputdata  =  TRANSPOSE(inputdata, [2,0,1])
  2: inputdata  =  TRANSPOSE(inputdata, [0,2,1])
ENDCASE

; 波段运算
pos  =  [2,3]
; inputdata 是 BSQ 的存储格式
outdata  =  FIX(REFORM(inputdata[ * , * ,pos(1)]) $
   - REFORM(inputdata[ * , * ,pos(0)]))

; 开始存储数据

; 定义输出图像的文件路径和文件名
outname  =  DIALOG_PICKFILE(TITLE = 'SAVE ENVI image file', $
  PATH = 'C:\Program Files\Exelis\ENVI51\classic\data',/WRITE)
; 打开文件,获取逻辑设备号
OPENW, lun, outname, /GET_LUN
; 以二进制方式写入
WRITEU, lun, outdata
; 关闭文件,释放逻辑设备号
FREE_LUN, lun
; 存储数据结束

; 写入头文件信息
descrip  =  'Result of (b4 - b3), Conducted on ' + descrip
data_type  =  2
nb  =  1
; Use this routine to write the ENVI header file
; for an image that is already saved to disk
ENVI_SETUP_HEAD,FNAME = outname,DESCRIP = descrip, $
  NS = ns,NL = nl,NB = nb,DATA_TYPE = data_type,INTERLEAVE = 0,/WRITE

;ENVI_FILE_MNG, ID = fid, /REMOVE

END
```

调用代码 3.10，在 IDL 控制台输入：

```
ENVI> .compile -v 'F:\BookDemo\code\ch3\envi_read_envi_image.pro'
% Compiled module: ENVI_READ_ENVI_IMAGE.
ENVI> .compile -v 'F:\BookDemo\code\ch3\writeu_envi_image.pro'
% Compiled module: WRITEU_ENVI_IMAGE.
ENVI>writeu_envi_image
```

选择 bmtmref 作为输入图像，波段运算结束后弹出保存文件对话框如图 3.21 所示。

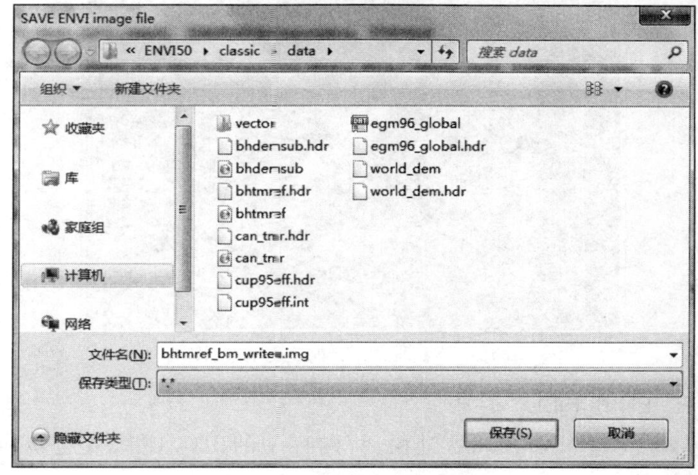

图 3.21　保存文件对话框

输入文件名 bhtmref_bm_writeu.img，单击[保存]按钮后，程序存储波段运算后的图像数据 outdata，然后再调用 ENVI_SETUP_HEADER 以生成关于 outdata 图像数据（该数据已经保存至磁盘中）的头文件，头文件名自动生成为 bhtmref_bm_writeu.hdr。下面对 writeu_envi_image 程序运行结果进行检验，利用 ENVI 打开运行结果，选择文件 bhtmref_bm_writeu.img，如图 3.22 所示。

图 3.22　选择所保存文件

单击[打开]按钮后，则该数据自动加载至可选波段列表中，显示结果如图 3.23 所示。

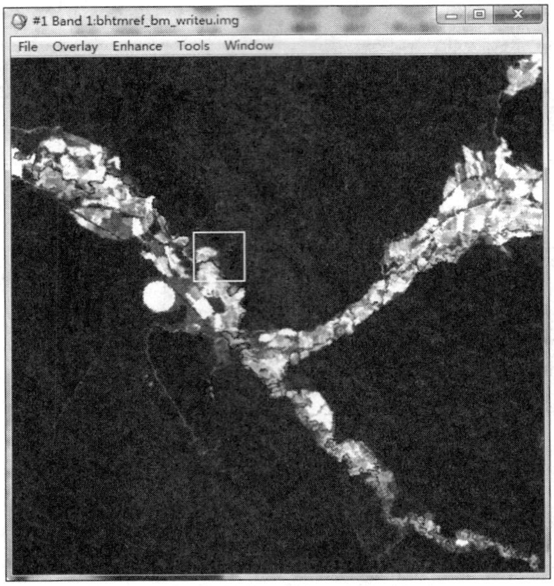

图 3.23 保存图像的显示结果

2. ENVI_WRITE_ENVI_FILE

利用 ENVI_WRITE_ENVI_FILE 过程，将内存中的 IDL 图像数组转换为 ENVI 格式的图像文件。其调用格式为如下：

```
ENVI_WRITE_ENVI_FILE, Data [, BBL = array] [, BNAMES = string array] [, BYTE_ORDER = variable]
[, CLASS_NAMES = string array] [, /COMPRESSION] [, DEF_BANDS = array] [, DEF_STRETCH = value]
[, DESCRIP = string] [, FILE_TYPE = variable] [, FUNC_COMPLEX = {0 | 1 | 2 | 3 | 4}] [, FWHM = array]
[, GEO_POINTS = array] [, /IN_MEMORY] [, INFO = value] [, INHERIT = value] [, INTERLEAVE = {0 | 1 |
2}] [, LOOKUP = array] [, MAP_INFO = structure], NB = integer, NL = integer, NS = integer [, NUM_
CLASSES = integer] [, /NO_COPY] [, /NO_OPEN] [, /NO_WRITE], OFFSET = value [, OUT_DT = {1 | 2 | 3 | 4
| 5 | 6 | 9 | 12 | 13 | 14 | 15}], OUT_NAME = variable [, PIXEL_SIZE = array] [, R_FID = variable]
[, READ_PROCEDURE = variable] [, SENSOR_TYPE = integer] [, SPEC_NAMES = variable] [, UNITS =
integer] [, WAVELENGTH_UNITS = {0L | 1L}] [, WL = array] [, XSTART = integer] [, YSTART = integer]
[, ZPLOT_AVERAGE = array] [, ZPLOT_TITLES = string array] [, ZRANGE = array]
```

其中参数 Data 是一个二维或三维数组，它将被转换为 ENVI 格式的图像。关键字说明见表 3.11。

表 3.11 ENVI_WRITE_ENVI_FILE 的关键字说明

关键字	说明
BBL	一个与波段数等长的数组，数组元素取值 0 或 1，0 对应坏波段，1 对应好波段
BNAMES	一个与波段数等长的字符串数组，用来定义各波段的名称，默认值为['band 1 ', 'band 2', etc.]
BYTE_ORDER	字节顺序，默认值是当前计算机系统的字节顺序，值为 1 时，对应 Big Endian；值为 0 时，对应 Little Endian

续表

关键字	说明
CLASS_NAMES	一个字符串数组,用来定义分类图像的类别名称
COMPRESSION	采用标准 GZIF 格式,写入文件
DEF_BANDS	一个只有 1 个元素或 3 个元素的数组,用来指定打开文件时同时显示的波段
DEF_STRETCH	定义图像显示的默认拉伸方式
DESCRIP	关于数据的文字描述
FILE_TYPE	文件类型,其值设置具体可查看 ENVI_FILE_TYPE
FUNC_COMPLEX	指定复数查看函数,值可设为 0(默认值)、1、2、3、4,分别对应能量、幅度、实部、虚部、相位
FWHM	每个波段对应的半峰全宽
GEO_POINTS	一个由 16 个元素组成的数组,用以指定图像四个角的地理坐标,每个角点坐标由像素位置(x,y)和相应的地理坐标(lat,log)进行描述
IN_MEMORY	将输出结果保存至内存中
INFO	设置此关键字用以存储信息
INHERIT	功能同 ENVI_SET_INHERITANCE
INTERLEAVE	用以指定输出图像数据的记录方式,其值可设置为 0、1、2,分别对应于 BSQ、BIL、BIP
LOOKUP	颜色查找表
MAP_INFO	用以定义地图信息,等同于 ENVI_MAP_INFO_CREATE 返回的结构体
NB	文件的波段数
NL	文件的行数
NS	文件的列数
NUM_CLASSES	分类图像的类别数,包含未分类类别(class 0)
NO_COPY	禁止拷贝
NO_OPEN	禁止将输出文件加载至可选波段列表中
NO_WRITE	禁止将输出的头文件写入至磁盘中
OFFSET	定义文件中数据开始位置的偏移位(按字节计)
OUT_DT	定义输出图像的 IDL 数据类型,默认数据类型等同于输入数据类型。其值可设置为 1、2、3、4、5、6、9、12、13、14、15,分别对应于字节型、整型、长整型、浮点型、双精度浮点型、复数、双精度复数、无符号整型、无符号长整型、64 位长整型、64 位无符号长整型
OUT_NAME	一个字符串,用以定义输出的文件名;若设置了 IN_MEMORY 关键字,则不需要设置 OUT_NAME
PIXEL_SIZE	像素大小
R_FID	文件标识
READ_PROCEDURE	过程名称
SENSOR_TYPE	与传感器类型相关的一个整数值,具体可查看 ENVI_SENSOR_TYPE
SPEC_NAMES	光谱库文件使用,用以设置光谱库名称
UNITS	用以指定像素大小 PIXEL_SIZE 的单位

续表

关键字	说明
WAVELENGTH_UNITS	用以指定波长单位。设置为 0L 时，波长单位为 μm；设置为 1L 时，波长单位为 nm
WL	一个与波段数等长的数组，用以指定各波段的波长
XSTART	起始列号
YSTART	起始行号
ZPLOT_AVERAGE	光谱剖面图的窗口大小
ZPLOT_TITLES	光谱剖面图的横、纵坐标的标题
ZRANGE	光谱值的上下限

3. ENVI_ENTER_DATA

调用 ENVI_ENTER_DATA 程序，将图像数据输出至 ENVI 内存中；与此同时，ENVI_ENTER_DATA 内部调用 ENVI_SETUP_HEAD，自动生成 ENVI 头文件（也保存在内存中），并将图像数据波段载入至可选波段列表中。当图像出现在可选波段列表中，则可通过选择 ENVI 主菜单栏[File]→[Save File As]→[ENVI Standard]完成图像数据存储。ENVI_ENTER_DATA 调用格式与 ENVI_WRITE_ENVI_FILE 类似，具体如下：

```
ENVI_ENTER_DATA, Data [, BBL = array] [, BNAMES = string array] [, CLASS_NAMES = string array]
[, DATA_GAINS = array] [, DATA_IGNORE_VALUE = variable] [, DATA_OFFSET = array] [, DEF_STRETCH =
value] [, DESCRIP = string] [, FILE_TYPE = integer] [, FUNC_COMPLEX = {0 | 1 | 2 | 3 | 4}] [, FWHM =
array] [, GEO_POINTS = array] [, INFO = value] [, INHERIT = value] [, /INVISIBLE] [, LOOKUP = array]
[, MAP_INFO = value] [, NUM_CLASSES = integer] [, PIXEL_SIZE = array] [, R_FID = variable]
[, REFLECTANCE_SCALE_FACTOR = variable] [, SENSOR_TYPE = integer] [, SPEC_NAMES = string array]
[, UNITS = integer] [, WAVELENGTH_UNIT = {0 | 1 | 2 | 3 | 4 | 5 | 6}] [, WL = array] [, XSTART =
integer] [, YSTART = integer] [, ZPLOT_AVERAGE = array] [, ZPLOT_TITLES = string array] [, ZRANGE =
array]
```

4. ENVI_WRITE_IMAGE

调用 ENVI_WRITE_IMAGE 过程，将图像存储为 BMP、GIF、TIFF 等格式，其调用格式如下：

```
ENVI_WRITE_IMAGE, Filename, Format, Data [, Red, Green, Blue] [, /APPEND]
```

思考题

1. IDL 变量有局部变量和系统变量之分，两者之间的区别主要体现在哪些方面？
2. 创建 IDL 数组的方法主要有哪些？以三维数组为例，说明数组在内存中的存储方式。
3. 简要说明 ENVI 库函数类型的划分依据。
4. 栅格数据记录方式有 BSQ、BIL、BIP 三种，AVIRIS、Hyperion 高光谱遥感图像数据通常采用何种方式记录？为什么？
5. IDL 编程实现：输入一幅多光谱遥感图像，并保存输出第 1 波段图像。
6. 试举例说明 IDL 命令 TV 和 TVSCL 的区别。

第 4 章　遥感图像几何校正

遥感传感器在获取地表信息的过程中，由于传感器自身性能、遥感平台姿态、大气折射、地形起伏、地球曲率以及地球旋转等因素的影响，所得遥感图像上各地物的几何位置、形状、尺寸、方位等特征与参照系统中的表达要求不一致，存在几何变形，这种变形也称为几何畸变(geometric distortion)。遥感图像几何校正(geometric calibration)的目的就是消除原始图像中的几何变形，产生一幅符合某种参照系统表达要求的新图像。

4.1　几何变形误差的来源

遥感图像的几何变形误差可分为静态误差和动态误差两大类。静态误差是指在成像过程中，传感器相对于地球表面呈静止状态时所具有的各种变形误差；动态误差则主要是由于在成像过程中地球的旋转所造成的图像变形误差。

遥感图像的几何变形误差也可分为内部误差和外部误差两类变形误差。内部误差主要是由于传感器成像方式所造成的图像变形，随传感器的结构不同而异；外部变形误差指的是传感器本身处在正常工作的条件下所造成的误差，例如传感器的外方位(位置、姿态)变化、电磁波传输介质的不均匀、地球曲率、地形起伏以及地球自转等因素所引起的变形误差等。

4.1.1　传感器成像方式引起的几何变形

传感器的成像方式有中心投影、全景投影、斜距投影等。

1. 中心投影

中心投影可分为点中心投影、线中心投影和面中心投影。由于中心投影在垂直摄影和地面平坦的情况下，地面物体与其景物具有相似性(不考虑摄影本身产生的影像变形)，不存在由成像方式造成的影像变形，因此通常把中心投影的影像作为基准影像来讨论其他方式投影影像的变形规律。

2. 全景投影

全景摄影机获取的遥感影像是由一条平行于遥感平台飞行方向的曝光缝隙向旁向扫描而成。在一幅影像中，每条缝隙影像的投影中心大地坐标和姿态角是随时间变化的。全景摄影机的投影面不是一个平面，而是一个圆柱面，称之为全景面。如图 4.1(a)所示，f 为摄影机焦距，θ 为扫描角，地物点 P 在全景面上的像点为 p，则 p 在扫描方向上的坐标 $y_p=f\theta$；设 $S'y'$ 是一个等效的中心投影成像面，P 点在 $S'y'$ 上的像点为 $y'_{p'}$，则有 $y'_{p'}=f\tan\theta$。基于上述分析，全景变形可表示为

$$dy=y_p-y'_{p'}=f(\theta-\tan\theta) \tag{4.1}$$

由于全景相机在成像过程中焦距保持不变，而物距随扫描角的增大而增大，因此在图像上会出现两边比例尺逐渐缩小的现象，如图 4.1(b)所示，这种几何变形称为全景畸变。

此外，摆扫式传感器获得的影像也属于多中心投影，每个像元都有自己的投影中心，随着扫描镜的旋转和平台的前进来实现整幅影像的成像。由于摆扫式传感器的光学聚集系统有一个固定的焦距，因此地面上任意一条线的影像是一段圆弧，整幅影像等效于一个圆柱面。所以

该类传感器也具有全景投影成像的特点。

3. **斜距投影变形**

斜距投影类型的传感器通常是指侧视雷达，其成像变形规律如图 4.2 所示。S 为雷达天线中心，Sy 为雷达成像面，H 为航高，f 为等效焦距，则地物点 P 在斜距投影图像上的图像坐标 $y_p = f/\cos\theta$；而地物点 P 在等效中心投影面 $S'y'$ 上的坐标 $y'_p = f\tan\theta$，故其变形误差可表示为

$$dy = y_p - y'_p = f(\sec\theta - \tan\theta) \tag{4.2}$$

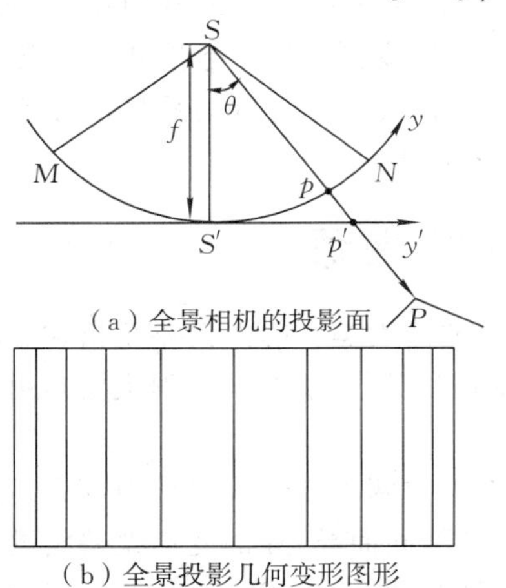

（a）全景相机的投影面

（b）全景投影几何变形图形

图 4.1 全景投影成像方式引起的几何变形

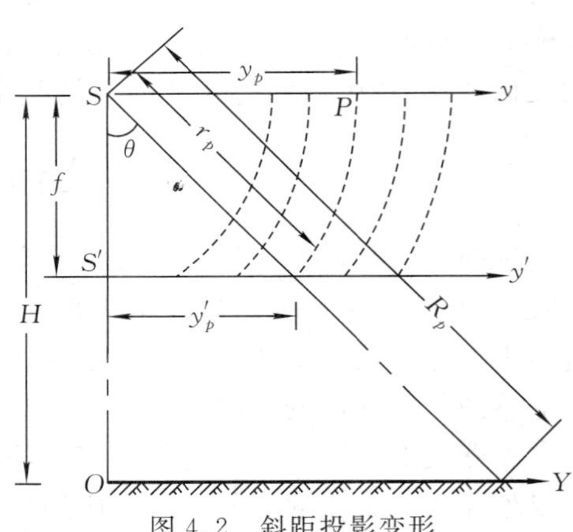

图 4.2 斜距投影变形

4.1.2 遥感平台姿态引起的几何变形

传感器外方位元素是指传感器成像时的位置（X_S, Y_S, Z_S）和姿态角（$\varphi, \bar{\omega}, \kappa$）。当外方位元素偏离标准位置而出现变动时，就会使影像产生变形。

各外方位元素偏离标准值时，所引起的图像几何变形规律见图 4.3。偏离量 dX_S、dY_S、dZ_S 和 $d\kappa$ 对整幅图像的综合影响是使其发生平移、缩放和旋转等线性变化，而偏离量 $d\varphi$ 和 $d\bar{\omega}$ 则使图像产生非线性变形。

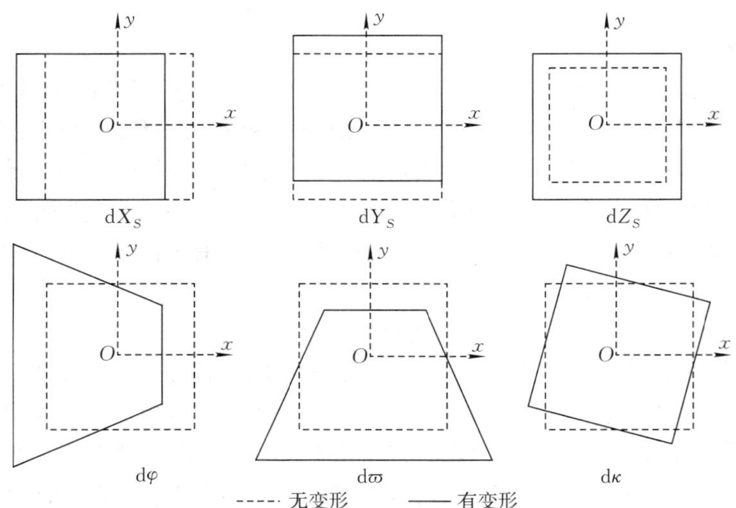

图 4.3 各外方位元素偏离标准位置引起的图像几何变形

4.1.3　大气折射引起的几何变形

大气层不是一个均匀的介质层，其密度随离地面高度的增加而递减。因此，电磁波在大气层中传输时的折射率也随高度而变化，使得电磁波的辐射传播路径不是一条直线而变成了一条曲线，从而导致传感器接收的像点发生位移。

对于中心投影影像，其成像点的位置取决于地物点入射光线的方向。在无大气折射时，地物点 P 以直线光线 PS 成像于 p' 点；有大气折射影响时，P 点通过曲线光线 PS 成像于 p 点，由此而引起像点位移 $\Delta r = pp'$，如图 4.4 所示。在图 4.4 中，h 为大气层底层的高度，H 为航高，α_h、β_h 分别为经地物反射的实际光线离开底层大气时的出射角和折光角，α_H、β_H 分别为进入传感器的实际光线的出射角和折光角。

对于侧视雷达影像，大气折射的影响主要体现在两个方面：第一是大气折射率的变化使得电磁波的传播路径改变；第二是电磁波的传感器速度减慢，改变了电磁波传播时间。大气折射引起的路程变化的影响极小，可以忽略不计，但传播时间变化的影响不能忽略，需加以纠正。

4.1.4　地形起伏引起的几何变形

当地形有起伏时，对于高于或低于某一基准面的地面点 P，其在基准面上垂直投影点为点 P'，点 P 和点 P' 在像片上的像点分别为点 p 和点 p'，$\Delta r = pp'$ 即为地形起伏引起的像点位移，如图 4.5 所示。

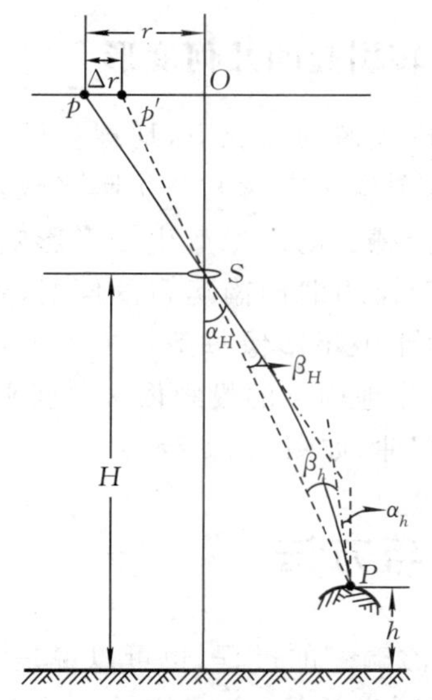

图 4.4　大气折射引起的几何变形

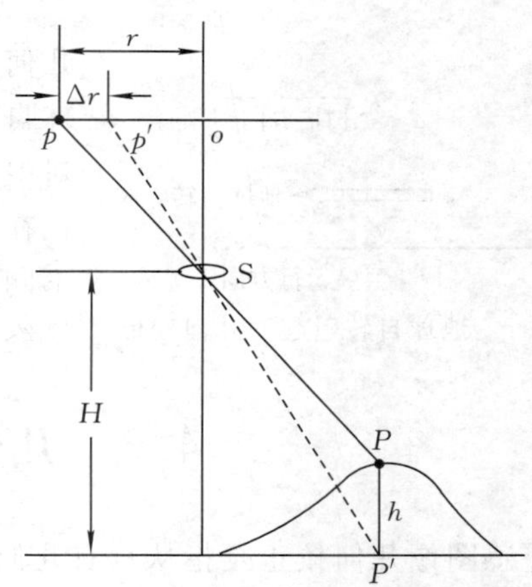

图 4.5　地形起伏引起的几何变形

4.1.5　地球表面曲率引起的几何变形

地球表面是曲面，主要受两个方面的影响：一是像点位置的移动，二是像元对应于地面宽度的不等。

1. 像点位置的移动

地球曲率引起的像点位移与地形起伏引起的像点位移类似。如图 4.6(a)所示，当选择的地图投影面是地球的切平面时，地球曲面点 P 相对于地球切平面的投影点 P' 有一高差 Δh，由于地球表面曲率的存在，导致像点从点 p' 位移至 p 点，像点位移 $\Delta r = pp'$。

2. 像元对应于地面宽度的不等

如图 4.6(b)所示，由于传感器在扫描过程中每一次取样间隔(即一个像元)是星下视场角的 n 个等分间隔，若地表无弯曲，在地面瞬时视场角不大的情况下，各瞬时视场角对应于基准面的宽度 $L'_1, L'_2, L'_3, \cdots, L'_{n-1}, L'_n$ 差别不大；但由于地球表面曲率的存在，对应于实际地面的宽度 $L_1, L_2, L_3, \cdots, L_{n-1}, L_n$（显然 $L_n > L_{n-1} > \cdots > L_3 > L_2 > L_1$）距星下点越远，图像像元对应地面宽度越宽，几何畸变越明显。

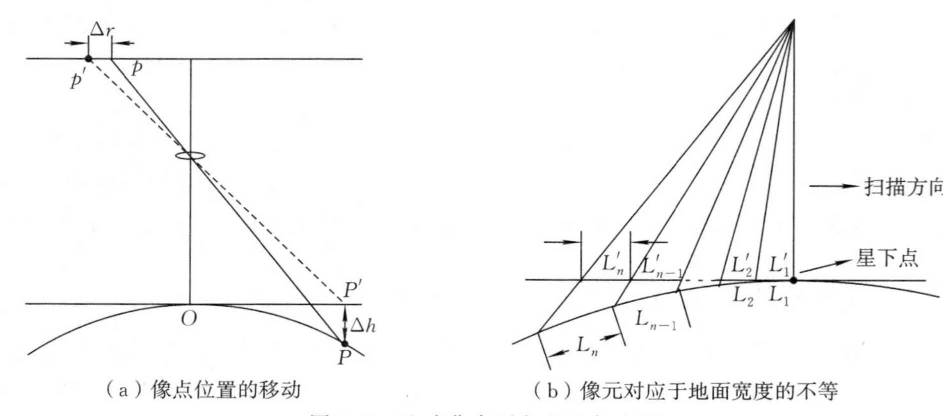

（a）像点位置的移动　　（b）像元对应于地面宽度的不等

图 4.6　地球曲率引起的几何变形

4.1.6　地球自转引起的几何变形

在常规框幅摄影机成像的情况下，地球自转不会引起几何变形，因为其整幅图像是在瞬间一次曝光成像的。地球自转主要是对动态传感器的图像产生变形影响，特别是对卫星遥感图像。当卫星由北向南运行的同时，地球表面也在由西向东自转，由于卫星影像每条扫描线的成像时间不同，因而造成扫描线在地面上的投影依次向西平移，使得最终采集的图像发生扭曲，如图 4.7 所示。

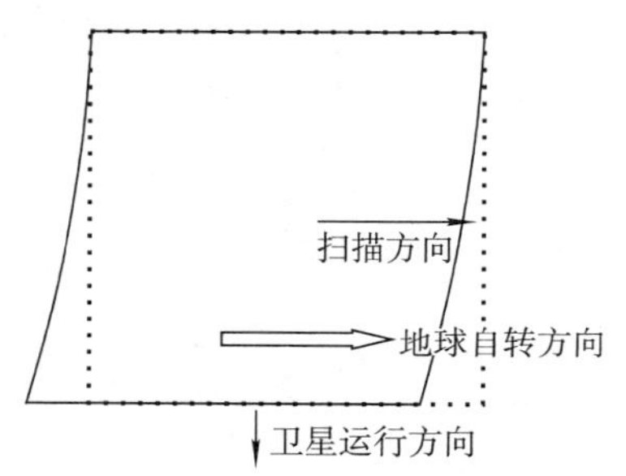

图 4.7　地球自转引起的几何变形

4.2　几何校正模型与方法

遥感图像几何校正是指从具有几何变形的图像中消除畸变的过程，也可以说是定量确定图像像元坐标(图像坐标)与地表目标物的地理坐标(地图坐标等)之间的对应关系，使遥感图像符合地图投影系统的过程。由大地基准面和地图投影确定地图坐标系后，将地图坐标系统赋予遥感图像数据的过程，称为地理参考(geo-referencing)，所以几何校正也包含了地理参考。本节主要介绍遥感图像几何校正的常用模型及有关算法步骤。

4.2.1　几何粗校正与精校正

遥感图像几何校正通常分两个阶段进行处理：第一阶段是几何粗校正，第二阶段是几何精校正。

几何粗校正即系统误差纠正，当已知遥感图像的构像方程时，就可以把与传感器构造有关的几何校正参数(焦距等)及传感器的位置、姿态等的测量值代入构像方程对原始图像进行几何校正。粗校正一般由遥感数据地面接收站处理，对由传感器系统自身所导致的几何畸变的纠正很有效，但处理后的图像仍有较大的几何偏差，因此必须对遥感图像进行深层次的校正处理，即几何精校正。

几何精校正是在粗校正的基础上进行的，可以由遥感数据接收部门来完成，也可由用户来完成。几何精校正是采用一种数学模型来近似描述遥感图像的几何畸变过程，利用畸变的遥感图像与标准地图或参考图像之间的一些对应同名点，即地面控制点(ground control point，GCP)，求解此几何畸变模型的参数，然后利用该模型进行几何校正。几何精校正将遥感图像的总体畸变视为挤压、扭曲、缩放、偏移，以及更高层次的基本变形的综合作用的结果，它侧重研究几何校正模型的构建，不考虑引起畸变的具体原因。

遥感图像几何精校正的主要步骤如下：

(1)选择几何校正模型。根据遥感图像数据源的特点以及图像几何畸变的性质，选择合适的几何校正模型，如有理函数模型、多项式模型等，详见 4.2.2 小节。

(2)选择地面控制点，求解几何校正模型参数。通过特征点自动匹配算法或交互式输入选择地面控制点，根据地面控制点利用最小二乘法等方法估算出模型参数。

(3)验证校正方法、校正模型的有效性。检查几何畸变能否充分得到校正，判断校正式的有效性。当判断为无效时，对校正中所用的数据进行修改，或尝试采用其他几何校正模型。

(4)像元几何位置变换、亮度值重采样。为了使校正后的输出图像与输入图像相对应，利用步骤(2)，对输入图像的数据重新排列。由于所计算的对应位置的坐标并不一定是整数值，所以必须通过对周围的像元值进行内插来求出新的像元值。

4.2.2　几何校正模型

本节主要介绍有理函数模型和多项式几何校正模型。

1. 有理函数模型

严格物理模型是基于共线方程，建立在图像坐标与地面坐标严格数学变换关系的基础上的，能很好地反映遥感图像获取时的几何关系(遥感平台＋传感器＋地球＋地图)，可以校正由卫星平台(姿态、速率和方向)、传感器(方向、积分时间和视场角)、地球(大地水准、椭球体和地形起伏)，以及地图投影(椭球体和地图学)引起的各种误差。

基于共线方程的严格物理模型理论严密、定位精度高，但需知道传感器物理构造及成像方式等参数。为了技术保密，有些高性能的传感器参数、成像方式、卫星轨道参数等信息不公开，无法获得相对应的严格物理模型，通常改用与传感器无关的、形式简单的有理函数模型(rational function model，RFM)进行几何校正。

有理函数是指两个普通多项式的商。这里所指的有理函数模型是指将遥感图像的像元坐标 (x,y) 分别用地面点空间坐标 (X,Y,Z) 的有理函数来表示，即将像元坐标 (x_n,y_n) 分别表示为以相应地面坐标 (X_n,Y_n,Z_n) 为自变量的多项式的商，多项式最高阶数一般为 3 次。其数学表达式为

$$\left.\begin{aligned} x_n &= \frac{p_1(X_n, Y_n, Z_n)}{p_2(X_n, Y_n, Z_n)} \\ y_n &= \frac{p_3(X_n, Y_n, Z_n)}{p_4(X_n, Y_n, Z_n)} \end{aligned}\right\} \tag{4.3}$$

式中，(x_n, y_n)、(X_n, Y_n, Z_n) 分别是像元坐标(x, y)、地面坐标(X, Y, Z) 经平移和缩放后的标准化坐标，用以增强参数求解的稳定性；$p_i\,(i=1,2,3,4)$ 是有理多项式。式(4.3)中，2 个像元坐标和 3 个地面坐标在[−1.0，1.0]之间偏移和缩放，即

$$\left.\begin{aligned} x_n &= \frac{x - x_0}{x_s} \\ y_n &= \frac{y - y_0}{y_s} \end{aligned}\right\} \tag{4.4}$$

$$\left.\begin{aligned} X_n &= \frac{X - X_0}{X_s} \\ Y_n &= \frac{Y - Y_0}{Y_s} \\ Z_n &= \frac{Z - Z_0}{Z_s} \end{aligned}\right\} \tag{4.5}$$

式(4.4)和式(4.5)中，x_0、y_0、X_0、Y_0、Z_0 为标准化平移参数，x_s、y_s、X_s、Y_s、Z_s 为标准化比例参数，对于某一幅特定的遥感影像而言，它们是常量。

此外，在式(4.3)中，有理多项式的各坐标分量(X, Y, Z) 的幂最大不超过 3，且各坐标分量幂的总和也不超过 3；分母项 p_2 和 p_4 的取值可以有两种情况：$p_2 = p_4$（可以是一个多项式，也可以是常量 1）和 $p_2 \neq p_4$。有理多项式的数学表达式为

$$\begin{aligned} p(X, Y, Z) &= \sum_{i=0}^{3} \sum_{j=i+1}^{3} \sum_{k=j+1}^{3} a_{ijk} X^i Y^j Z^k \\ &= a_{000} + a_{001} Z + a_{002} Z^2 + a_{003} Z^3 + a_{010} Y + a_{011} YZ + a_{012} YZ^2 + \\ &\quad a_{020} Y^2 + a_{021} Y^2 Z + a_{030} Y^3 + a_{100} X + a_{101} XZ + a_{102} XZ^2 + a_{110} XY + \\ &\quad a_{111} XYZ + a_{120} XY^2 + a_{200} X^2 + a_{210} X^2 Y + a_{201} X^2 Z + a_{300} X^3 \end{aligned} \tag{4.6}$$

式中，a_{ijk} 为有理多项式系数(rational polynomial coefficients, RPC)。

RFM 模型的建立采用“独立于地形”的方式。首先，利用星载 GPS 测定的卫星轨道参数及恒星相机、惯性测量单元(inertial measurement unit, IMU)测定的姿态参数建立严格物理模型；然后，利用严格物理模型生成大量均匀分布的虚拟地面控制点，再利用这些控制点估出 RPC 参数，其实质是利用 RFM 模型拟合严格物理模型。

RPC 参数对于每幅影像都是唯一的，它作为影像元数据的一部分提供给用户，主要有两种文件数据格式：一种是 GeoTIFF 数据文件格式，对应 GeoTIFF 影像文件的 RPC 数据以 ASCII 文本文件存储，每个数值一行，并采用换行(line feed, LF)或回车(carriage return, CR)终止符，如图 4.8 所示；另一种是 NITF 数据文件格式，其 NITF 格式影像数据也定义了表示像方坐标与物方坐标关系的有理函数模型的系数和标准化参数。

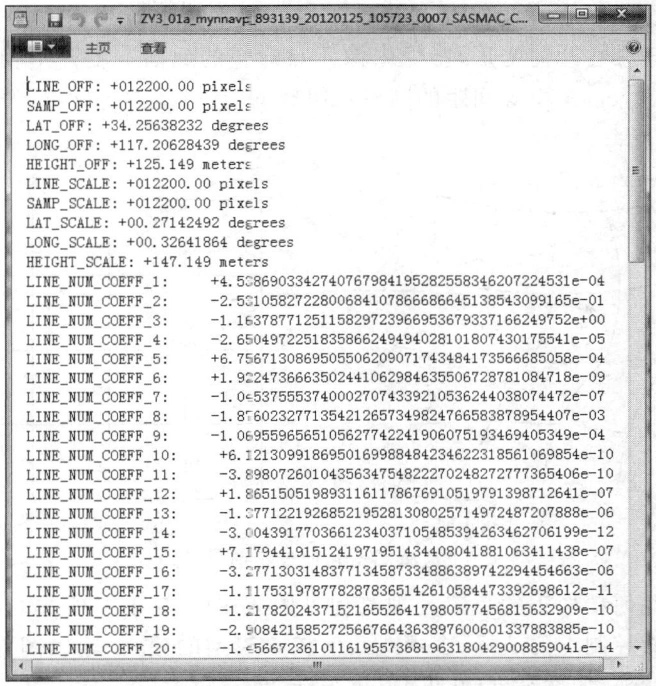

图 4.8　ZY-3 卫星图像 GeoTIFF 数据格式的 RPC 文件

2. 多项式模型

遥感图像的几何变形由多种因素引起，其变化规律十分复杂。为此，把遥感图像的总体变形看作是平移、缩放、旋转、偏扭、弯曲，以及更高层次基本变形综合作用的结果，难以用一个严格的数学表达式来描述，而是用一个适当的多项式来描述几何校正前后图像相应点之间的坐标关系。利用多项式模型对遥感影像进行几何校正，它回避了成像的空间几何过程，而直接对图像变形进行数学模拟。以二维 2 阶多项式为例，几何校正模型的数学表达式为

$$\left.\begin{aligned} x &= \sum_{i=0}^{2}\sum_{j=i+1}^{2} a_{ij}X^{i}Y^{j} = a_{00} + a_{01}Y + a_{02}Y^{2} + a_{10}X + a_{11}XY + a_{20}X^{2} \\ y &= \sum_{i=0}^{2}\sum_{j=i+1}^{2} b_{ij}X^{i}Y^{j} = b_{00} + b_{01}Y + b_{02}Y^{2} + b_{10}X + b_{11}XY + a_{20}X^{2} \end{aligned}\right\} \tag{4.7}$$

式中，x、y 为像点的图像坐标，X、Y 为同名地物点的地面（或地图）坐标，a_{ij}、b_{ij} 为多项式系数。三维多项式是二维的扩展，增加了与地形起伏有关的 Z 坐标。

该方法利用带地面控制点的图像坐标和地图坐标的对应关系，近似地确定所给的图像坐标系和对应输出的地图坐标系之间的坐标变换式。坐标变换式的系数可利用地面控制点的图像坐标值和地图坐标值联立方程，基于最小二乘法估算得到。具体应用见 4.3 节。

4.2.3　基于多项式模型的几何精校正

多项式几何校正模型以其原理直观、计算简单、与传感器类型无关等优点而被广泛使用，对相对平坦地区的遥感图像具有足够高的校正精度。该模型不但普遍适用于各种类型传感器获取的遥感影像几何校正，而且可用于从图像到地图的几何校正，还可用于图像到图像的几何配准。图 4.9 是遥感图像几何校正前后对比示意图，其中每个网格（实线）表示一个像元，虚线

交点(网格中心)为像元中心。几何校正前的图像看起来是由行列整齐的等间距像元点组成的,但是实际上,由于存在几何变形,影像中像元点对应的地面宽度并不相等,如图 4.9(a)所示。几何校正后的图像也是由等间距的网格点组成的,且以地面为标准,符合某种投影的均匀分布,如图 4.9(b)所示。

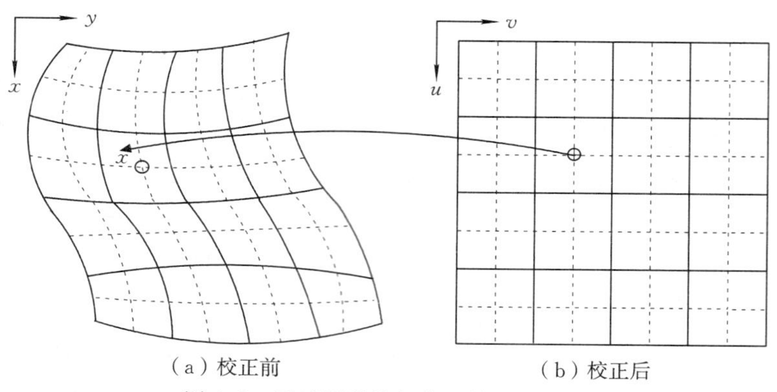

图 4.9 遥感图像几何校正前后的对比

遥感数字图像几何精校正的一般处理流程见图 4.10。基于多项式的遥感图像几何精校正主要步骤包括地面控制点的选择、多项式几何校正模型的建立、输出图像边界范围的确定、逐像元的几何位置变换、像元亮度(灰度)值重采样。

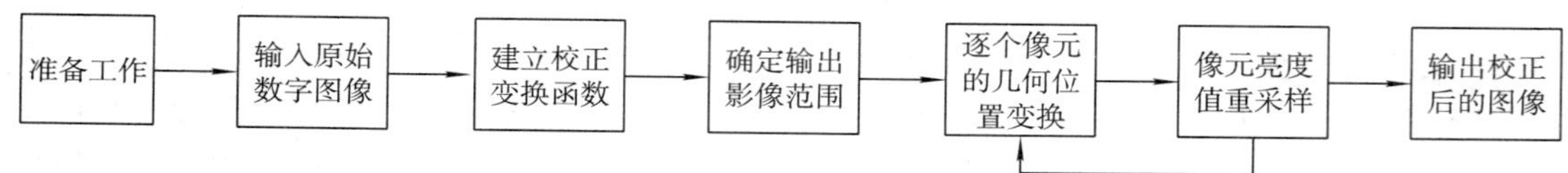

图 4.10 遥感数字图像几何精校正的一般处理流程

1. 选择地面控制点

在原始存在几何畸变的图像空间与标准空间寻找控制点对。地面控制点应该在图像上有明显清晰的定位识别标志,地面控制点上的地物不随时间而变化,地面控制点应当均匀分布在整幅图像内,且要有一定的数量。

控制点数目的最小值取决于几何校正模型未知系数的个数。对于常用的二维多项式方法而言,1 阶多项式有 6 个系数,需要 6 个方程才能求解,故需 3 个地面控制点的 3 对坐标值,即 6 个坐标数值;2 阶多项式有 12 个系数,见式(4.7),至少需要 12 个方程才能联立求解(6 个控制点);3 阶多项式有 20 个系数,至少需要 10 个控制点;以此类推,k 阶多项式控制点的最少数目为 $(k+1)(k+2)/2$。

地面控制点的数量、分布和精度直接影响几何校正的效果。控制点的精度和选取的难易程度与图像的质量、地物的特征及图像的空间分辨率密切相关。

2. 建立多项式几何校正模型

地面控制点确定后,要在原始畸变图像与参考图像或地图上分别读出各个控制点对在图像上的像元坐标 (x,y) 及其标准地图或参考图像上的坐标 (X,Y)。在此基础上,应用多项式几何校正模型,建立图像坐标 (x,y) 与其参考坐标 (X,Y) 之间的关系式,利用地面控制点对数据按最小二乘法回归求出多项式系数,计算每个地面控制点的均方根误差(root mean square error, RMSE)

$$\text{RMSE}=\sqrt{(x'-x)^2+(y'-y)^2} \tag{4.8}$$

式中，x、y 为地面控制点在原始畸变图像中的坐标，x'、y' 为由多项式模型计算得到的相应控制点的估算坐标。

通过计算各控制点的均方根误差，既可检查有无较大误差的地面控制点，又可得到累积的总体均方根误差。用户可指定一个可以接受的最大总均方根误差，若控制点的实际总均方根误差超过这个值，则需对控制点进行更新操作（删除较大均方根误差的地面控制点、调整已有控制点、重新选取新的控制点等），必要时重新确定多项式阶数。多项式阶数的确定，取决于对图像中几何变形程度的认识。如果变形不复杂，那么1阶多项式就可以满足要求，并非多项式的阶数越高，纠正的精度越高。

3. 确定输出图像边界范围

输出图像的边界范围，指的是在计算机存储器中为输出图像所开出的储存空间大小，以及该空间边界（首行、首列、末行和末列）的地图或地面坐标定义值。如图4.11所示，将原始图像的4个角点 a、b、c、d 按几何校正变换函数投影到参考坐标系统中去，得到8个坐标值：$(X_{a'},Y_{a'})$、$(X_{b'},Y_{b'})$、$(X_{c'},Y_{c'})$、$(X_{d'},Y_{d'})$，对这8个坐标值按 X 和 Y 两个坐标组分别求其最小值 $(X_{\min},Y_{\min})$ 和最大值 $(X_{\max},Y_{\max})$，即

$$\left.\begin{aligned} X_{\min}&=\min(X_{a'},X_{b'},X_{c'},X_{d'})\\ X_{\max}&=\max(X_{a'},X_{b'},X_{c'},X_{d'})\\ Y_{\min}&=\min(Y_{a'},Y_{b'},Y_{c'},Y_{d'})\\ Y_{\max}&=\max(Y_{a'},Y_{b'},Y_{c'},Y_{d'}) \end{aligned}\right\} \tag{4.9}$$

并令 $X_{\min}$、$Y_{\min}$、$X_{\max}$、$Y_{\max}$ 为几何校正后图像输出范围4条边界的地图坐标值。

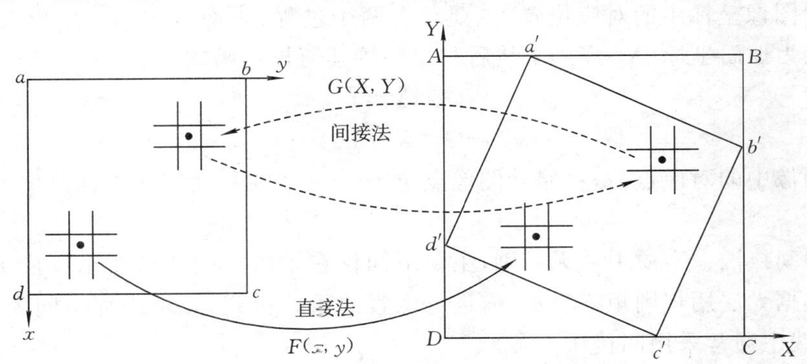

图4.11　直接成图法与间接成图法

为了把输出图像的边界范围转换为计算机中图像存储的数组空间，必须在其中划分出格网，每个网点代表一个输出像元，为此，要根据精度要求定义输出像元的地面尺寸 ΔX 和 ΔY。与此同时，如图4.11所示，以边界范围左上角 A 点为输出数字图像的坐标原点；以 AD 边为输出图像坐标系的 u 坐标轴，表示图像行号；以 AB 边为 v 坐标轴，表示图像列号；则输出图像总的行数 $N'_l=(Y_{\max}-Y_{\min})/\Delta Y+1$，输出图像总的列数 $N'_s=(X_{\max}-X_{\min})/\Delta X+1$。至此，在输出图像坐标系 (u,v) 中，每个像元都可以其所在的行列号来确定其位置，行列号取值范围为：$u\in\{1,2,3,\cdots,N'_l-1,N'_l\}$，$v\in\{1,2,3,\cdots,N'_s-1,N'_s\}$。

4. 逐像元的几何位置变换

逐像元的几何位置变换，其目的是解出原始图像与输出图像的点位对应关系。图像几何

校正变换函数一般仅表示原始图像坐标 (x,y) 和地面坐标 (X,Y) 之间的关系，为了进一步表达原始图像与输出图像坐标之间的关系，则需要把地面坐标转换为输出图像坐标 (u,v)。对于原始图像的 p 点 (x_p,y_p)，多项式几何校正后的地面坐标为 (X_p,Y_p)，校正后的图像行列号表示为 (u_p,v_p)，则地面坐标与输出图像坐标之间的转换关系可表示为

$$\left.\begin{aligned} u_p &= (Y_{\max} - Y_p)/\Delta Y + 1 \\ v_p &= (X_p - X_{\min})/\Delta X + 1 \end{aligned}\right\} \tag{4.10}$$

或

$$\left.\begin{aligned} X_p &= X_{\min} + (v_p - 1)\cdot\Delta X \\ Y_p &= Y_{\max} - (u_p - 1)\cdot\Delta Y \end{aligned}\right\} \tag{4.11}$$

在输出图像边界及其坐标系统确立后，就可以按照几何校正变换函数把原始遥感图像逐个像元变换到输出图像存储的数组空间中去。一般有两种方案可供选择：直接成图法（正解法）和间接成图法（反解法），如图 4.11 所示，其中 $F(x,y)$、$G(X,Y)$ 分别表示直接、间接几何校正变换函数。

直接成图法是从原始图像阵列出发，按行列的顺序对原始图像中的各像元 p 坐标 (x_p, y_p)，利用直接几何校正函数依次求其在地面坐标系中的正确位置。

$$\left.\begin{aligned} X_p &= F_X(x_p,y_p) \\ Y_p &= F_Y(x_p,y_p) \end{aligned}\right\} \tag{4.12}$$

并通过式(4.10)将地面坐标 (X_p,Y_p) 转换为输出图像坐标 (u_p,v_p)，同时把该像元的亮度值移置到输出图像中的相应点位 (u_p,v_p) 上去。

间接成图法是从空白的输出图像阵列出发，按行列的顺序依次对输出图像中的各像元 p 反求其在原始图像坐标中的对应位置，主要包含两个过程：先通过式(4.11) 将输出图像坐标 (u_p,v_p) 转换为地面坐标 (X_p,Y_p)，然后利用间接几何校正函数

$$\left.\begin{aligned} x_p &= G_x(X_p,Y_p) \\ y_p &= G_y(X_p,Y_p) \end{aligned}\right\} \tag{4.13}$$

求其在原始图像中的对应点位，将原始图像点位 (x_p,y_p) 的灰度值取出并赋值给输出图像像元 (u_p,v_p)。

直接法和间接法在本质上并无差别，主要不同仅在于所用的几何校正变换函数不同。直接法得到的数据无法用规则矩阵表示，需进行像素的重新排列，要求内存空间大，计算时间也长，所以在实践中通常采用间接法方案。

5. 像元高度(灰度)值重采样

此处以间接成图法为例进行介绍。对于输出的校正后图像中的像元 (u_p,v_p)，通过间接成图法，反解得到其对应于原始图像中对应点位 (x_p,y_p)，分别用 $g(u_p,v_p)$、$f(x_p,y_p)$ 表示输出图像中的像元 (u_p,v_p)、原始图像中的点位 (x_p,y_p) 的属性值，则可将 $f(x_p,y_p)$ 取出填回至输出图像中的相应像元 (u_p,v_p) 中去，即有 $g(u_p,v_p)=f(x_p,y_p)$。

若输出图像阵列中的像元 (u_p,v_p) 在原始图像中的投影点位坐标值 (x_p,y_p) 为整数时，则可简单地将整数点位上的原始图像的已有灰度值直接取出赋给输出图像。但如果该投影点位的坐标值 (x_p,y_p) 不为整数时，原始图像阵列中该非整数点位上并无现成的亮度存在，则需根据此投影点位的周围邻近像元的灰度值进行插值，从而获得该非整数点位的灰度值 $f(x_p,y_p)$，这个过程称为数字图像的灰度重采样。

图像亮度(灰度)值重采样时,周围像元亮度值对被采样点(非整数点位)贡献的权可用重采样函数来表达。理想的重采样函数是如图 4.12 所示的辛克(sinc)函数,其横轴上各点的幅值代表了相应点对其原点处亮度贡献的权。但由于辛克函数是定义在无穷域上的,又包括三角函数的计算,实际使用不方便,因此采用了一些近似函数代替它。常用的灰度重采样方法有最近邻法、双线性内插法和三次卷积内插法。最近邻法和双线性内插法函数模型简单,计算速度快,但插值效果不如三次卷积内插法。

(1)最近邻法。最近邻法是最简单的方法,它将投影点位 (x_p, y_p) 的灰度值简单地指定为与其最邻近的输入像元值,如图 4.13 所示,每个投影点位(实心黑点表示)由其最近的像元来确定,$[x_p]$、$[y_p]$ 分别表示不大于 x_p 和 y_p 的整数。在 IDL 编程中,可利用 FIX 函数(返回浮点的整数部分),取 $x'_p = \mathrm{FIX}(x_p + 0.5)$、$y'_p = \mathrm{FIX}(y_p + 0.5)$ 处的像元值作为重采样值,即有 $g(u_p, v_p) = f(x_p, y_p) = f(x'_p, y'_p)$。

最近邻法的优点是计算简便,处理速度快,而且可以采样时像元灰度值保持不变。但这种方法校正输出的图像上可能会有地物不连贯的现象发生,当相邻像元的灰度值差异较大时,如线性地物特征等,可能会产生较大的偏差。

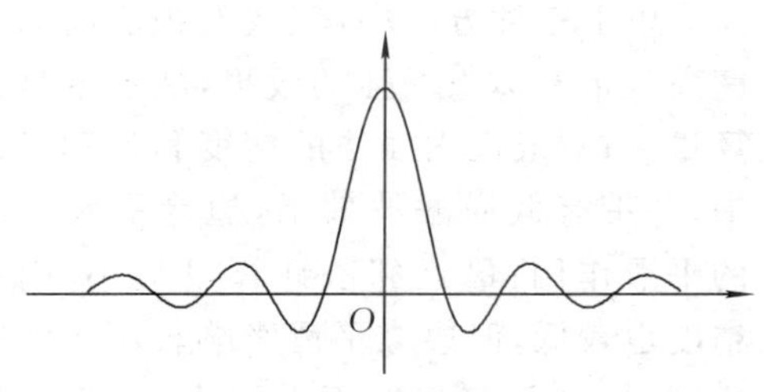

图 4.12　辛克函数

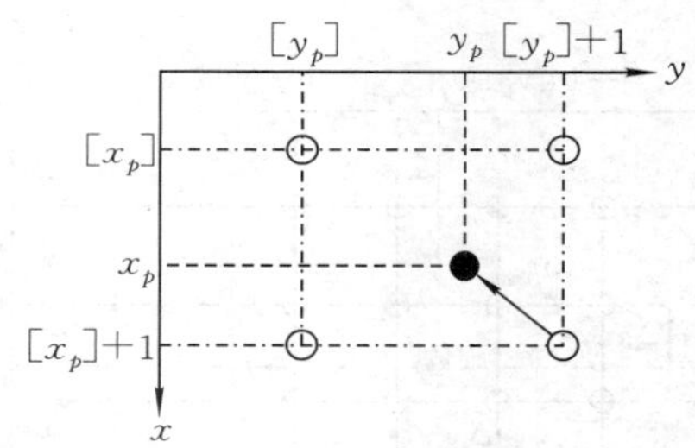

图 4.13　最近邻法

(2)双线性内插法。双线性内插法是采用内插点的四邻域像元进行加权获得内插值的一种方法,如图 4.14 所示。对于内插点位 (x_p, y_p),令$[x_p] = \mathrm{FIX}(x_p)$、$[y_p] = \mathrm{FIX}(y_p)$,则与该投影点位最邻近 4 个像元值为:$([x_p], [y_p])$、$([x_p], [y_p]+1)$、$([x_p]+1, [y_p])$、$([x_p]+1, [y_p]+1)$,通过计算四邻域像元的加权平均值即可获得内插值。像元距离内插点位越近,权重就越大。令 $\Delta x = x_p - [x_p]$,$\Delta y = y_p - [y_p]$,双线性内插计算公式为

$$f(x_p, y_p) = [1-\Delta x \quad \Delta x]\begin{bmatrix} f([x_p],[y_p]) & f([x_p],[y_p]+1) \\ f([x_p]+1,[y_p]) & f([x_p]+1,[y_p]+1) \end{bmatrix}\begin{bmatrix} 1-\Delta y \\ \Delta y \end{bmatrix} \tag{4.14}$$

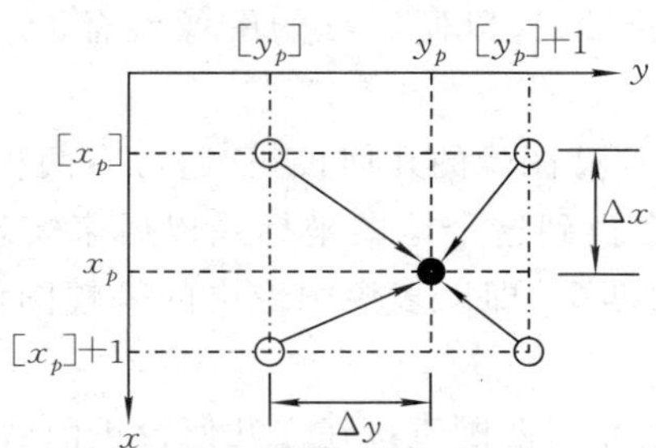

图 4.14　双线性内插法

与最近邻法相比,双线性内插法中每个输出像元值都是在四邻域像元值的基础上得来的,不连贯现象有明显改善,输出图像整体看上去比较自然。

(3)三次卷积内插法。三次卷积内插法是利用多项式 $\omega(t)$ 逼近理想的重采样函数(辛克函数)进行计算的,其数学表达式为

$$\omega(t)=\begin{cases}1-2t^2+|t|^3 & \text{当 } 0\leqslant|t|\leqslant 1\\ 4-8|t|+5|t|^2-|t|^3 & \text{当 } 1\leqslant|t|\leqslant 2\\ 0 & \text{当 } 2\leqslant|t|\end{cases} \tag{4.15}$$

三次卷积内插法需要 16 个邻域像元参加计算;对于内插点位 (x_p,y_p),令 $[x_p]=\mathrm{FIX}(x_p)$、$[y_p]=\mathrm{FIX}(y_p)$,则参与三次卷积内插的 16 个邻域像元坐标表示如图 4.15 所示;内插灰度值计算公式为

$$f(x_p,y_p)=[\omega(-1-\Delta x)\quad \omega(-\Delta x)\quad \omega(1-\Delta x)\quad \omega(2-\Delta x)]\cdot$$
$$\begin{bmatrix} f([x_p]-1,[y_p]-1) & f([x_p]-1,[y_p]) & f([x_p]-1,[y_p]+1) & f([x_p]-1,[y_p]+2)\\ f([x_p],[y_p]-1) & f([x_p],[y_p]) & f([x_p],[y_p]+1) & f([x_p],[y_p]+2)\\ f([x_p]+1,[y_p]-1) & f([x_p]+1,[y_p]) & f([x_p]+1,[y_p]+1) & f([x_p]+1,[y_p]+2)\\ f([x_p]+2,[y_p]-1) & f([x_p]+2,[y_p]) & f([x_p]+2,[y_p]+1) & f([x_p]+2,[y_p]+2)\end{bmatrix}\cdot$$
$$[\omega(-1-\Delta y)\quad \omega(-\Delta y)\quad \omega(1-\Delta y)\quad \omega(2-\Delta y)]^{\mathrm{T}} \tag{4.16}$$

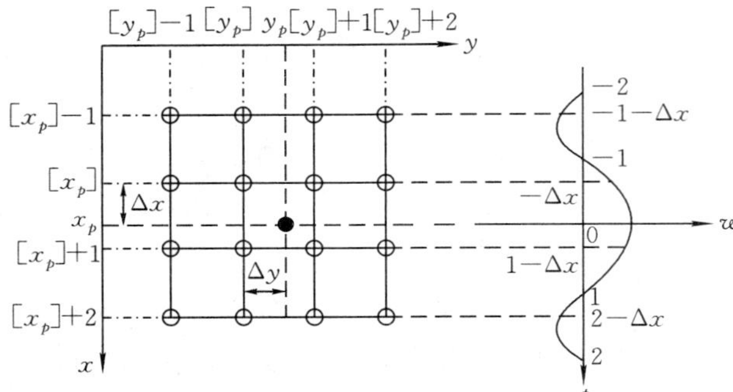

图 4.15 三次卷积内插法

以上三种方法中,三次卷积法内插精度高且带有边缘增强的效果,缺点就是计算量大;双线性内插法的精度和计算量适中,并带有低通滤波效果,边缘受到一定的平滑作用;最近邻法计算量最小,内插精度也较低,但边缘平滑影响较小。实际应用中,当几何变形不太严重时,可使用双线性内插法或最近邻法,以节省计算量;但当变形比较严重时,可使用三次卷积内插法,以保证输出图像质量。

4.3 遥感图像配准

图像配准(image registration)是对取自不同时间、不同传感器或不同视角的同一场景的两幅图像或者多幅图像匹配的过程,以便后续的图像融合、变化检测等多源数据的处理与分析。

遥感图像配准的实质就是遥感图像的几何校正,通常有两种方式:一是绝对配准,即选择某个地图坐标系,将多源图像变换到这个地图坐标系以后来实现坐标系的统一,如 4.2 节和 4.3 节所述;二是图像间的相对匹配,即以多源图像中的一幅图像为参考图像,其他图像与之配准,其坐标系是任意的。

与绝对配准不同,图像间的相对匹配直接建立几何校正前后图像之间的几何变换函数,则直接成图法公式(4.12)可改写为

$$[u,v]=[F_u(x,y),F_v(x,y)] \tag{4.17}$$

式中,(u,v) 为变换后图像像元的坐标,(x,y) 为原始图像中像元的坐标,F_u、F_v 为唯一确定

空间变换的映射函数，它们唯一地定义了校正前后图像各点之间的几何对应关系。相应地，间接成图法公式(4.13)可改写为

$$[x,y]=[G_x(u,v),G_y(u,v)] \tag{4.18}$$

图像间的相对配准通常采用多项式校正法，用一个适当的多项式来模拟图像间的相互变形。配准的过程分两步：第一，在多源图像上确定分布均匀，足够数量的图像同名点；第二，通过所选择的图像同名点解算几何变换的多项式系数，通过几何变换完成一幅图像对另一幅图像的几何配准。

代码 4.1 是利用多项式几何校正模型进行遥感图像配准的应用示例，运行结果如图 4.16 所示。具体过程如下：

(1)输入待校正图像和参考图像，并进行图像显示，见第 7 行至第 17 行，这里待校正图像是从图 2.27 所示的航空 AVIRIS 数据中裁剪得到的，且输入图像均是单波段图像。

(2)输入控制点对信息，供模型参数求解使用，见第 20 行至第 30 行。控制点对可采用交互式输入，也可运用特征点自动提取与匹配算法(如 ENVI_AUTO_TIE_POINTS_DOIT)获得。

(3)利用 IDL 库函数中的 POLYWARP 过程求解多项式几何校正模型参数，POLYWARP 代码具体可查看 IDL 安装目录下的 LIB 文件夹中的 polywarp.pro 文件。根据控制点对估算多项式几何校正模型参数后计算校正后图像 4 个角点的坐标，确定校正后图像的大小，见代码第 33 行至第 77 行。

(4)利用间接成图法，求解校正后图像每个像元映射至校正前图像中的位置，并利用重采样方法确定该像元的属性值，见第 79 行至第 97 行，这里采用的是最近邻重采样方法。

(5)输出校正后图像，并进行图像显示，如图 4.16(c)所示。

代码 4.1　基于多项式模型的遥感图像配准示例

```
1   ; 输入
2   ; Image_Warp:  待校正图像
3   ; Image_Base:  参考图像
4   PRO GeoCorrectionPoly_Demo, Image_Warp, Image_Base
5
6
7     ; 显示待校正图像
8     ImageSize_Warp = SIZE (Image_Warp, /DIMENSIONS)
9     WINDOW, 1, XSIZE = ImageSize_Warp[0], YSIZE = ImageSize_Warp[1], $
10      TITLE = 'Warp Image'
11    TV, Image_Warp;
12
13    ; 显示参考图像
14    ImageSize_Base = SIZE (Image_Base, /DIMENSIONS)
15    WINDOW, 0, XSIZE = ImageSize_Base[0], YSIZE = ImageSize_Base[1], $
16      TITLE = 'Reference Image'
17    TV, Image_Base
18
19
20    ; 输入控制点对
21    ; WSET,0
```

续代码

```
; CURSOR, Point_Base_Sample_1, Point_Base_Line_1, /DEVICE
; WSET,1
; CURSOR, Point_Warp_Sample_1, Point_Warp_Line_1, /DEVICE
;待校正图像上的控制点坐标
Point_Warp_Sample = [16, 152.5, 74, 118.5, 85, 125.5]
Point_Warp_Line = [70, 42, 45.5, 25.5, 75, 47]
;参考图像上的控制点坐标
Point_Base_Sample = [35, 74, 69.5, 97, 28.5, 67]
Point_Base_Line = [17, 225, 106, 173, 122.5, 184]


;确定输出图像的大小
;直接成图法
POLYWARP, Point_Base_Sample, Point_Base_Line, Point_Warp_Sample, $
  Point_Warp_Line, 1, PP, QQ

Input_Samples_1 = 1
Input_Samples_2 = ImageSize_Warp[0]
Input_Samples_3 = 1
Input_Samples_4 = ImageSize_Warp[0]
Input_Lines_1 = 1
Input_Lines_2 = 1
Input_Lines_3 = ImageSize_Warp[1]
Input_Lines_4 = ImageSize_Warp[1]

ImageSize_Output = INTARR(1,2)
Output_Samples_1 = TOTAL(PP * [[1,Input_Lines_1],[Input_Samples_1, $
  Input_Samples_1 * Input_Lines_1]])
Output_Samples_2 = TOTAL(PP * [[1,Input_Lines_2],[Input_Samples_2, $
  Input_Samples_2 * Input_Lines_2]])
Output_Samples_3 = TOTAL(PP * [[1,Input_Lines_3],[Input_Samples_3, $
  Input_Samples_3 * Input_Lines_3]])
Output_Samples_4 = TOTAL(PP * [[1,Input_Lines_4],[Input_Samples_4, $
  Input_Samples_4 * Input_Lines_4]])
Output_Samples_MIN = FIX(MIN([Output_Samples_1,Output_Samples_2, $
  Output_Samples_3,Output_Samples_4]))
Output_Samples_MAX = FIX(MAX([Output_Samples_1,Output_Samples_2, $
  Output_Samples_3,Output_Samples_4]))
ImageSize_Output[0] = Output_Samples_MAX - Output_Samples_MIN + 1
Output_Samples = INDGEN(ImageSize_Output[0]) + Output_Samples_MIN

Output_Lines_1 = TOTAL(QQ * [[1,Input_Lines_1],[Input_Samples_1, $
  Input_Samples_1 * Input_Lines_1]])
Output_Lines_2 = TOTAL(QQ * [[1,Input_Lines_2],[Input_Samples_2, $
  Input_Samples_2 * Input_Lines_2]])
Output_Lines_3 = TOTAL(QQ * [[1,Input_Lines_3],[Input_Samples_3, $
  Input_Samples_3 * Input_Lines_3]])
Output_Lines_4 = TOTAL(QQ * [[1,Input_Lines_4],[Input_Samples_4, $
  Input_Samples_4 * Input_Lines_4]])
Output_Lines_MIN = FIX(MIN([Output_Lines_1,Output_Lines_2, $
```

续代码

```
    Output_Lines_3,Output_Lines_4]))
  Output_Lines_MAX = FIX(MAX([Output_Lines_1,Output_Lines_2, $
    ImageSize_Output[1] = Output_Lines_MAX - Output_Lines_MIN + 1
  Output_Lines = INDGEN(ImageSize_Output[1]) + Output_Lines_MIN

  Image_Output = BYTARR(ImageSize_Output[0],ImageSize_Output[1])

  ;间接成图法
  POLYWARP, Point_Warp_Sample, Point_Warp_Line, Point_Base_Sample, $
    Point_Base_Line, 1, P, Q
  ;循环
  FOR i = 0,ImageSize_Output[0] - 1 DO BEGIN
    Point_Output_Sample = Output_Samples(i)
    FOR j = 0,ImageSize_Output[1] - 1 DO BEGIN
      Point_Output_Line = Output_Lines(j)
      Point_Input_Sample = TOTAL(P * [[1,Point_Output_Line], $
        [Point_Output_Sample,Point_Output_Sample * Point_Output_Line]])
      Point_Input_Line = TOTAL(Q * [[1,Point_Output_Line], $
        [Point_Output_Sample,Point_Output_Sample * Point_Output_Line]])
      Tmp_Sample = FIX(Point_Input_Sample)
      Tmp_Line = FIX(Point_Input_Line)
      IF Tmp_Sample GE 1 && Tmp_Sample LE ImageSize_Warp[0] $
        && Tmp_Line GE 1 && Tmp_Line LE ImageSize_Warp[1] THEN $
        Image_Output(i,j) = Image_Warp(Tmp_Sample - 1,Tmp_Line - 1)
    ENDFOR
  ENDFOR

  WINDOW, 3, XSIZE = ImageSize_Output[0], YSIZE = ImageSize_Output[1], $
    TITLE = 'Output Image'
  TV, Image_Output

END
```

（a）校正前图像

（b）参考图像

（c）校正后图像

图 4.16　代码 4.1 的运行结果

当然，我们也可以调用 ENVI 的 DOIT 类函数 ENVI_REGISTER_DOIT 实现遥感图像的配准，其调用格式如下：

```
ENVI_DOIT, 'ENVI_REGISTER_DOIT' [, B_FID = file ID] [, BACKGROUND = integer] [, DEGREE = value] [, /IN_MEMORY] [, METHOD = {0 | 1 | 2 | 3 | 4 | 5 | 6 | 7 | 8}] [, OUT_BNAME = string array] [, OUT_NAME = string] [, PIXEL_SIZE = array] [, PROJ = structure], PTS = array [, R_FID = variable], W_DIMS = array, W_FID = file ID, W_POS = array [, X0 = value] [, XSIZE = value] [, Y0 = value] [, YSIZE = value] [, /ZERO_EDGE]
```

其中 B_FID、R_FID、W_FID 分别指参考图像、输出图像、待校正图像的文件标识，BACKGROUND 是背景值，DEGREE 是多项式的级数，IN_MEMORY 用来指定将输出结果保存在内存中，METHOD 用来指定几何校正方法及重采样方法，OUT_BNAME 用来定义输出波段的名称，OUT_NAME 是输出结果的文件名，PTS 是一个用以存储控制点对的双精度数组，PIXEL_SIZE 和 PROJ 只有在绝对配准（也就是图像到地图的几何校正）中使用，分别用来定义像元大小和地图投影类型。

4.4 遥感图像镶嵌

单景遥感图像覆盖范围是有限的，对于高空间分辨率卫星图像、无人机图像尤其如此。很多情况下，需将多幅图像无缝拼接成一幅完整的包含研究区域的图像，这就是图像镶嵌（image mosaic）。通过镶嵌处理，可以获得覆盖更大范围的对地观测的遥感图像。

参与镶嵌的遥感图像可以是不同时相同一传感器采集获取的，也可是不同时相不同传感器获取的图像，但须满足以下条件：图像之间有一定的重叠度、图像波段数相同、多源图像经几何配准且地图投影类型相同。

此外，由于受图像采集时间的差异、传感器本身性能等因素的影响，参与镶嵌的图像的对比度和亮度值会有差异，因此，为了使得镶嵌输出的图像反差一致、色调相近、没有明显的接缝线，有必要对参与镶嵌的各图像在全幅或重叠区域上进行色彩匹配。整幅图像八间的色彩匹配可用直方图匹配等处理方法处理，详见第 6 章的内容。重叠区域内的颜色处理常用的方法有：

（1）取重置在前的图像灰度值作为输出图像的灰度值。

（2）取重叠区域内所有图像的灰度值的最小值（或最大值或均值）作为输出图像的灰度值。

（3）采用边缘羽化方法。根据指定的羽化距离，沿着图像的边缘，取重叠区域内所有图像的灰度值的加权平均值作为输出图像的灰度值，以达到适当模糊镶嵌图像接缝的目的。边缘使用线性阶跃过渡方式进行调和，即按指定的距离来对图像进行均衡化处理，如图 4.17 所示。若指定的距离为 100 个像元，那么在边缘处以 0％的顶部图像和 100％的底部图像进行加权平均，作为输出图像的灰度值；当距离边缘线大于或等于指定距离（100 个像元）时，以 100％的顶部图像和 0％的底部图像进行加权平均，作为输出图像的灰度值；在距边缘线 50 个像元的距离处，以顶部和底部图像各 50％进行加权平均，作为输出图像的灰度值。

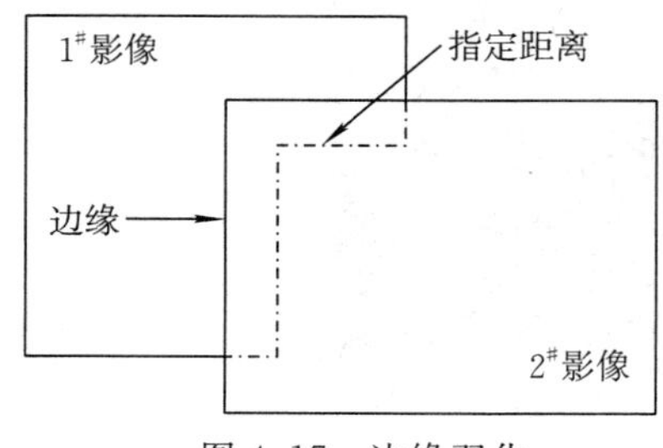

图 4.17　边缘羽化

(4)采用切割线羽化方法。不再根据图像边缘进行羽化，而是由用户指定一条切割线，与边缘羽化类似，距切割线的一定距离作为缓冲区，在缓冲区内以到切割线的距离作为权值进行羽化。切割线可以使用线状特征(如河流或道路)来调和相邻镶嵌图像间的接缝，或其他任何用户指定的折线。

遥感图像镶嵌的 ENVI DOIT 类函数是 MOSAIC_DOIT，调用格式如下：

```
ENVI_DOIT, 'MOSAIC_DOIT' [, BACKGROUND = integer], DIMS = array, FID = file ID [, /GEOREF] [, /IN_
MEMORY] [, MAP_INFO = structure] [, OUT_BNAME = string array], OUT_DT = {1 | 2 | 3 | 4 | 5 | 6 | 9 | 12
| 13 | 14 | 15}, OUT_NAME = string, PIXEL_SIZE = array, POS = array [, R_FID = variable] [, /SEE_
THROUGH_VAL], USE_SEE_THROUGH = array, XSIZE = integer, X0 = array, YSIZE = integer, Y0 = array
```

其中 BACKGROUND 是背景值；DIMS 是一个由 5 个元素组成的数组，用以定义处理图像的起始和终止行列号；FID 用以定义参与镶嵌的图像文件标识，是一个长整型数组；GEOREF 关键字设置表示参与镶嵌的图像是有地理参考的，此时须同时定义 MAP_INFO 关键字；IN_MEMORY 关键字设定用来指定将输出结果保存在内存中，若没有设置此关键字，须定义输出文件名 OUT_NAME；OUT_BNAME 是一个字符串数组，用来定义输出波段的名称；OUT_DT 用来定义输出图像的数据类型，例如设值为 1 时，则输出图像的数据类型是字节型；PIXEL_SIZE 是一个由两个元素组成的数组，用来定义像元大小，默认值是[1.0, 1.0]；R_FID 表示返回输出图像的文件标识。

4.5 遥感图像裁剪

遥感图像裁剪的目的是将研究区之外的区域去除，常用的是按照行政区划边界或自然区划边界进行图像的裁剪，在基础数据生产中，还经常要做标准分幅裁剪。遥感图像裁剪主要有以下几种类型：

(1)规则裁剪。规则裁剪是指裁剪图像的边界范围是一矩形，这个矩形范围获取途径包括行列号、左上角和右下角两点坐标、图像文件、矩形的关注区(region of interest, ROI)、矩形的矢量文件。

(2)不规则裁剪。不规则裁剪是指裁剪图像的外边界范围是一个任意多边形，通过事先生成一个完整的闭合多边形区域，可以是一个手工绘制的关注区多边形，也可以是任意多边形的矢量文件。

(3)分块裁剪。分块裁剪是根据设定的大小对一幅大图像进行分块，得到一些相同大小的小幅图像，常用于设定比例尺标准分幅系列的遥感影像制图。

代码 4.2 是遥感图像规则裁剪的示例代码，选择 ENVI 自带的 bhtmref.img 作为输入图像，运行结果如图 4.18 所示。在代码 4.2 中，若执行第 25 行，则在第 30 行逐波段读取数据时只读取设置的矩形区域范围，此时第 34 行改为 data_ex＝data。

代码 4.2　遥感图像规则裁剪示例

```
1  PRO ImageClip_Rect_Demo
2
3    ；设置环境
4    COMPILE_OPT IDL2
```

续代码

```
ENVI

; 输入待裁剪的遥感图像
FName_Img = ENVI_PICKFILE(TITLE = '输入待裁剪的遥感图像', $
  FILTER = '*.img')
ENVI_OPEN_FILE, FName_Img, R_FID = fid
IF (fid EQ -1) THEN BEGIN
  PRINT, 'Error opening file ',FName_Img
  RETURN
ENDIF

; 定义矩形的左上角、右下角坐标
sample = [100, 299]
line = [200, 399]

; 查询图像头文件信息
ENVI_FILE_QUERY, fid, DESCRIP = descrip, DIMS = dims, NB = nb, NL = nl, NS = ns, $
  BNAMES = bnames, FILE_TYPE = filetype, SENSOR_TYPE = sensortype, $
  WAVELENGTH_UNITS = wavelength_units, WL = wl

; dims[1:4] = [sample[0],sample[1],line[0],line[1]]
pos   = LINDGEN(nb)
data = []
; 逐波段读取
FOR i = 0, nb - 1 DO BEGIN
  tmp = ENVI_GET_DATA(FID = fid, DIMS = dims, POS = pos[i])
  data = [[[data]],[[tmp]]]
ENDFOR

data_ex= data[sample[0]:sample[1],line[0]:line[1], * ]

nl_ex = sample[1] - sample[0] + 1
ns_ex = line[1] - line[0] + 1

; 读取地图信息，将其保存至裁剪后的图像头文件中
map_info = ENVI_GET_MAP_INFO(FID = fid)

; 存储裁剪数据
FName_Sav = ENVI_PICKFILE(TITLE = '保存裁剪后的遥感图像文件', $
  FILTER = '*.img', /OUTPUT)
ENVI_WRITE_ENVI_FILE, data_ex, BNAMES = bnames, $
  DESCRIP = STRJOIN([descrip,'cropped'],' '), $
  INTERLEAVE = 0, MAP_INFO = map_info, $
```

续代码

```
    NL = nl_ex, NS = ns_ex, NB = nb, $
    OUT_DT = datatype, OUT_NAME = FName_Sav, $
    SENSOR_TYPE = sensortype, WAVELENGTH_UNITS = wavelengthunits, $
    WL = wl, XSTART = sample[0], YSTART = line[0]

END
```

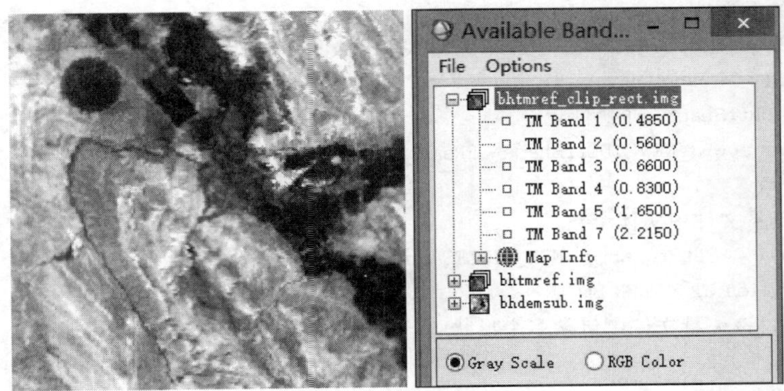

图 4.18　代码 4.2 的运行结果

代码 4.3 是基于一个多边形矢量文件的遥感图像不规则裁剪示例代码。主要过程如下：①读取有地理参考的遥感图像；②读取多边形的矢量文件；③获取多边形角点；④将多边形角点的地图坐标转换为图像文件坐标；⑤创建关注区；⑥创建掩模；⑦应用掩模输出裁剪图像。选择 ENVI 自带的 bhtmref.img 作为输入图像，自建一个多边形的矢量文件作为不规则裁剪依据，运行结果如图 4.19 所示。

代码 4.3　遥感图像不规则裁剪示例一

```
PRO ImageClip_Shp_Demo

  ; 设置环境
  COMPILE_OPT IDL2
  ENVI

  ; 错误提示
  CATCH, Error_Status
  Error_Msg = '运行过程中出现错误:'
  IF (Error_Status NE 0) THEN BEGIN
    tmp = DIALOG_MESSAGE(Error_Msg + STRING(13B) + ! ERROR_STATE.MSG, $
      /ERROR,TITLE = '错误提示')
    RETURN
  ENDIF

  ; 输入待裁剪的遥感图像
  FName_Img = ENVI_PICKFILE(TITLE = '输入待裁剪的遥感图像', $
    FILTER = '* .img')
  ENVI_OPEN_FILE, FName_Img, R_FID = fid
```

续代码

```
IF (fid EQ - 1) THEN BEGIN
  PRINT, 'Error opening file ',FName_Img
  RETURN
ENDIF
ENVI_FILE_QUERY, fid, BNAMES = bnames, DIMS = dims, NB = nb, $
  NL = nl, NS = ns

; 输入矢量文件
FName_Shp = ENVI_PICKFILE(TITLE = '输入矢量文件', $
  FILTER = '*.shp')
; 创建 IDLffShape 类的实例
ObjShape = OBJ_NEW('IDLffShape', FName_Shp)

; 获取矢量文件中实体个数
ObjShape->GetProperty, N_ENTITIES = nEntities
IF nEntities GT 1 THEN BEGIN
  PRINT, '该矢量文件中包含多个形状'
  RETURN
ENDIF

; 判断实体的类型是否是多边形
i = [0]
entity = ObjShape->GetEntity(i)

; 判断是否为多边形
IF (entity.SHAPE_TYPE NE 5) THEN BEGIN
  PRINT, '当前矢量文件不是多边形类型'
  RETURN
ENDIF

; 获取多边形顶点坐标
PolyVertices = *(entity.VERTICES)

; 转换为图像文件坐标
ENVI_CONVERT_FILE_COORDINATES, fid, XF, YF, $
  PolyVertices[0, *], PolyVertices[1, *]

; 创建关注区 ROI
roi_id = ENVI_CREATE_ROI(COLOR = 4, NS = ns, NL = nl)
ENVI_DEFINE_ROI, roi_id, /POLYGON, XPTS = REFORM(XF), YPTS = REFORM(YF)

; 获取多边形的最大外接矩形
; 矩形的左上角、右下角顶点坐标
XMin = ROUND(MIN(XF))
XMax = ROUND(MAX(XF))
YMin = ROUND(MIN(YF))
```

续代码

```
  YMax = ROUND(MAX(YF))

  ；释放内存
  ObjShape->DestroyEntity, entity

  ；销毁对象
  OBJ_DESTROY, ObjShape

  ；确定裁剪后输出图像的大小
  XMin = XMin>0
  XMax = XMax<ns-1
  YMin = YMin>0
  YMax = YMax<nl-1
  out_dims = [-1L, XMin, XMax, Ymin, YMax]

  ；创建掩模
  ENVI_MASK_DOIT, AND_OR=1, /IN_MEMORY, $
    ROI_IDS=roi_id, NS=ns, NL=nl, /INSIDE, R_FID=m_fid

  pos = LINDGEN(nb)
  m_pos = [0]

  FName_Sav = ENVI_PICKFILE(TITLE='保存裁剪后的遥感图像文件', $
    FILTER='*.img', /OUTPUT)

  ENVI_MASK_APPLY_DOIT, FID=fid, POS=pos, DIMS=out_dims, $
    M_FID=m_fid, M_POS=m_pos, VALUE=0, IN_MEMORY=0, OUT_NAME=FName_Sav

  ；释放掩模文件
  ENVI_FILE_MNG, ID=m_fid, /REMOVE

END
```

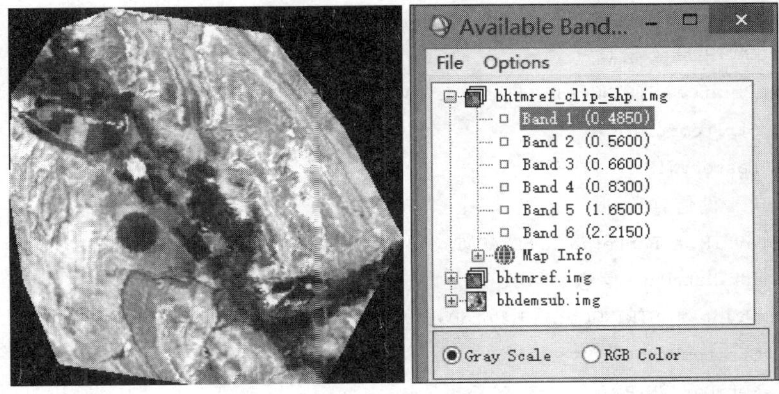

图 4.19　代码 4.3 的运行结果

代码 4.4 是通过调用 ENVI 5 及以上版本的函数或类，利用矢量文件对遥感图像进行不规则裁剪的示例代码，与代码 4.3 相比，过程更简洁些，运行结果见图 4.20。主要过程如下：

(1)执行第 6 行代码后，启动 ENVI 5 及以上版本。此处，程序是在 ENVI 5.1 环境下编写和调试的。

(2)以覆盖徐州地区的 Landsat-8 卫星图像作为示例数据，运用 OpenRaster 函数打开图像数据，执行到第 8 行，返回一个由 5 个 ENVIRaster 对象组成的数组，分别对应于 OLI 多光谱波段(包含海岸/气溶胶、蓝、绿、红、近红外以及 2 个短波红外)、全色波段、卷云波段、TIRS 的 2 个热红外波段、质量评估波段。本例中提取 OLI 多光谱波段作为待裁剪的输入图像，返回一个 ENVI 栅格对象，其命名为 RasterVNIR，见代码第 13 行。执行代码第 18 行至 23 行，打印显示 ENVI 栅格对象及其元数据的相关信息。

(3)运用 OpenVector 函数打开矢量文件，得到 ENVIVector 类的一个实例，见代码第 30 行。

(4)查询矢量文件的边界角点，并将其转换为图像文件坐标，见代码第 35 至 40 行。

(5)确定裁剪坐标后，对原始输入图像进行裁剪后，将裁剪后的图像存储至磁盘中(第 48 行)，并在视图中进行显示(第 58 行)。

代码 4.4　遥感图像不规则裁剪示例二

```
1   PRO ImageClip_Shp_ENVI5X_Demo
2
3     COMPILE_OPT IDL2
4     ; 启动 ENVI 5.X, 示例代码在 ENVI 5.1 + IDL 8.3 版本下调试
5     e = ENVI()
6
7     ; 打开 Landsat - 8 遥感图像, 轨道号/行号 = 121/036
8     FName = FILE_SEARCH('F:\BookDemo\data\LC81210362013118LGN01', '*_MTL.txt')
9     Raster = e.OpenRaster(FName)
10    ; 这里返回的 Raster 是 Objref[5], 注意 ENVI5.0 得到的是 Objref[3]
11    ; 参考 http://www.exelisvis.com/docs/MetaspectralDatasets.html
12    ; 提取 OLI 多光谱数据
13    RasterVNIR = Raster[0]
14    ; 打印 ENVIRaster 信息
15    StrItemPrint = STRING(13B) + 'RasterVNIR:'
16    PRINT, StrItemPrint
17    PRINT, RasterVNIR
18    ; 提取头文件信息
19    MetaDataVNIR = RasterVNIR.METADATA
20    ; 打印 ENVIMetaData 信息
21    StrItemPrint = STRING(13B) + 'MetaDataVNIR:'
22    PRINT, StrItemPrint
23    PRINT, MetaDataVNIR
24    ; PRINT, 'MetaDataVNIR.TAGS:', MetaDataVNIR.TAGS
```

续代码

```
  ; PRINT, MetaDataVNIR['BAND NAMES']

  ; 打开矢量文件，该矢量文件是云龙区行政区划图
  FName = FILE_SEARCH('F:\BookDemo\data\LC81210362013118LGN01', $
    'XZ_City_YL_District.shp')
  Vector = e.OpenVector(FName)
  ; Vector.Close
  ; 矢量文件的记录类型
  ; PRINT,Vector.RECORD_TYPE
  ; 获得矢量边界的左上角和右下角的地图坐标
  DataRange = vector.DATA_RANGE
  MapX = [DataRange[0],DataRange[2]]
  MapY = [DataRange[1],DataRange[3]]
  ; 将角点地图坐标转换为图像文件坐标
  SpatialRef = RasterVNIR.SPATIALREF
  SpatialRef.ConvertMaptoFile, MapX, MapY, FileX, FileY

  ; 获得裁剪区域
  sub_rect = ROUND([FileX[0]<FileX[1],FileY[0]<FileY[1], $
    FileX[0]>FileX[1],FileY[0]>FileY[1]])

  ; 存储裁剪后的图像
  FName_Subset = 'F:\BookDemo\result\ch4\LC8_XZ_YL_Subset.dat'
  e.ExportRaster, RasterVNIR, FName_Subset, 'envi', SUB_RECT = sub_rect

  ; 显示裁剪前的图像
  View = e.GetView()
  LayerRaster = View.CreateLayer(RasterVNIR)
  LayerVector = View.CreateLayer(Vector)

  ; 显示裁剪后的图像
  RasterVNIR_Subset = e.OpenRaster(FName_Subset)
  View_Subset = e.CreateView()
  LayerRaster_Subset = View_Subset.CreateLayer(RasterVNIR_Subset)

  ; 链接显示
  View_Subset.GeoLink, View

  ; e.Close

END
```

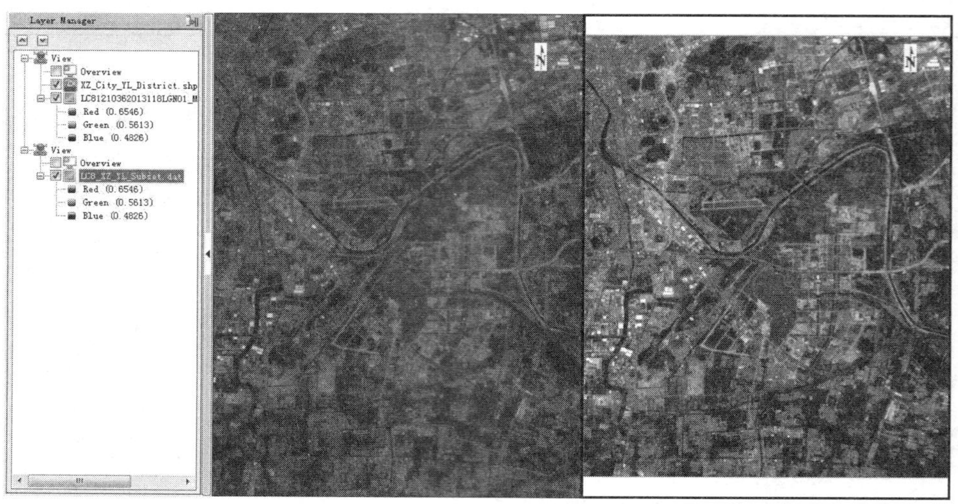

图 4.20 代码 4.4 的运行结果

思考题

1. 常用的遥感图像几何校正模型有哪些？

2. 叙述三次卷积内插法的基本原理。

3. 什么是遥感图像配准？影响遥感图像配准精度的因素主要有哪些？

4. 写出 ENVI_AUTO_TIE_POINTS_DOIT、ENVI_REGISTER_DOIT 的功能和调用格式。

5. 如何消除遥感镶嵌图像上的接缝线？

6. 试比较 MOSAIC_DOIT、ENVIMosaicRaster 的功能和调用方法。

第 5 章　遥感图像辐射校正

利用遥感传感器探测接收地表目标辐射或反射的电磁能量时，在太阳→大气→目标→大气→传感器的辐射传输过程中存在着诸多干扰因素，传感器所接收的信号不能准确反映地物目标的物理属性（光谱反射率、光谱辐亮度等），从而造成遥感图像的失真。为了正确评价目标的反射或辐射特征，必须消除这些失真。通过调整遥感图像的亮度值消除依附在辐亮度中的各种失真的过程称为辐射校正。辐射校正包括：由传感器灵敏度特性引起的系统辐射误差校正、由大气吸收或散射等引起的辐射误差校正、由太阳高度及地形等引起的辐射误差校正，见图 5.1。

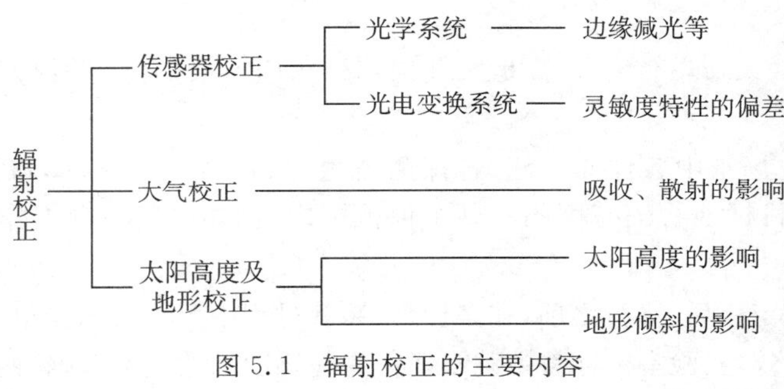

图 5.1　辐射校正的主要内容

5.1　传感器端的辐射校正

5.1.1　光学摄影机引起的辐射畸变校正

在使用透镜的光学摄影类型传感器中，由于透镜光学特性的非均匀性，在摄影面上存在着边缘部分比中心部分发暗的现象，即边缘减光。由于光学镜头中心和边缘的透射强度不一致，使同类地物在影像的不同位置上有不同的灰度值。如果光轴到摄像面边缘部的视场角为 θ，则理想的光学系统中某点的光量与 $\cos^n\theta$ 几乎成正比。利用这一性质可以进行校正，也称为 $\cos^n\theta$ 校正。

5.1.2　光电扫描仪引起的辐射畸变校正

在光电成像类型传感器中，传感器将在每个波段探测到的电磁能量经光电转换系统转化为电子信号，然后按比例量化成离散的灰度级别，仅在影像中具有相对大小的意义，没有物理意义。同一地区不同日期的遥感图像或不同传感器获取的同一地区遥感图像中可能存在偏差，需要进行传感器定标校正后才能相互比较。传感器定标就是要建立传感器每个探测元件输出的 DN 值与它所对应视场中辐亮度、反射率、亮温等物理量之间的定量关系。其中，反射率分为大气顶层表观反射率和地表实际反射率，后者通常属于大气校正的范畴。传感器定标，又称辐射定标（radiometric calibration），可分为三个阶段：实验室定标、星上定标和场地定标。

1. 实验室定标

实验室定标是传感器投入运行前，通过模拟空间环境，对波长位置、辐射精度、光谱特性等进行精确测量。实验室定标一般包含光谱定标和辐射定标两部分内容。光谱定标的目的是确定传感器各个波段的中心波长和带宽，以及光谱响应函数（spectral response function）；辐射定标根据应用要求的不同可将其分为绝对定标和相对定标。

绝对定标利用各种标准辐射源，在不同波谱段建立传感器入瞳处的辐亮度与传感器输出的数值之间的定量关系，一般用线性模型表示，即

$$L_\lambda = A_\lambda D_\lambda + B_\lambda \tag{5.1}$$

式中，L_λ 为波段 λ 的入瞳处的辐亮度，其单位为 W/(m^2 · μm · sr)；D_λ 为波段 λ 的传感器输出的量化值；A_λ 为波段 λ 的定标增益系数；B_λ 为波段 λ 的定标偏置值。传感器入瞳处各通道的表观反射率 ρ_{TOA} 表示为

$$\rho_{\mathrm{TOA}}(\lambda) = \frac{\pi L_\lambda D^2}{E_{\mathrm{SUN}}(\lambda) \cdot \cos\theta_z} \tag{5.2}$$

式中，D 是日地距离（天文单位），E_{SUN} 是大气顶层处相应波段的太阳辐照度，θ_z 是太阳天顶角的余弦。

相对定标是确定场景中各像元之间、各探测器之间、各波谱段之间，以及不同时间测得的辐亮度的相对值，将目标地物辐亮度归一某个值范围内，例如以其他数据作为基准。

2. 星上定标

传感器在实验室定标后、飞行之前，在搬运、安装等过程中可能会承受很大压力，如果这些压力使得传感器校准失效，实验室定标参数就不能作为遥感图像的定标依据；而且传感器在投入运行后，其性能通常随着光学元件和电子元件的老化及空间环境的变化而变化，故传感器定标参数也需调整。此外，场地定标设备不能完全模拟空间环境的情况，所以星上定标是十分必要的。

星上定标又称为在轨定标，通常采用内定标法，其内容和作用与实验室定标类似，利用星上搭载的辐射定标源、定标光学系统对传感器的光谱特性和绝对辐射特性加以标定，用于对遥感图像辐射校正。例如，Landsat TM 利用星上搭载的内置积分球和黑体实现可见光、近红外和热红外波段的在轨辐射标定。星上定标可对一些光学遥感实时定标，不足的是，大部分星上定标都只是部分系统和部分口径定标，没有模拟传感器的成像状态，星上定标系统也不够稳定，从而影响定标精度。

3. 场地定标

场地定标是指在传感器处于正常运行条件下，在辐射定标场地通过选择典型的均匀稳定目标，进行地面同步测量传感器过顶时的地物光谱反射率和大气环境参量，然后利用大气辐射传输模型等手段计算传感器入瞳处各波段的辐亮度，最后确定辐亮度与传感器对应输出的数字量化值 DN 之间的数量关系，求解定标系数，并估算定标不确定性。

辐射定标场地一般选择光谱响应稳定的地区。美国 NASA 和亚利桑那大学在美国的新墨西哥的白沙国家保护区、加利福尼亚爱德华空军基地的干湖床和索诺兰沙漠等处建立了辐射校正场；法国在其东南部的马赛市附近建立了 La Crau 辐射校正场；欧洲空间局在非洲撒哈拉沙漠、日本与澳大利亚北部沙漠区建立了辐射校正场。我国已建成敦煌辐射校正场和青海湖辐射校正场：敦煌辐射校正场地域开阔、地表平坦、地物类型均一稳定、大气干洁无污染、日照条件好，主要用于可见光近红外波段的校正；青海湖辐射校正场湖面开阔、湖水较深、湖中水

生物少、表面温度稳定，主要用于热红外波段的校正。常用的场地定标方法有反射率基法、辐亮度基法和辐照度基法，最常用的是反射率基法。

反射率基法是当卫星飞越实验场上空时，在地面进行地表反射比、场地上空大气消光和探空气象的同步观测，然后对这些观测数据进行处理、星—地光谱响应匹配，经辐射传输计算得到卫星传感器各通道入瞳处的表观辐亮度或表观反射率，将表观辐亮度和表观反射率分别与影像对测区测量的 DN 均值比较得到卫星相应各通道的定标系数。在实际应用中，通常将卫星过境时刻同步测量的地表反射率、气溶胶光学厚度、水汽含量等参数代入辐射传输模型(如 6S)计算大气顶层的表观辐亮度或表观反射率，然后建立其与传感器输出的 DN 值之间的线性关系后即得到定标斜率和截距。

5.1.3　其他系统辐射误差校正

若传感器不能正常工作，则传感器系统本身就会引入辐射误差，如随机坏像元、n 行条带、数据条带缺失等。

若传感器的某个探测器未记录对应像元的光谱数据，且当这种情况随机发生时，该像元就称为随机坏像元。在遥感图像中，随机坏像元往往是分散的、孤立的。去除随机坏像元通常分判定和校正两个阶段。首先，采用阈值法判定当前像元是否为随机坏像元，若当前像元亮度值与邻域像元亮度平均值之差的绝对值大于给定阈值时，则判定该像元是随机坏像元。然后，取邻域像元的亮度平均值作为坏像元校正后的亮度值。实际处理时注意将坏像元与图像本身的边缘信息区分开来，图像边缘附近、图像四周边界不进行坏像元消除。

有时候，探测器虽然在工作，但没有进行辐射调整。例如，某探测器记录的黑色深水区光谱数据比其他探测器同波段记录的亮度值大 20 左右，导致影像上会出现比邻近行更亮的行，这就是 n 行条带。为了恢复 n 行条带，首先需要确定数据的误定标扫描行，然后对非正常工作的探测器记录的所有像元值进行偏置(加或减）校正或更严格的增益(乘）校正。

对于数据条带缺失现象，以 Landsat-7 ETM＋传感器为例进行介绍。ETM＋的扫描行校正器 SLC 故障导致 2003 年 5 月 31 日之后获取的影像出现了数据条带丢失，严重影响了 ETM＋遥感影像数据的使用。目前，关于 ETM＋ SLC-off 遥感影像修复方法研究已取得了一些成果。国际科学数据服务平台[①]提供了多影像固定窗口局部回归、多影像自适应局部回归两种方案进行影像修复。两种方案均利用多景不同时相的遥感数据，采用局部回归分析方法对一景影像进行缝隙填充。所不同的是，前者回归区域的面积为固定值，后者回归区域的面积为变化值。选择局部区域面积最小、相关性最大的区域进行回归分析，影像修复质量较高，但计算效率较低。

5.2　大气校正

在可见光—短波红外光谱区，通常仅考虑太阳光的辐射传输，地球本身的热辐射可以忽略；在中红外和热红外光谱区，主要考虑地球的热辐射。本节以可见光—短波红外遥感为例，讲述大气校正的基本原理和主要方法。太阳光在到达地表目标物之前会因受到大气中分子和

① http://datamirror.csdb.cn/index.jsp。

粒子的吸收、散射作用而衰减。同样,来自目标物的反射在到达传感器之前也会被大气吸收、散射。消除由大气引起的辐射误差的处理过程称为大气校正(atmospheric correction),有绝对大气校正和相对大气校正。

5.2.1 绝对大气校正

绝对大气校正的目的是将遥感传感器记录的亮度值转换为地表实际反射率,使之能与其他地区获取的地表实际反射率进行比较和综合使用。主要有辐射传输模型、基于地面经验线性回归等方法。

1. 辐射传输模型法

理想情况下,传感器记录的能量是瞬时视场内以一定立体角离开目标地面的辐射能量;但实际情况是,其他辐射也会通过各种不同路径进入传感器,增加了到达传感器的能量,致使遥感图像的反差降低。图5.2总结了到达传感器的各种辐射路径和因子,具体描述如下:

路径①包含的是大气顶层太阳光谱辐照度(E_{s_λ}),直接照射到地面目标。注意,这里我们感兴趣的是太阳天顶角(θ_s)的太阳光谱辐照度,而且到达地面的辐照度是该角度大气透射率(T_{θ_s})的函数。

路径②包含的是天空漫射光谱辐照度(E_{d_λ})经大气散射,不会到达地面目标,而直接进入传感器,这部分能量也称为上行大气辐射(upwelling atmosphere emission)。蓝光的瑞利散射对天空漫射辐照度影响较大,所以传感器获取的蓝光波段图像通常比其他波段的图像亮。

路径③包含的是经过部分瑞利、米氏和非选择性散射,或经过部分吸收和再次发射的太阳光谱辐照度,到达地面目标,这部分能量也称为下行大气辐射(downwelling atmosphere emission)。

路径④包含的是地面目标的邻近地物反射或散射(ρ_{λ_n}),进入传感器瞬时视场的辐射。

路径⑤也是由地面目标的邻近地物反射进入大气的辐射,但又散射或反射到地面目标。

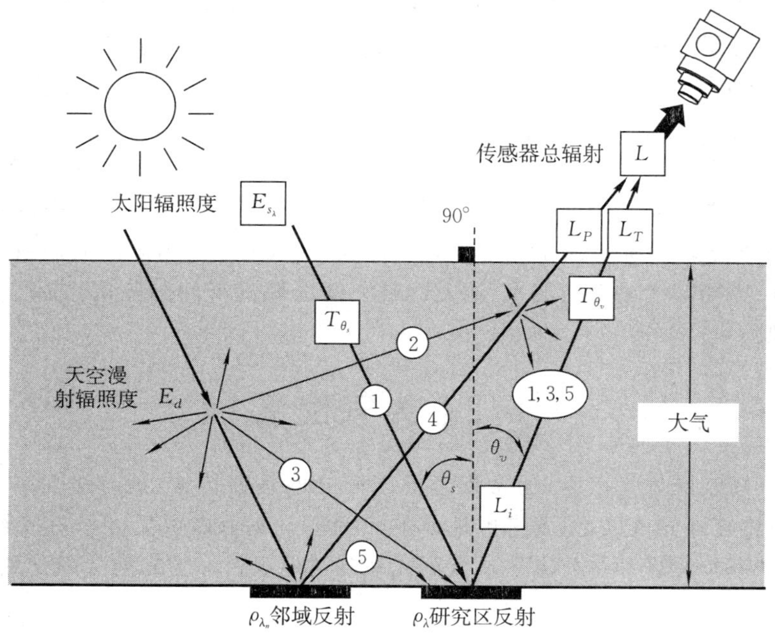

图5.2 辐射传输过程

通常传感器记录的总辐射 L 与感兴趣的地物目标返回的辐射 L_T 并不相等，这是因为有其他的辐射通过不同的路径进入传感器的瞬时视场，这通常称为程辐射(L_P，path radiance)，即有 $L=L_T+L_P$。由图 5.2 可知，程辐射主要指路径②中的天空漫射辐照度和路径④中的邻近地物反射、散射，未经地物反射、通过大气吸收后直接进入传感器的能量。

程辐射不含任何地面信息，却增加了到达卫星传感器的能量，致使遥感图像的反差降低。反差比的定义为

$$C=D_{\max}/D_{\min} \tag{5.3}$$

式中，C 为遥感图像的反差比；$D_{\max}$、$D_{\min}$ 分别为遥感图像上的最大亮度值和最小亮度值。举例说明，若有两类地物的亮度值分别为 3 和 6，其反差比为

$$C=6/3=2$$

假设程散射使亮度各增加了 3 个单位。则反差比降低至

$$C=(6+3)/(3+3)=1.5$$

散射所增加的亮度值不包含任何地面信息，却使图像的反差比降低，反差比降低则使图像的分辨率降低。低分辨率图像的空间范围比较大，图像中各处大气散射是不均匀的，因此需要进行分区校正。

在研究辐射传输原理的基础上，发展了一系列基于辐射传输模型的大气校正方法，如 1960 年的 ACORN(atmospheric correction now)、1986 年的 ATREM(atmospheric removal)、1989 年的 MODTRAN(moderate spectral resolution atmospheric transmittance)、1997 年的 6S(the second simulation of the satellite signal in the solar spectrum)、1999 年的 ATCOR (atmospheric correction)、2003 年的 FLAASH(fast line-of-sight atmospheric analysis of spectral hypercubes)等。

ACORN 大气校正的方法是基于 Chandrasekhar 1960 年推导的基于地表朗伯的多次反弹公式，它描述了太阳辐射源、大气以及地表对辐射的贡献关系，简化形式为

$$L_\lambda=\frac{E_{S_\lambda}}{\pi}\left[\rho_a(\lambda)+\frac{T_{\theta_s}(\lambda)\cdot\rho_\lambda\cdot T_{\theta_v}(\lambda)}{1-S_\lambda\cdot\rho_\lambda}\right] \tag{5.4}$$

式中，L_λ 是到达传感器的波段 λ 处的总辐射；ρ_a 是太阳光进入大气顶部后，向传感器方向的路径散射的反射率；ρ_λ 是地表光谱反射率；S_λ 是整层大气对地表上行辐射向下的反射率，也称为大气向下的半球反照率；T_{θ_S} 和 T_{θ_v} 分别是太阳入射方向和传感器探测方向上的总的透过率。

若式(5.4)中的所有参数已知，则有

$$\rho_\lambda=\left[\frac{E_{S_\lambda}\cdot T_{\theta_S}(\lambda)\cdot T_{\theta_v}(\lambda)}{\pi\cdot L_\lambda-E_{S_\lambda}\cdot\rho_a(\lambda)}+S_\lambda\right]^{-1} \tag{5.5}$$

与 ACORN 不同，FLAASH 同时考虑“邻近效应”，即地面目标的邻近地物反射或散射进入传感器瞬时视场的辐射。ENVI 提供了 FLAASH 大气校正模块，其对输入图像的要求如下：

(1)图像数据是辐射定标后的辐亮度，单位是 $\mu W/(cm^2\cdot nm\cdot sr)$。

(2)存储格式是行交叉式 BIL 或像元交叉式 BIP。

(3)数据类型是 16 位无符号或有符号整型，或 32 位有符号长整型，或浮点型。

(4)数据带有光谱波长信息，且在 400～2500 nm 范围内，对于高光谱数据还需有半峰全宽 FWHM。

(5)若需进行水气去除，数据必须覆盖 1050～1210 nm(或 770～870 nm 或 870～

1020 nm)的光谱范围，且有 15 nm 以上光谱分辨率。

因此，在进行 FLAASH 大气校正前，需采用式(5.1)进行辐射定标，将 DN 值转换为辐亮度。若输出入辐亮度单位是 $W/(m^2 \cdot \mu m \cdot sr)$，则与 FLAASH 所要求的量纲 $\mu W/(cm^2 \cdot nm \cdot sr)$ 相差 10 倍，因此，辐亮度的尺度缩放因子为 10，即 $10\ \mu W/(cm^2 \cdot nm \cdot sr) = 1\ W/(m^2 \cdot \mu m \cdot sr)$，如图 5.3 所示。

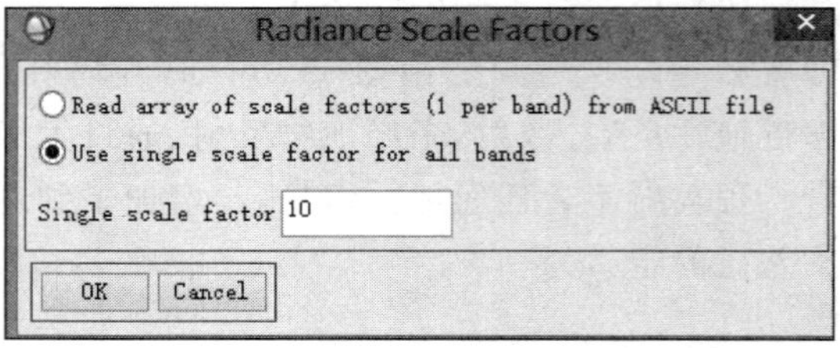

图 5.3　ENVI FLAASH 模块中辐亮度缩放因子输入对话框

2. 基于地面经验线性回归法

基于地面经验线性回归法(empirical line calibration)又称实测光谱回归分析法，使遥感图像数据与同步实测光谱反射率数据相匹配，进行绝对大气校正。假设遥感图像 λ 波段的量化值 D_λ 与地表光谱反射率 ρ_λ 之间存在线性关系

$$D_\lambda = \beta \cdot \rho_\lambda + \alpha \tag{5.6}$$

采用 N 个光谱均匀且具有一定面积大小的暗目标和亮目标作为定标点($N \geqslant 2$)，实测定标点的地面光谱反射率，获取遥感图像上对应像元点的 D_λ 值，然后利用线性回归求解系数 α、β，建立 D_λ 值与 ρ_λ 之间的关系

$$\beta = \frac{\sum_{i=1}^{N} \rho_\lambda(i) \cdot D_\lambda(i) - N \cdot \bar{\rho}_\lambda \cdot \bar{D}_\lambda}{\sum_{i=1}^{N} [\rho_\lambda(i)]^2 - N \cdot [\bar{\rho}_\lambda]^2} \tag{5.7}$$

$$\alpha = \bar{D}_\lambda - \beta \cdot \bar{\rho}_\lambda \tag{5.8}$$

式中，$D_\lambda(i)$、$\rho_\lambda(i)$ 分别为定标点 i 在 λ 波段处的数字量化值和光谱反射率，$\bar{D}_\lambda$、$\bar{\rho}_\lambda$ 分别为 λ 波段处的数字量化值和光谱反射率的平均值。

利用辐射传输模型法和经验线性法校正后均为绝对反射率值。与辐射传输模型法不同，经验线性法主要考虑辐射传输过程中的各种误差因素的加性贡献，并不推究其机理上的逻辑关系，是一种“黑箱”模型。

5.2.2　相对大气校正

相对大气校正不需要进行实际地面光谱及大气环境参数的测量，而是直接从遥感图像本身出发消除大气影响，主要有内部平均法、平场域法、波段对比法等。其中，内部平均法和平场域法主要考虑导致辐射畸变的各种因素的乘性贡献，校正后得到的是相对反射率值。

1. 内部平均法

内部平均法将图像像元 DN 值与整幅图像平均值的比值作为相对反射率，其假设前提是：遥感图像内部的地物充分混杂，整幅图像的平均光谱基本代表了大气影响下的太阳光谱信息。

内部平均法可以大大消除地形阴影和其他整体亮度的差异。但是，该方法假设地表变化是充分异构的，光谱反射特性的空间变化才会相互抵消；若这个假设不成立，得到的相对反射率会有虚假性。

2. 平场域法

平场域法是选择遥感图像中一块面积大、亮度高、光谱响应曲线变化平缓的区域作为平场

(flat field),利用其平均光谱辐射值来模拟图像获取时的大气条件下太阳光谱,然后将每个像元的 DN 值与平场域平均值的比值作为相对反射率,消除大气影响引起的辐射误差。该方法有两个重要的假设条件:平场域的平均光谱没有明显的吸收作用、平场域的辐射光谱主要反映当时大气条件下的太阳光谱。

平场域通常采用人机交互的方式进行选择。自然景观中具有完全平的反射光谱的高亮度地物很少,所以从遥感图像中选择一个合适的“平场”较为困难。对于沙漠地带的遥感图像,可选择结盐的干湖床作为平场;对于城区的遥感图像,可选择明亮的人造材料(如亮反射的不透水层等)作为平场。

3. 波段对比法

波段对比法是基于大气散射的选择性,即大气散射对短波影响大、对长波影响小,一般以红外波段为参考,通过直方图最小值去除法和回归分析法计算其他波段的大气干扰值。

1)直方图最小值去除法

直方图最小值去除法是假定遥感图像中存在暗目标,例如,深海水体、高山背阴处等。暗目标在各个波段上的辐亮度都应为零,相应地,各波段图像直方图的最小亮度值也应为零;如果不为零,可认为是大气散射所致,校正时,将每一波段中每个像元的亮度值减去本波段的最小值(或暗区域的平均亮度值)。

图 5.4 给出了一幅 TM 遥感图像的波段 7 与波段 1 的直方图对比图,已知图像中存在暗目标,比较(a)图与(b)图,(b)图中最小的亮度值不为零,而是 α(这个例子中 $\alpha=8$),利用直方图最小值去除法,认为 α 就是对大气散射的影响,将波段 1 的各像元值减去 α,就实现了对波段 1 的大气校正。值得注意的是,黑目标一定是类似于高山阴影处的在所有波段全黑的像元或区域。因为地物的光谱响应在各波段不同,在一个波段黑并不意味着在另一个波段也黑。

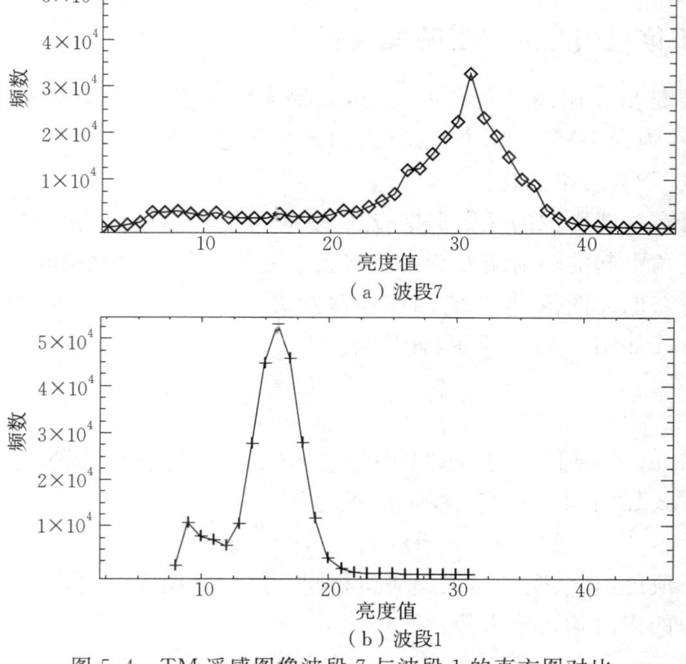

图 5.4　TM 遥感图像波段 7 与波段 1 的直方图对比

2)回归分析法

回归分析法是在对遥感图像中目标地物亮度信息统计的基础上，揭示各波段间相互关系的一种比较方法。需要说明的是，“各波段间相互关系”可以指单幅遥感图像的不同波段之间的关系，也可以指同一研究区域的不同时相遥感图像的对应波段之间的关系。

对于单幅遥感图像，回归分析法的具体过程为：首先在遥感图像中选择最黑区域(如高山阴影区等)中的一系列目标点，然后提取各目标点在无散射影响波段 i 和某一待校正波段 j 中的 DN 值，采用公式

$$D_j = \beta D_i + \alpha \tag{5.9}$$

进行线性回归分析，如图 5.5 所示，回归直线方程的截距 α 就是待校正波段的偏移量，最后将待校正波段 i 的各像元亮度值减去偏移量 α，完成大气校正。

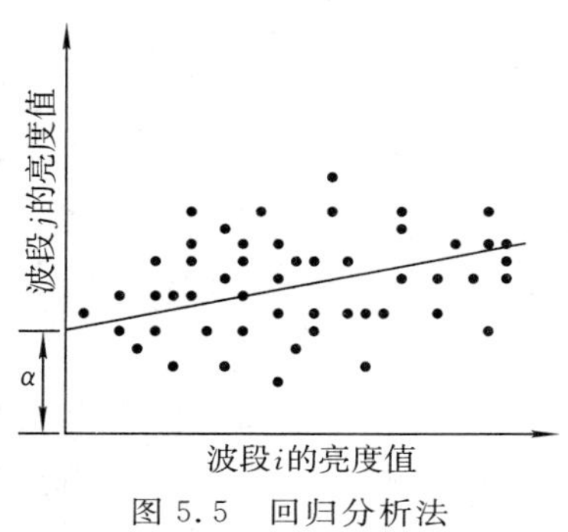

图 5.5　回归分析法

对于多时相遥感图像，回归分析法的具体过程为：首先在基准图像和待辐射校正图像上选择光谱稳定的地物样本点，即伪不变特征(pseudo-invariant features, PIFs)，也称为辐射地面控制点，然后运用 PIFs 点的 DN 值，利用线性回归

$$D'_i = \beta D_i + \alpha \tag{5.10}$$

求解转换参数，得到图像间的线性关系。式(5.10)中，D_i 表示质量较好的基准图像的波段 i 的亮度值，D'_i 表示待校正图像的波段 i 的亮度值。

5.3　地面辐射校正

5.3.1　太阳位置引起的辐射畸变校正

太阳位置主要是指太阳高度角和方位角，如果太阳高度角(太阳入射光线与地平面的夹角，与太阳天顶角互为余角)和太阳方位角(太阳光线在地平面上的投影与当地子午线的夹角)不同，则地表入照度就会发生变化。

太阳高度角可在遥感影像的元数据中查找到，也可以根据成像的时间、季节和地理位置计算确定。太阳高度角引起的辐射畸变校正是将太阳光线倾斜照射时获取的遥感图像校正为太阳光线垂直照射时获取的图像，可以有两种处理方式。

第一种处理方式如图 5.6(a)所示，计算公式为

$$f'(x,y) = \frac{f(x,y)}{\sin\theta_e} \tag{5.11}$$

式中，$f(x,y)$、$f'(x,y)$ 是校正前后图像中的坐标(x,y)处的像元属性值，θ_e 是太阳高度角。

第二种处理方式如图 5.6(b)所示，计算公式为

$$f'(x,y) = f(x,y) \cdot \cos\theta_z \tag{5.12}$$

式中，θ_z 是太阳天顶角，其余变量与式(5.11)相同。这种补偿或校正，主要用于比较不同太阳高度角(不同季节)的多时相遥感影像。

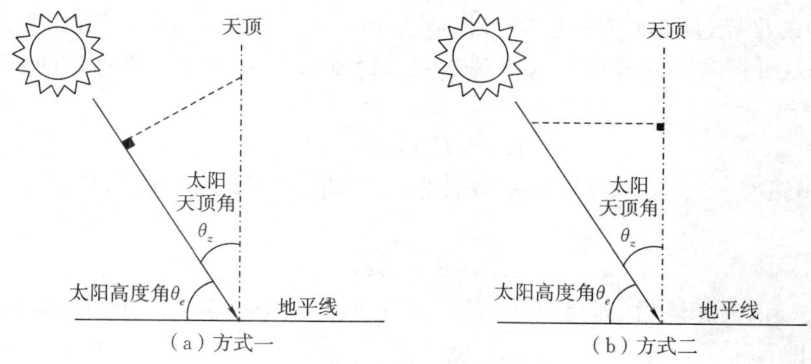

图 5.6 太阳高度角引起的辐射畸变校正

5.3.2 地形起伏引起的辐射畸变校正

地形起伏引起的辐射畸变校正是去除由地形引起的光照度变化，使两个反射性质相同的地物虽然坡度坡向不同，但在遥感图像中具有相同的亮度值。地形校正需要有研究地区的数字高程模型(digital elevation model, DEM)数据。对于高山峡谷地区的影像，地形校正尤为重要。

现在常用的地形坡度坡向校正方法大多是在标准余弦校正方法的基础上发展而来的。标准余弦校正方法是在假设反射体是一个理想的朗伯体的前提下定义的，如图 5.7 所示，其数学公式为

$$L_H = L_T \cos\theta_z / \cos\theta_i \tag{5.13}$$

式中，L_H 为水平面辐射，即坡度坡向校正后的亮度值；L_T 为坡面辐射，即进行校正前的亮度值；θ_z 指太阳天顶角；θ_i 为太阳入射角。

在式(5.13)中，太阳入射角的余弦 $\cos\theta_i$ 可根据三角法求解获得，如图 5.8 所示，其计算公式为

$$\cos\theta_i = \cos\theta_p \cos\theta_z + \sin\theta_p \sin\theta_z \cos(\theta_a - \theta_o) \tag{5.14}$$

式中，θ_z、θ_a 分别为太阳天顶角和方位角，可由遥感图像头文件中读取；θ_p、θ_o 分别为地形坡度和坡向，可由 DEM 求解获得。

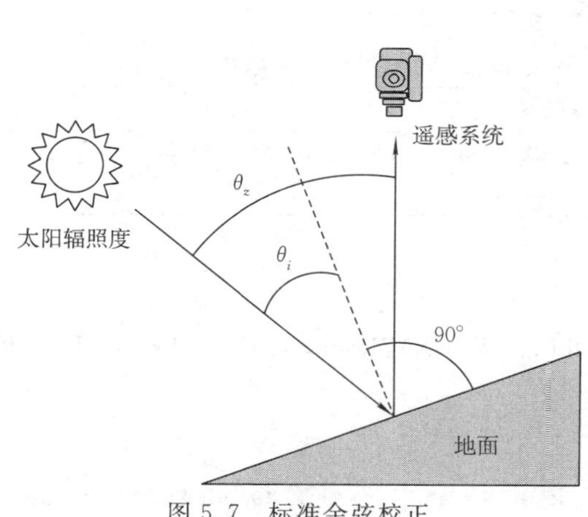

图 5.7 标准余弦校正

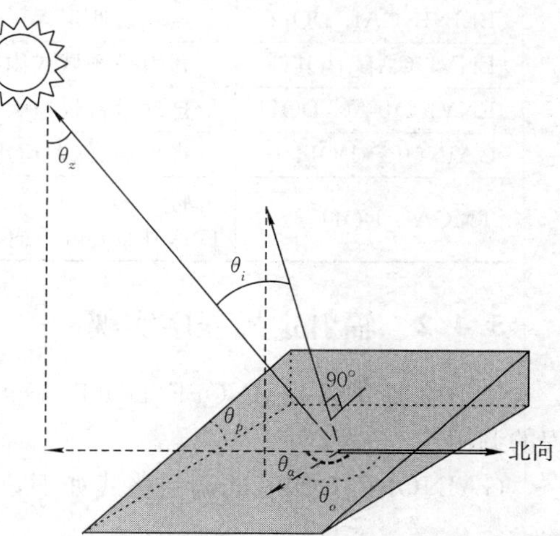

图 5.8 计算太阳入射角时所涉及的角度

式(5.13)的推导过程如下所述：若目标地物是一个平坦的朗伯体，当太阳高度角为 θ_z 时，根据图 5.6(b)，可得太阳光线直接入射到地表并经地表反射后进入传感器的水平面辐射，其计算公式为

$$L_H = E \cdot \cos\theta_z \cdot \rho \tag{5.15}$$

其中 E 为太阳辐射，ρ 为地物反射率。类似地，对于有地形起伏的地表，反射进入传感器的坡面辐射为

$$L_T = E \cdot \cos\theta_i \cdot \rho \tag{5.16}$$

式(5.15)与式(5.16)相除后，即得式(5.13)。若在式(5.13)中引入一个附加调整因子 C，就构成了 C 校正，即

$$L_H = L_T \frac{\cos\theta_z + C}{\cos\theta_i + C} \tag{5.17}$$

式中，$C = b/m$ 为校正因子；m、b 分别为 L_T 与 $\cos\theta_i$ 之间的线性回归参数，即 $L_T = m \cdot \cos\theta_i + b$。

5.4 辐射校正程序实现

5.4.1 概　述

表 5.1 总结了 ENVI 提供的部分辐射校正函数，表中所列函数属于 ENVI 经典处理例程，部分被 ENVI 5.1(或更高版本)中的 ENVI 任务取代。下面主要介绍 GAINOFF_DOIT 和 TMCAL_DOIT 辐射定标函数以及 ENVI_QUAC_DOIT 大气校正函数。

表 5.1 ENVI 提供的部分辐射校正函数

名称	功能
BAD_DATA_DOIT	去除坏行，用相邻行的平均值来替换
DARK_SUB_DOIT	暗像元去除法，去除程辐射；已被 ENVIDarkSubtractionCorrectionTask 取代
DESTRIPE_DOIT	条带去除
ELINE_CAL_DOIT	经验线性定标
ENVI_CAL_DOIT	利用平场域或内部平均反射算法进行辐射定标
ENVI_QUAC_DOIT	自动运行快速大气校正模块，已被 ENVIQUACTask 取代
GAINOFF_DOIT	将增益、偏差运用至每个波段
TMCAL_DOIT	将 Landsat 数据转换为辐亮度、表观反射率或亮温，已被 ENVIRadiometricCalibrationTask 取代

5.4.2 辐射定标程序实现

本节主要介绍 GAINOFF_DOIT、TMCAL_DOIT，以及 ENVIRadiometricCalibrationTask 例程的调用。

GAINOFF_DOIT 的调用格式如下：

```
ENVI_DOIT, 'GAINOFF_DOIT', DIMS = array, FID = file ID, GAIN = array, /IN_MEMORY, OFFSET = array,
OUT_DT = integer, OUT_NAME = string, POS = array, R_FID = variable
```

其中 DIMS 是一个由 5 个元素组成的数组，分别表示一个指向 ROI 的指针、起始列号、终止列号、起始行号、终止列号；FID 表示文件标识，它是一个大于 0 的长整型标量，无效的 FID 值为 −1；POS 是一个由波段号表示的数组；GAIN 是一个数组，各元素表示对应 POS 波段的增益值；IN_MEMORY 表示将输出结果存放在内存中，若没有设置此关键字，则必须设置输出文件名 OUT_NAME；OFFSET 是一个表示偏差值的数组；OUT_DT 用来定义输出图像的数据类型；R_FID 表示输出图像的文件标识。

TMCAL_DOIT 的调用格式如下：

```
ENVI_DOIT, 'TMCAL_DOIT', BANDS_PRESENT = array, BIAS = value, CAL_TYPE = {0|1}, DATE = array, DIMS =
array, FID = file ID, GAIN = value, /IN_MEMORY, OUT_BNAME = string array, OUT_NAME = string, POS =
array, R_FID = variable, SAT = {0 | 1 | 2 | 3 | 4 | 5 | 6 | 7}, SUN_ANGLE = floating
point, /USE_METADATA
```

其主要关键字说明如下：

(1)BANDS_PRESENT 用来指定输入的 Landsat 图像中哪些波段参与辐射定标运算，例如对于 Landsat ETM＋，若设置 BANDS_PRESENT＝[5, 6]，则当前处理的是热红外波段 61 和 62。

(2)BIAS 等同于 GAINOFF_DOIT 中的 OFFSET。

(3)CAL_TYPE 用来设置辐射定标类型，CAL_TYPE＝0 是指辐亮度转换，CAL_TYPE＝1 是指表观反射率转换(对于热红外数据，则是转换为亮温)。

(4)DATE 用来指定遥感图像获取日期的参量，其数组格式是[*mm*, *dd*, *yyyy*]，该参量用来推算表观反射率反演公式中的日地距离；SAT 用来指定卫星和传感器，取值 0、1、2、3、4、5、6、7，分别对应 Landsat-7 ETM＋、Landsat-5 TM、Landsat-4 TM、Landsat-5 MSS、Landsat-4 MSS、Landsat-3 MSS、Landsat-2 MSS、Landsat-1 MSS。

(5)SUN_ANGLE 用来定义太阳高度角，它是[0.0, 180.0]区间的一个浮点型参数，用以计算表观反射率。

(6)若设置了 USE_METADATA 关键字，则不需要定义 BANDS_PRESENT、BIAS、DATE、GAIN、SAT，以及 SUN_ANGLE 关键字，这些信息将从遥感图像的元数据中读取获得。

TMCAL_DOIT 现已被 ENVIRadiometricCalibrationTask 取代。这个 ENVI 任务不仅能对 Landsat 1～7 卫星遥感图像进行辐射定标，也能对 Landsat-8 或其他一些卫星遥感数据进行辐射定标，其功能与 TMCAL_DOIT 类似，主要有[①]：①对遥感图像进行辐射定标，利用式(5.1)将遥感图像 DN 值转换为辐亮度；②对于可见光近红外遥感图像(适用 Landsat、QuickBird、ZY-3 等)，利用式(5.2)转换为表观反射率；③对于热红外遥感图像(仅适用 Landsat 热红外遥感图像)，则是利用

$$T_\lambda = \frac{K_2}{\ln(K_1/L_\lambda)+1} \tag{5.18}$$

转换为亮温。式(5.18)中，K_1、K_2 是定标常数(单位为 K)，可从 Landsat 元数据中读取获得。

ENVIRadiometricCalibrationTask 由 ENVI 5.1 或更高版本提供，属 ENVI API 中的处

① 扩展阅读资料：http://www.exelisvis.com/docs/radiometriccalibration.html。

理例程类别。它从 ENVITask 类中继承了以下方法[①]：Execute、Parameter、ParameterNames、Validate。其调用格式如下：

```
Result = ENVITask('RadiometricCalibration')
输入参数：INPUT_RASTER, CALIBRATION_TYPE, SCALE_FACTOR, IGNORE_VALIDATE, OUTPUT_DATA_TYPE, OUTPUT_RASTER_URI
输出参数：NAME, DESCRIPTION, OUTPUT_RASTER
```

其中输入参数说明见表 5.2；在输出参数中，NAME 表示任务的名称，DESCRIPTION 是用来描述任务的参数，OUTPUT_RASTER 表示输出的 ENVI 栅格对象。

表 5.2 ENVIRadiometricCalibrationTask 输入参数说明

参数	说明
INPUT_RASTER	定义要进行辐射定标处理的 ENVI 栅格对象
CALIBRATION_TYPE(可选)	定义辐射定标类型，可以是辐亮度、表观反射率、亮温。ENVI 5.1 版本中，该参数由整数进行设值；ENVI 5.2 版本，该参数则改用字符串进行设值，可设值为 Radiance 或 Top-of-Atmosphere Reflectance 或 Brightness Temperature，默认值为 Radiance
SCALE_FACTOR	此关键字只适用于定标类型为 Radiance 时，用以设置输出辐亮度的计量单位。默认缩放因子为 1.0，输出的辐亮度单位为 $W/(m^2 \cdot \mu m \cdot sr)$；若缩放因子为 0.1 时，输出的辐亮度单位为 $\mu W/(m^2 \cdot \mu m \cdot sr)$
IGNORE_VALIDATE(可选)	当该参数设值为 1 时，可在 ENVITask::Validate 验证不通过的情况下执行此任务
OUTPUT_DATA_TYPE(可选)	用来定义输出的数据类型，可以是整型、浮点型、双精度浮点型、16 位无符号整型。ENVI 5.1 版本，该参数用整数进行设值；ENVI 5.2 版本，该参数则改用字符串进行设值，可设值为 Int、Float、Double、UInt，默认值为 Float
OUTPUT_RASTER_URI(可选)	用来指定输出栅格图像文件的路径和文件名。若没有设置该参数，输出的栅格图像则是临时文件

代码 5.1 是遥感图像辐射定标的示例代码，分别采用 ENVIRadiometricCalibrationTask、GAINOFF_DOIT 将遥感图像 DN 值转换为辐亮度，两种方法得到的结果完全相同。执行到代码第 14 行后，得到关于输入图像的 ENVI 栅格对象，然后定义关于辐射定标的 ENVI 任务(代码第 17 行)及其输入参数(代码第 20 至 26 行)，并执行该任务(代码第 30 行)，最后输出执行结果(代码第 35 行)并显示(代码第 39 行)。从代码 5.1 第 40 行后，是利用 GAINOFF_DOIT 进行辐射定标的代码。首先，利用 ENVIRasterToFID 函数将 ENVI 栅格对象转换为文件标识(代码第 42 行)；然后，通过调用元数据获取图像的增益值和偏差值等信息(代码 43 至 51 行)，获得 GAINOFF_DOIT 的输入参数后，即可执行 GAINOFF_DOIT 例程得到定标后的图像(代码第 56、57 行)；最后，执行 ENVI::Close 退出 ENVI 程序并关闭窗口(代码第 60 行)。

---

① 扩展阅读资料：http://www.exelisvis.com/docs/envi_api_RadiometricCalibration.html。

代码 5.1　遥感图像辐射定标的示例代码

```
PRO Radiometric_Calibration_ENVI51_Demo

  ；修改 IDL 编译规则
  COMPILE_OPT IDL2

  ；启动 ENVI 程序
  e = ENVI()

  ；选择待处理的遥感图像文件
  FName = ENVI_PICKFILE(DEFAULT = 'F:\', FILTER = '*.dat', $
    TITLE = '输入待辐射定标的遥感图像')

  ；打开遥感图像
  Raster = e.OpenRaster(FName)

  ；获取 RadiometricCalibration 任务
  Task = ENVITask('RadiometricCalibration')

  ；定义 ENVIRadiometricCalibrationTask 的输入参数
  Task.Input_Raster = Raster
  Task.Output_Data_Type = 4

  ；定义输出的图像文件名
  FName = ENVI_PICKFILE(DEFAULT = 'F:\', FILTER = '*.dat', $
    TITLE = '保存 ENVITask 辐射定标的遥感图像',/OUTPUT)
  Task.Output_Raster_URI = FName
  ; Task.Output_Raster_URI = e.GetTemporaryFileName()

  ；执行任务
  Task.Execute

  ；获得数据集
  DataColl = e.Data
  ；输出结果
  DataColl.Add, Task.Output_Raster

  ；显示结果
  View = e.GetView()
  Layer = View.CreateLayer(Task.Output_Raster)

  ；调用 ENVI Classic Processing Routines
  fid = ENVIRasterToFID(Raster) ;将 ENVIRaster 转换为文件标识
  ；获取遥感图像的维数、增益值、偏差值等信息
```

续代码

```
  nb = Raster.NBANDS
  nl = Raster.NROWS
  ns = Raster.NCOLUMNS
  dims = [-1L, 0, ns-1, 0, nl-1]
  pos = LINDGEN(nb)
  metadata = Raster.METADATA
  gain = metadata['DATA GAIN VALUES']
  offset = metadata['DATA OFFSET VALUES']
  ;定义输出的图像文件名
  FName = ENVI_PICKFILE(DEFAULT = 'F:\', FILTER = '*.dat', $
    TITLE = '保存 DOIT 辐射定标的遥感图像',/OUTPUT)
  ;获取遥感图像的头文件信息,也可调用经典 ENVI 数据控件中的 ENVI_FILE_QUERY 例程
  ENVI_DOIT, 'GAINOFF_DOIT, DIMS = dims, FID = fid, GAIN = gain, OFFSET = offset, $
    OUT_DT = 4, OUT_NAME = FName, POS = pos, R_FID = r_fid ;输出图像的数据类型定义为浮点型
  ; output_raster = ENVIFIDToRaster(r_fid)
  ; e.Close
END
```

5.4.3 大气校正程序实现

本节主要介绍 ENVI_QUAC_DOIT 和 ENVIQUACTask 例程的调用。

ENVI_QUAC_DOIT 属 ENVI API 中的 ENVI 经典处理例程类别,现已被 ENVI 5.1 或更高版本中的 ENVIQUACTask 取代。其调用格式如下:

```
ENVI_DOIT, 'ENVI_QUAC_DOIT' [, DIMS = array], FID = file ID [, /IN_MEMORY] [, M_FID = file ID] [, M_POS = value] [, OUT_BNAME = string array], OUT_NAME = string, POS = array [, QUAC_SENSOR = string] [, R_FID = variable]
```

其中 M_FID、M_POS 分别表示掩模图像文件的标识和波段号;OUT_BNAME 是一个字符串数组,用来定义输出文件的各波段名称;POS 是一个由波段号表示的数组,用来指定要执行大气校正的输入图像波段;QUAC_SENSOR 用来定义传感器类型。

ENVIQUACTask(对多光谱或高光谱图像执行快速大气校正)由 ENVI 5.1 或更高版本提供,属 ENVI API 中的处理例程类别。它也从 ENVITask 类中继承了 Execute、Parameter、ParameterNames、Validate 等方法,其调用格式如下:

```
Result = ENVITask ('QUAC')
输入参数: INPUT_RASTER, SENSOR, OUTPUT_RASTER_URI
输出参数: DESCRIPTION, NAME, OUTPUT_RASTER
```

其中 SENSOR 是字符串类型参量,用来指定传感器类型;其他参数同 ENVIRadiometricCalibrationTask。

思考题

1. 遥感图像辐射校正的主要内容有哪些?

2. 如何将 DN 值遥感图像转换为辐亮度遥感图像?

3. 表观反射率是否是地表真实反射率? 为什么?

4. 叙述 ENVI 任务 ENVIRadiometricCalibrationTask 的功能和调用方法。

5. FLAASH 大气校正模型的基本原理是什么? 利用 ENVI 软件 FLAASH 大气校正模块对高光谱遥感图像反射率反演前,需要做哪些数据准备工作?

第 6 章　遥感图像增强

遥感图像增强的主要目的有两个：一是改善遥感图像的视觉效果，提高图像的清晰度和可解译性；二是将遥感图像转化为一种更适合于人工或计算机进行分析处理的形式，提高信息提取的能力。遥感图像增强的方法主要有对比度拉伸、滤波增强、波段运算、彩色增强、多光谱变换、图像融合等，如图 6.1 所示。本章主要讲述对比度拉伸、滤波增强以及彩色增强中的伪彩色增强等方法，这些方法是定义在单波段图像处理基础上的。若原始图像是多光谱图像，按波段逐个处理即可，在处理过程中不同波段之间相互独立。而波段运算、多光谱变换、图像融合是定义在波段间的代数运算基础上的，考虑了不同波段之间的相关性，将在第 7 章中单独介绍。

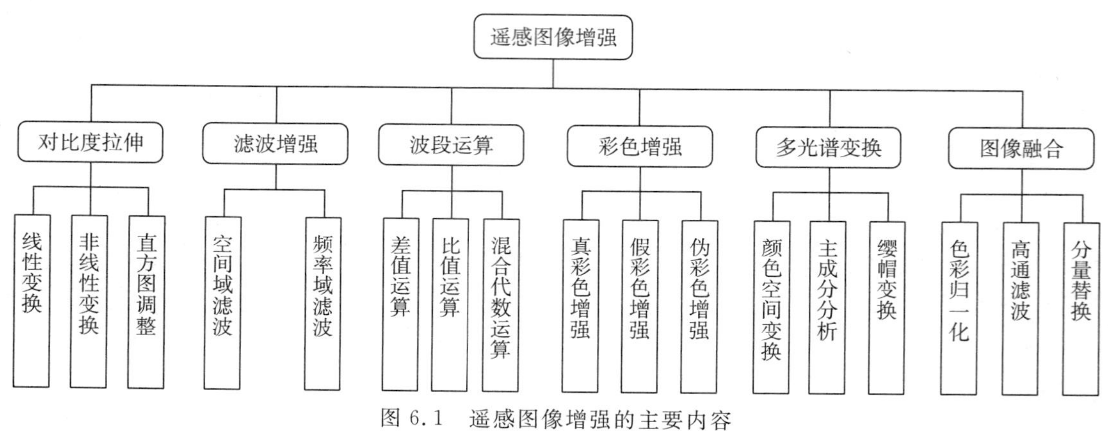

图 6.1　遥感图像增强的主要内容

6.1　对比度拉伸

对比度拉伸(contrast stretching)通过改变灰度分布态势，扩展原始输入的灰度分布区间，使显示器等输出设备的整个动态范围得以利用，从而达到改善图像视觉效果的目的。它采用点处理的方式，即输出图像的各像元的灰度值仅与输入图像的对应像元的灰度值有关，主要有线性变换、非线性变换、直方图调整等方法。

6.1.1　线性变换

线性变换是最简单的对比度拉伸方法之一，最适用于直方图，呈高斯分布或接近高斯分布的遥感图像。它是按比例拉伸原始图像灰度等级范围，主要有最小值—最大值线性拉伸、分段线性拉伸两种形式，如图 6.2 所示。

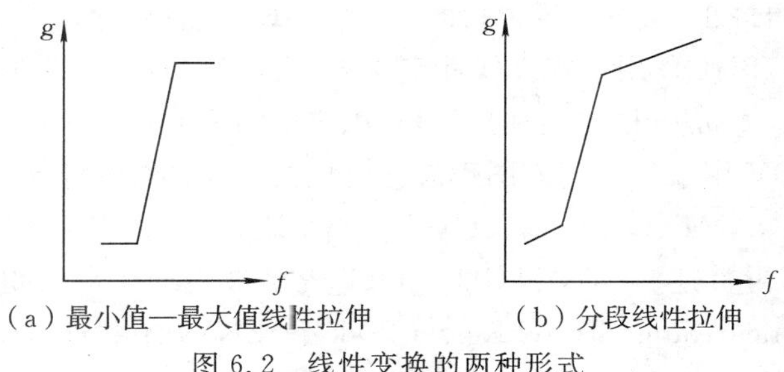

（a）最小值—最大值线性拉伸　（b）分段线性拉伸

图 6.2　线性变换的两种形式

最小值—最大值线性拉伸的数学表达式为

$$g=\begin{cases}g_{min} & 当\ f\leqslant f_{min}\\ k\cdot f+b & 当\ f_{min}<f\leqslant f_{max}\\ g_{max} & 当\ f>f_{max}\end{cases} \tag{6.1}$$

式中，f、g 分别表示变换前后图像像元的灰度值；k、b 为常数，分别表示线性变换的斜率和截距。

式(6.1) 中的斜率 k、截距 b 通常是由设定的输入最大值和最小值、输出最大值和最小值来确定

$$\left.\begin{aligned}k&=(g_{max}-g_{min})/(f_{max}-f_{min})\\ b&=-k\cdot f_{min}+g_{min}\end{aligned}\right\} \tag{6.2}$$

其中，f_{max}、f_{min} 为设定的输入最大值和最小值，可由图像统计分析得到；g_{max}、g_{min} 为设定的输出最大值和最小值，通常取决于输出设备的最大动态范围，如显示器输出范围为 0 ～ 255，则有 $g_{min}=0$，$g_{max}=255$。

ENVI＋IDL 线性变换的函数有 BYTSCL（IDL 库函数）、STRETCH_DOIT（ENVI 经典处理例程）、ENVILinearRangeStetchRasterTask（ENVI 任务）、ENVILinearPercentStretch-RasterTask（ENVI 任务）。

BYTSCL 是将图像线性拉伸至 8 位显示(0～255)的数值范围，其调用格式如下：

```
Result = BYTSCL( Array [,MAX = value] [,MIN = value] [,/NAN] [,TOP = value] )
```

其中参数 Array 是输入的图像数组；关键字 MAX 是设定的输入最大值 f_{max}，若没有设置此关键字，则令 f_{max} =MAX(Array)；关键字 MIN 是设定的输入最小值 f_{min}，若没有设定此关键字，则令 f_{min} =MIN(Array)；关键字 NAN 是指当 IDL 编译器检测到系统的浮点数错误时，取值用 NaN 和 Infinity 来替代；关键字 TOP 是设定的输出最大值 g_{max}，若没有设置此关键字，则令 g_{max}=255。注意：BYTSCL 函数中没有设置输出最小值 g_{min}，在该函数中总是令 $g_{min}=0$。

STRETCH_DOIT 是对图像数据进行拉伸的函数，其调用格式如下：

```
ENVI_DOIT, 'STRETCH_DOIT', DIMS = array, FID = file ID, I_MAX = value, /IN_MEMORY, I_MIN = value,
METHOD = {1 | 2 | 3 | 4}, OUT_BNAME = string array, OUT_DT = {1 | 2 | 3 | 4 | 5 | 6 | 9 | 12 | 13 | 14 |
15}, OUT_MAX = value, OUT_MIN = value, OUT_NAME = string, POS = array, R_FID = variable, RANGE_BY =
{0 | 1}, STDV = value
```

其中关键字 RANGE_BY 用来定义输入值范围的类型(当 RANGE_BY＝1 时，关键字 I_MIN

和 I_MAX 表示输入的最小、最大灰度值；而当 RANGE_BY＝0 时，I_MIN 和 I_MAX 则表示百分比拉伸数值）；METHOD 用来定义线性定义方法，可选值有 1（线性拉伸）、2（直方图均衡化）、3（直方图正态化）、4（均方根非线性拉伸）；OUT_MAX、OUT_MIN 分别用来定义输出的最大值和最小值；STDV 用来定义直方图正态化对应的高斯函数标准差；此外，DIMS、FID、IN_MEMORY、OUT_BNAME、OUT_DT、OUT_NAME、POS、R_FID 等关键字同前面介绍的 DOIT 函数，这里就不再赘述。STRETCH_DOIT 现已被表 6.1 所示例程（ENVI 5.2 版本）替代。其中，ENVILinearRangeStretchRasterTask 和 ENVILinearPercentStretchRasterTask 是关于图像线性拉伸的 ENVI 任务。

表 6.1　替代 STRETCH_DOIT 的 ENVI 任务

虚拟栅格	任务
ENVIEqualizationStretchRaster	ENVIEqualizationStretchRasterTask
ENVIGaussianStretchRaster	ENVIGaussianStretchRasterTask
ENVILinearPercentStretchRaster	ENVILinearPercentStretchRasterTask
ENVILinearRangeStretchRaster	ENVILinearRangeStretchRasterTask
ENVILogStretchRaster	ENVILogStretchRasterTask
ENVIOptimizedLinearStretchRaster	ENVIOptimizedLinearStretchRasterTask
ENVIRootStretchRaster	ENVIRootStretchRasterTask

由上述可知，STRETCH_DOIT 可实现多种不同变换的对比度拉伸，此处只讨论当 METHOD＝1 时的线性拉伸。代码 6.1 给出了利用 STRETCH_DOIT 和 BYTSCL 函数进行线性拉伸的示例代码，运行结果如图 6.3 所示。其中代码第 21 至 23 行调用 STRETCH_DOIT 例程，f_{min} 取原始图像累积概率为 2％所对应的灰度值，f_{max} 取原始累积概率为 98％所对应的灰度值。

代码 6.1　遥感图像线性拉伸的示例代码

```
1   PRO Linear_Stretch_Demo
2
3     ；配置环境
4     COMPILE_OPT IDL2 &  ENVI
5
6     ；打开一个图像数据文件，此处选择 IDL 示例数据 image.tif(ENVI 5.1 + IDL 8.3)
7     FName = 'C:\Program Files\Exelis\IDL83\examples\data\image.tif'
8     ENVI_OPEN_DATA_FILE, FName, /TIFF, R_FID = fid
9     IF (fid EQ -1) THEN BEGIN
10      PRINT, 'Error opening file ',FName
11      RETURN
12    ENDIF
13
14    ；查询图像头文件信息
15    ENVI_FILE_QUERY, fid, NB = nb, NL = nl, NS = ns
16    dims = [-1L,300,499,300,499]；定义图像的空间维数
17    pos = [0]；选择第 1 个波段进行对比度拉伸
18
```

续代码

```
; 调用 STRETCH_DOIT
FName_Sav = ENVI_PICKFILE(TITLE = '保存 Linear2 % 线性拉伸的结果', /OUTPUT)
ENVI_DOIT, 'STRETCH_DOIT', DIMS = dims, FID = fid, I_MAX = 98, I_MIN = 2, $
  METHOD = 1, OUT_BNAME = bnames, OUT_NAME = FName_Sav, OUT_DT = 1, $
  OUT_MAX = 255, OUT_MIN = 0, POS = pos, R_FID = r_fid, RANGE_BY = 0

; 线性拉伸前的数据,即原始图像
DataPre = ENVI_GET_DATA(FID = fid, DIMS = dims, POS = pos)
; 统计原始图像的直方图
pdfPre = HISTOGRAM(DataPre, LOCATIONS = xBinPre)

; STRETCH_DOIT 线性拉伸后的图像
ENVI_FILE_QUERY, r_fid, DIMS = dims, NB = nb, NL = nl, NS = ns
DataDoit = ENVI_GET_DATA(FID = r_fid, DIMS = dims, POS = [0])
; 统计 STRETCH_DOIT 线性拉伸后的图像的直方图
pdfDoit = HISTOGRAM(DataDoit, LOCATIONS = xBinDoit)

; 调用 BYTSCL
DataBYTSCL = BYTSCL(DataPre)
pdfBYTSCL = HISTOGRAM(DataBYTSCL, LOCATIONS = xBinBYTSCL)
; 统计原始图像的累积直方图
; cdfPre = TOTAL(pdfPre, /CUMULATIVE) / N_ELEMENTS(DataPre)

; 显示线性拉伸前后的图像、对应的直方图
; 1)
pImagePre = IMAGE(DataPre, /ORDER, LAYOUT = [2,3,1], DIMENSIONS = [2 * ns,3 * nl], $
  TITLE = '线性拉伸前的图像', FONT_SIZE = 8, MARGIN = [0.05,0.15,0.15,0.15]);/DEVICE
pImagePre.WINDOW_TITLE = '线性拉伸前后的图像比较'
pHistPre = PLOT(xBinPre, pdfPre, LAYOUT = [2,3,2], /CURRENT, XRANGE = [0,255], $
  TITLE = '线性拉伸前的直方图 , FONT_SIZE = 8, XTITLE = '灰度值', YTITLE = '频数', $
  MAX_VALUE = 5e3, AXIS_STYLE = 1, COLOR = 'red', MARGIN = [0.05,0.15,0.05,0.15])
; 2)
pImageBYTSCL = IMAGE(DataBYTSCL, /ORDER, LAYOUT = [2,3,3], /CURRENT, $
  TITLE = 'BYTSCL 线性拉伸后的图像', FONT_SIZE = 8, MARGIN = [0.05,0.15,0.15,0.15])
pHistBYTSCL = PLOT(xBinBYTSCL, pdfBYTSCL, LAYOUT = [2,3,4], /CURRENT, $
  XRANGE = [0,255], TITLE = 'BYTSCL 线性拉伸后的直方图', FONT_SIZE = 8, $
  XTITLE = '灰度值', YTITLE = '频数', MAX_VALUE = 5e3, AXIS_STYLE = 1, $
  COLOR = 'red', MARGIN = [0.05,0.15,0.05,0.15])
; 3)
pImageDoit = IMAGE(DataDoit, /ORDER, LAYOUT = [2,3,5], /CURRENT, $
  TITLE = 'STRETCH_DOIT 线性拉伸后的图像', FONT_SIZE = 8, $
  MARGIN = [0.05,0.15,0.15,0.15])
pHistDoit = PLOT(xBinDoit, pdfDoit, LAYOUT = [2,3,6], /CURRENT, $
```

续代码

```
    XRANGE = [0,255], TITLE = 'STRETCH_DOIT 线性拉伸后的直方图', FONT_SIZE = 8, $
    XTITLE = '灰度值', YTITLE = '频数', MAX_VALUE = 5e3, AXIS_STYLE = 1, $
    COLOR = 'red', MARGIN = [0.05,0.15,0.05,0.15])

END
```

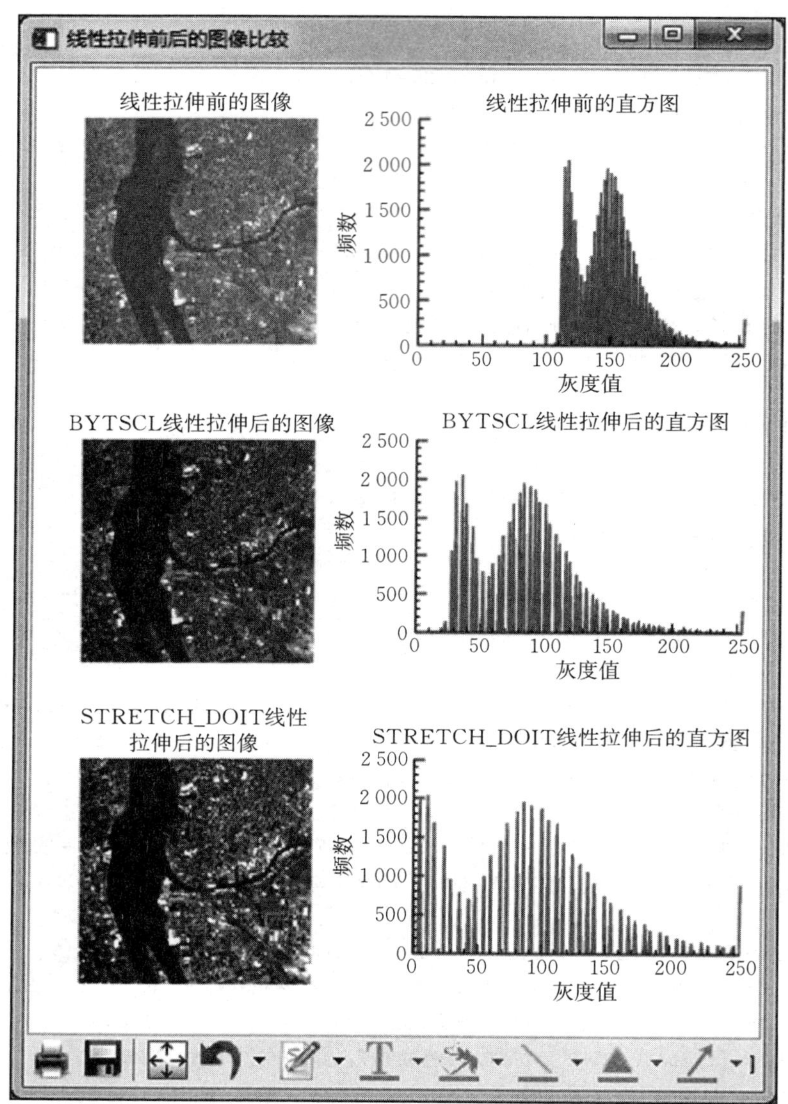

图 6.3　代码 6.1 的运行结果

6.1.2　非线性变换

如果对比度变换函数是非线性的，即为非线性变换，如指数变换、对数变换、平方根变换、三角函数变换等。

指数变换的数学表达式为

$$g = b \cdot e^{af} + c \tag{6.3}$$

式中，a、b、c 是为了调整函数曲线的位置和形态而引入的参数，通过参数调整可实现不同的拉伸或压缩比例。指数变换函数曲线如图 6.4(a)所示，常用于扩展亮调区间、压缩暗调区间的对比度。若感兴趣的地物目标主要分布在亮调区间，则可采用指数变换进行图像对比度拉伸。

对数变换的数学表达式为

$$g(i,j) = b \cdot \lg[a \cdot f + 1] + c \tag{6.4}$$

式中，a、b、c 为常数，分别控制变换曲线的变化率、起点、截距等。对数变换函数曲线如图 6.4(b)所示，其效果与指数变换相反。对数变换对图像中暗调区域进行扩展拉伸，突出隐藏在暗区中的细节信息，而对图像中亮调区域进行抑制压缩。

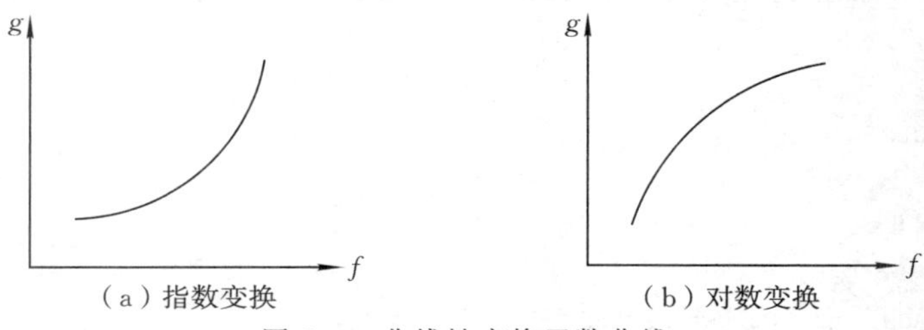

(a) 指数变换　　(b) 对数变换

图 6.4　非线性变换函数曲线

调用 ENVILogStretchRasterTask，可实现多光谱遥感图像的对数拉伸，其调用格式如下：

```
Result = ENVITask('LogStretchRaster')
输入参数：BRIGHTNESS, IGNORE_VALIDATE, INPUT_RASTER, MAX, MIN, OUTPUT_RASTER_URI
输出参数：DESCRIPTION, NAME, OUTPUT_RASTER
```

其中，BRIGHTNESS 是 0～100 之间的一个整数，用来设置显示的亮度级，默认值为 50；MAX 用来设置所考虑的最大值(若其为标量时，则它应用于所有波段；若其为数组时，则该数组的元素个数应等于输入栅格图像的波段数)；MIN 用来设置所考虑的最小值，它与 MAX 相同，可以是标量也可以是数组；其他参数同第 5 章介绍的 ENVI 任务。代码 6.2 是利用 ENVILogStretchRasterTask 对多光谱遥感图像进行对数非线性拉伸的代码，在 ENVI 5.2 或 IDL 8.4 环境下运行。

代码 6.2　遥感图像对数非线性拉的代码

```
; 代码源自
;http://www.exelisvis.com/docs/envilogstretchrastertask.html

; 启动程序
e = ENVI()

; 打开输入文件
File = FilePath('qb_boulder_msi', Subdir = ['data'], $
Root_Dir = e.Root_Dir)
Raster = e.OpenRaster(File)

```

续代码

```
;处理子区域
Subset = ENVISubsetRaster(Raster, Sub_Rect=[600,200,799,399])

;获得对数拉伸的 ENVI 任务
Task = ENVITask('LogStretchRaster')

;定义参量
Task.INPUT_RASTER = Subset
Task.MIN = [180, 210, 120, 90]
Task.MAX = [800, 1300, 1055, 1100]
Task.OUTPUT_RASTER_URI = e.GetTemporaryFilename()

;执行任务
Task.Execute

;获得数据集
DataColl = e.Data
DataColl.Add, Task.Output_Raster

;显示结果
View1 = e.GetView()
Layer1 = View1.CreateLayer(Task.Output_Raster)
```

6.1.3 直方图调整

灰度直方图(histogram)是图像灰度级的函数,它表示图像中具有每种灰度级的像元的个数,反映图像中每种灰度出现的频率,如图 6.3 所示。直方图调整是对原图像的像元灰度做某种映射变换,使变换后图像的直方图为所要求的直方图,常用的方法有直方图均衡化、直方图规定化等。

1. 直方图均衡化

直方图均衡化(histogram equalization)是将原图像经过某种变换,使变换后图像灰度的概率密度呈均匀分布。其实质是对图像灰度进行非线性拉伸,重新分配图像像元值,使一定灰度范围内像元的数量大致相等。

需要说明的是:直方图均衡化后的每个灰度级的像元频率理论上应相等,即经直方图均衡化处理后的图像直方图顶部形态应为一条理想的水平直线,但实际上均衡化后的直方图并非如此。这是由于图像是离散函数,各灰度级的像元个数有限,在一些灰度级处可能没有像元,在另外一些灰度级处则像元很多,不太可能得到理想的直线形态。离散图像直方图均衡化的变换公式为

$$s_k = T(r_k) = (L-1)\sum_{j=0}^{k} p(r_j) = \frac{(L-1)}{N}\sum_{j=0}^{k} n_j \quad (k=0,1,2,\cdots,L-1) \tag{6.5}$$

式中,r_k、s_k 分别为变换前后的灰度级,$T(r_k)$ 为变换函数,L 为变化前的总灰度级数,r 的取值区间为 $[0,L-1]$,N 为图像的像元总数,n_j 是灰度 r_j 出现的像元个数,$p(r_j)$ 为灰度级 r_j

的概率，$\sum_{j=0}^{k} p(r_j)$ 则是灰度级 r_k 对应的累积概率。

直方图均衡化的特点主要有：①输出图像各灰度级中像元出现的频率近似相等；②原图像上像元出现频率小的灰度级被合并、实现压缩，像元出现频率高的灰度级被拉伸、突出其细部特征。用于图像直方图均衡化处理的函数或例程有 HIST_EQUAL、STRETCH_DOIT（METHOD=2）、ENVIEqualizationStretchRasterTask 等；其中 HIST_EQUAL 是 IDL 库中的处理函数，其源代码可在 IDL 安装目录下的 LIB 子文件夹中找到，即有：

```
IDL> FName = FILE_WHICH('hist_equal.pro')
% Compiled module: FILE_WHICH.
IDL> PRINT, FName
C:\Program Files\Exelis\IDL83\lib\hist_equal.pro
```

HIST_EQUAL 函数的调用格式如下：

```
Result = HIST_EQUAL( A [, BINSIZE = value] [, FCN = vector] [, /HISTOGRAM_ONLY] [, MAXV = value]
[, MINV = value] [, OMAX = variable] [, OMIN = variable] [, PERCENT = value] [, TOP = value] )
```

其中参数 A 是待处理的数组，关键字的说明见表 6.2。

表 6.2　HIST_EQUAL 函数的关键字说明

关键字	说明
BINSIZE	定义直方柱的大小，若 A 是一个字节型数组，则有 BINSIZE=1
FCN	定义一个理想累积概率分布函数，由 256 个元素组成的一维向量表示；若没有设定该关键字，IDL 将使用一个线性斜坡函数从而得到等概率的直方柱
HISTOGRAM_ONLY	若设置了此关键字，则函数返回的是一个长整型的向量，其用以表述输出结果的累积概率直方图；若没有设置此关键字，则函数返回的是直方图均衡化后的数组，其维数等同于参数 A 的维数
MAXV	定义函数所考虑的输入最大值。若输入参数 A 为字节型数组，其默认值为 255；其他情况下，默认值为数组 A 的最大值。当输入值大于或等于 MAXV 时，输出值等于 255
MINV	定义函数所考虑的输入最小值。若输入参数 A 为字节型数组，其默认值为 0；其他情况下，默认值为数组 A 的最小值。当输入值小于或等于 MINV 时，输出值等于 0
OMAX	定义构建直方图的最大数值
OMIN	定义构建直方图的最小数值
PERCENT	给定一个数值，其值大小在 0～100 之间，用来指定图像直方图拉伸的范围
TOP	定义对比度拉伸结果的最大值。若没有定义该关键字，则令 TOP=255。注意对比度拉伸结果的最小值总是为 0

代码 6.3 是利用 HIST_EQUAL 对遥感图像进行直方图均衡化的示例代码，运行结果如图 6.5 所示。

代码 6.3　遥感图像直方图均衡化的示例代码

```
PRO Hist_Equal_Demo

  ;配置环境
  COMPILE_OPT IDL2 &  ENVI

  ;打开一个图像数据文件,此处选择 IDL 示例数据 image.tif(ENVI 5.1 + IDL 8.3)
  FName = 'C:\Program Files\Exelis\IDL83\examples\data\image.tif'
  ENVI_OPEN_DATA_FILE, FName, /TIFF, R_FID = fid
  IF (fid EQ - 1) THEN BEGIN
    PRINT, 'Error opening file ',FName
    RETURN
  ENDIF

  ;查询头文件信息
  ENVI_FILE_QUERY, fid, NB = nb, NL = nl, NS = ns
  dims = [ - 1L,300,499,300,499];定义图像的空间维数
  pos = [0];选择第 1 个波段进行对比度拉伸

  ;拉伸前的数据,即原始图像
  DataPre = ENVI_GET_DATA(FID = fid, DIMS = dims, POS = pos)
  ;统计原始图像的直方图
  pdfPre = HISTOGRAM(DataPre, LOCATIONS = xBinPre)

  ;调用 HIST_EQUAL
  DataEqual = HIST_EQUAL(DataPre)
  pdfEqual = HISTOGRAM(DataEqual, LOCATIONS = xBinEqual)

  ;显示拉伸前后的图像、对应的直方图
  ;1)
  pImagePre = IMAGE(DataPre, /ORDER, LAYOUT = [2,2,1], DIMENSIONS = [2 * 200,2 * 200], $
    TITLE = '拉伸前的图像', FONT_SIZE = 8, MARGIN = [0.05,0.15,0.05,0.15]);/DEVICE
  pImagePre.WINDOW_TITLE = '直方图均衡化前后的图像比较'
  pHistPre = PLOT(xBinPre, pdfPre, LAYOUT = [2,2,2], /CURRENT, XRANGE = [0,255], $
    TITLE = '拉伸前的直方图', FONT_SIZE = 8, XTITLE = '灰度值', YTITLE = '频数', $
    MAX_VALUE = 5e3, AXIS_STYLE = 1, COLOR = 'red', MARGIN = [0.05,0.15,0.05,0.15])
  ;2)
  pImageEqual = IMAGE(DataEqual, /ORDER, LAYOUT = [2,2,3], /CURRENT, $
    TITLE = '拉伸后的图像', FONT_SIZE = 8, MARGIN = [0.05,0.15,0.05,0.15])
  pHistEqual = PLOT(xBinEqual, pdfEqual, LAYOUT = [2,2,4], /CURRENT, $
    XRANGE = [0,255], TITLE = '拉伸后的直方图', FONT_SIZE = 8, $
    XTITLE = '灰度值', YTITLE = '频数', MAX_VALUE = 5e3, AXIS_STYLE = 1, $
    COLOR = 'red', MARGIN = [0.05,0.15,0.05,0.15])

END
```

2. 直方图规定化

直方图规定化，又称直方图匹配(histogram matching)，是为了使单波段图像的直方图变成规定形状的直方图而对图像进行转换的增强方法。直方图正态化(histogram normalization)是直方图规定化的一个特例，它是将随机分布的原图像直方图变换成高斯正态分布的直方图，可调用STRETCH _ DOIT（METHOD = 3）、ENVIGaussianStretchRasterTask等函数进行实现。当原始图像的频率分布与正态分布相差较大时，不建议使用直方图均衡化进行图像拉伸，否则会丢失一些重要的图像信息。

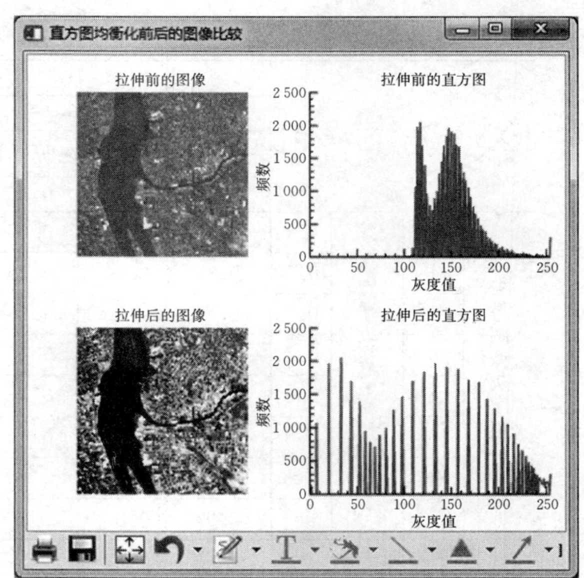

图 6.5 代码 6.3 的运行结果

在直方图规定化中，规定形状的直方图可以是参考图像的直方图，通过转换使两幅图像的亮度变化规律尽可能地接近；规定形状的直方图也可以是特定函数形式的直方图，使转换后的亮度变化尽可能地服从这种函数分布。直方图规定化的原理是对两个直方图都做均衡化，变成归一化的均匀直方图，再以均匀直方图做中介，对参考图像做均衡化的逆运算即可。其具体步骤如下：

(1)对原始图像进行统计分析，做出原始图像的直方图和累积直方图。

(2)对参考图像进行统计分析，做出参考图像的直方图和累积直方图。

(3)对于原始图像累积直方图中的每一灰度级的累积概率，在参考累积直方图中找到对应的累积概率，得到变换前后灰度级的对应关系。

(4)以新值替代原灰度值，形成直方图规定化后的新图像，并统计其直方图。

在上述步骤(3)中，将原始累积直方图向参考累积直方图做规定化映射时，常采用单映射规则(single mapping law, SML)或组映射规则(group mapping law, GML)。下面举例说明基于单映射规则SML的直方图规定化方法。

表6.3给出了一组原始图像和参考图像的直方图、累积直方图。根据原始图像的累积直方图和参考图像的累积直方图，建立一个计算矩阵(见表6.4中的双线框)，计算矩阵中每项分量是原始累积直方图与参考累积直方图各灰度级对应的累积概率之差的绝对值。当采用SML映射时，从原始累积直方图向参考累积直方图进行，分别在每一列中找到最小值第一次出现的行号，然后将原始图像中灰度级映射到该行号上，映射结果见表6.4中的最后一行。原始图像、参考图像及SML规定化后的图像直方图如图6.6所示。

表 6.3 原始图像与参考图像的直方图统计结果

灰度级	0	1	2	3	4	5	6	7
原始图像直方图-概率	0.1	0.05	0.2	0.15	0.15	0.05	0.1	0.2
原始图像累积直方图	0.1	0.15	0.35	0.5	0.65	0.7	0.8	1
参考图像直方图-概率	0.1	0	0.4	0	0.25	0	0.25	0
参考图像累积直方图	0.1	0.1	0.5	0.5	0.75	0.75	1	1

表 6.4 表 6.3 的单映射直方图规定化结果

<table>
<tr><td colspan="4" rowspan="4">$\left|\sum_{j=0}^{k} p(r_j) - \sum_{j=0}^{k} p(s_j)\right|$</td><td colspan="8">原始图像灰度级 r_k</td></tr>
<tr><td>0</td><td>1</td><td>2</td><td>3</td><td>4</td><td>5</td><td>6</td><td>7</td></tr>
<tr><td colspan="8">原始图像累积概率 $\sum_{j=0}^{k} p(r_j)$</td></tr>
<tr><td>0.1</td><td>0.15</td><td>0.35</td><td>0.5</td><td>0.65</td><td>0.7</td><td>0.8</td><td>1</td></tr>
<tr><td rowspan="8">参考图像灰度级 s_k</td><td>0</td><td rowspan="8">参考图像累积概率 $\sum_{j=0}^{k} p(s_j)$</td><td>0.1</td><td>0</td><td>0.05</td><td>0.25</td><td>0.4</td><td>0.55</td><td>0.6</td><td>0.7</td><td>0.9</td></tr>
<tr><td>1</td><td>0.1</td><td>0</td><td>0.05</td><td>0.25</td><td>0.4</td><td>0.55</td><td>0.6</td><td>0.7</td><td>0.9</td></tr>
<tr><td>2</td><td>0.5</td><td>0.4</td><td>0.35</td><td>0.15</td><td>0</td><td>0.15</td><td>0.2</td><td>0.3</td><td>0.5</td></tr>
<tr><td>3</td><td>0.5</td><td>0.4</td><td>0.35</td><td>0.15</td><td>0</td><td>0.15</td><td>0.2</td><td>0.3</td><td>0.5</td></tr>
<tr><td>4</td><td>0.8</td><td>0.65</td><td>0.6</td><td>0.4</td><td>0.25</td><td>0.1</td><td>0.05</td><td>0.05</td><td>0.25</td></tr>
<tr><td>5</td><td>0.8</td><td>0.65</td><td>0.6</td><td>0.4</td><td>0.25</td><td>0.1</td><td>0.05</td><td>0.05</td><td>0.25</td></tr>
<tr><td>6</td><td>1</td><td>0.9</td><td>0.85</td><td>0.65</td><td>0.5</td><td>0.35</td><td>0.3</td><td>0.2</td><td>0</td></tr>
<tr><td>7</td><td>1</td><td>0.9</td><td>0.85</td><td>0.65</td><td>0.5</td><td>0.35</td><td>0.3</td><td>0.2</td><td>0</td></tr>
<tr><td colspan="4">映射对应关系</td><td>0→0</td><td>1→0</td><td>2→2</td><td>3→2</td><td>4→4</td><td>5→4</td><td>6→4</td><td>7→6</td></tr>
<tr><td colspan="4">规定化后的直方图</td><td>0.15</td><td>0</td><td>0.35</td><td>0</td><td>0.3</td><td>0</td><td>0.2</td><td>0</td></tr>
</table>

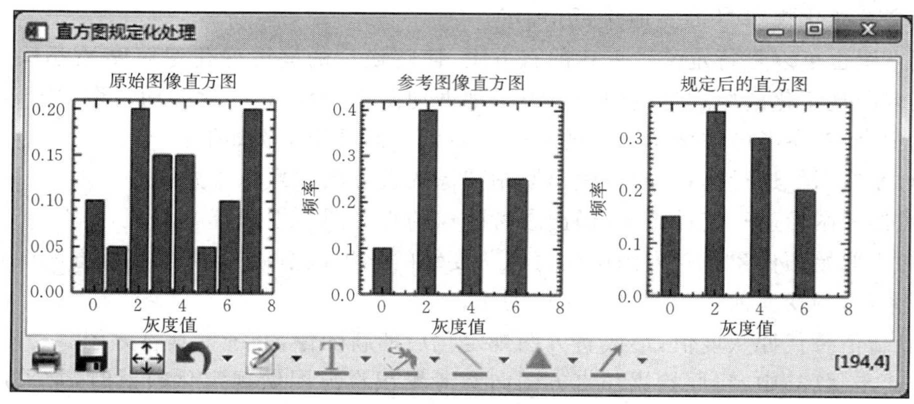

图 6.6 基于单映射规则的直方图规定化前后的直方图比较

代码 6.4 给出了遥感图像直方图规定化处理的示例代码。运行至代码第 27 行，选择图 6.3 中经 2%线性拉伸后的图像作为参考图像；分别对原始图像和参考图像统计出累积直方图后，采用单映射规则法确定输入、输出灰度级之间的映射关系（代码第 43 至 48 行）；最后，分别显示原始图像、参考图像、规定化处理后的图像以及相应的直方图，如图 6.7 所示。

代码 6.4 遥感图像直方图规定化处理的示例

```
1  ；参考：http://www.idlcoyote.com/ip_tips/histomatch.html
2  PRO Hist_Match_Demo
3
4    ；配置环境
5    COMPILE_OPT IDL2 & ENVI
6
7    ；打开一个图像数据文件，此处选择 IDL 示例数据 image.tif(ENVI 5.1 + IDL 8.3)
8    FName = 'C:\Program Files\Exelis\IDL83\examples\data\image.tif'
9    ENVI_OPEN_DATA_FILE, FName, /TIFF, R_FID = fid
```

续代码

```
IF (fid EQ - 1) THEN BEGIN
  PRINT, 'Error opening file ',FName
  RETURN
ENDIF
；查询头文件信息
ENVI_FILE_QUERY, fid, NB = nb, NL = nl, NS = ns
dims = [- 1L,300,499,300,499]；定义图像的空间维数
pos = [0]；选择第 1 个波段进行对比度拉伸

；拉伸前的数据,即原始图像
DataIn = ENVI_GET_DATA(FID = fid, DIMS = dims, POS = pos)
；统计原始图像的直方图
pdfIn = HISTOGRAM(DataIn, LOCATIONS = xBinIn)
；统计原始图像的累积直方图
cdfIn = TOTAL(pdfIn, /CUMULATIVE) / N_ELEMENTS(DataIn)

；打开参考图像
FName = ENVI_PICKFILE(TITLE = '输入参考图像', FILTER = '* . img')
ENVI_OPEN_FILE, FName, R_FID = fid
IF (fid EQ - 1) THEN BEGIN
  PRINT, 'Error opening file ',FName
  RETURN
ENDIF
；查询图像头文件信息
ENVI_FILE_QUERY, fid, DIMS = dims, NB = nb, NL = nl, NS = ns
；读取参考图像
DataRef = ENVI_GET_DATA(FID = fid, DIMS = dims, POS = [0])
；统计参考图像的直方图
pdfRef = HISTOGRAM(DataRef, LOCATIONS = xBinRef)
；统计参考图像的累积直方图
cdfRef = TOTAL(pdfRef, /CUMULATIVE) / N_ELEMENTS(DataRef)

；单映射
z = BYTARR(256)
FOR j = 0,255 DO BEGIN
  i = WHERE(cdfRef LT cdfIn[j], count)
  IF count GT 0 THEN z[j] = (REVERSE(i))[0] ELSE z[j] = 0
ENDFOR
DataOut = z[DataIn];处理后的图像
；统计处理后的图像直方图
pdfOut = HISTOGRAM(DataOut, LOCATIONS = xBinOut)

；1)显示原始图像及其直方图
pImageIn = IMAGE(DataIn, /ORDER, LAYOUT = [2,3,1], DIMENSIONS = [2 * ns,3 * nl], $
  TITLE = '原始图像', FONT_SIZE = 8, MARGIN = [0.05,0.15,0.15,0.15])
pImageIn.WINDOW_TITLE = '直方图归一化前后的图像比较'
pHistIn = PLOT(xBinIn, pdfIn, LAYOUT = [2,3,2], /CURRENT, XRANGE = [0,255], $
```

续代码

```
    TITLE = '原始图像的直方图', FONT_SIZE = 8, XTITLE = '灰度值', YTITLE = '频数', $
    MAX_VALUE = 5e3, AXIS_STYLE = 1, COLOR = 'red', MARGIN = [0.05,0.15,0.05,0.15])
  ; 2)显示参考图像及其直方图
  pImageRef = IMAGE(DataRef, /ORDER, LAYOUT = [2,3,3], /CURRENT, $
    TITLE = '参考图像', FONT_SIZE = 8, MARGIN = [0.05,0.15,0.15,0.15])
  pHistRef = PLOT(xBinRef, pdfRef, LAYOUT = [2,3,4], /CURRENT, $
    XRANGE = [0,255], TITLE = '参考图像的直方图', FONT_SIZE = 8, $
    XTITLE = '灰度值', YTITLE = '频数', MAX_VALUE = 5e3, AXIS_STYLE = 1, $
    COLOR = 'red', MARGIN = [0.05,0.15,0.05,0.15])
  ; 3)显示规定化处理后的图像及其直方图
  pImageOut = IMAGE(DataOut, /ORDER, LAYOUT = [2,3,5], /CURRENT, $
    TITLE = '规定化处理后的图像', FONT_SIZE = 8, MARGIN = [0.05,0.15,0.15,0.15])
  pHistOut = PLOT(xBinOut, pdfOut, LAYOUT = [2,3,6], /CURRENT, $
    XRANGE = [0,255], TITLE = '规定化处理后的图像直方图', FONT_SIZE = 8, $
    XTITLE = '灰度值', YTITLE = '频数', MAX_VALUE = 5e3, AXIS_STYLE = 1, $
    COLOR = 'red', MARGIN = [0.05,0.15,0.05,0.15])

END
```

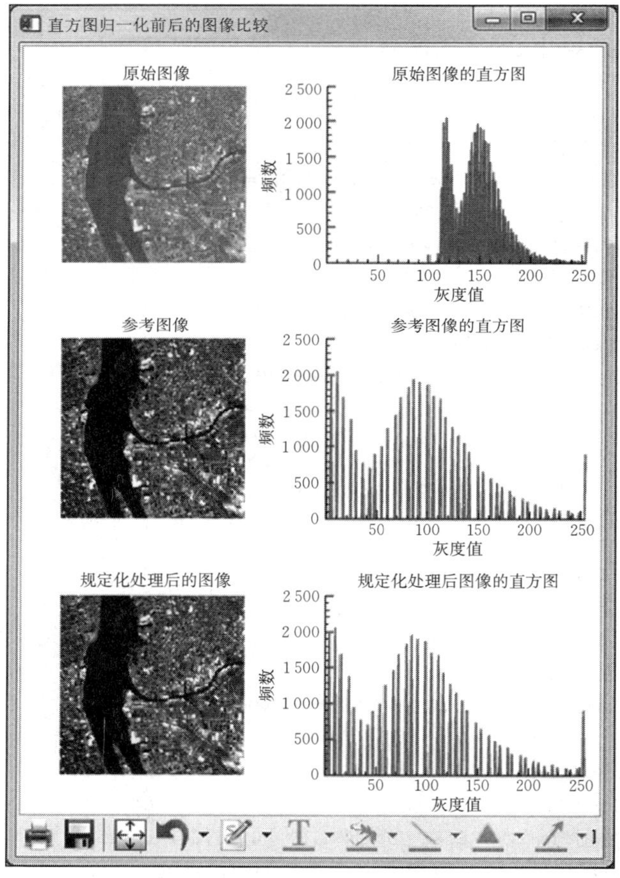

图 6.7 代码 6.4 的运行结果

6.2　空间域滤波增强

6.2.1　概　述

图像滤波增强是指运用滤波(filtering)技术来增强图像的某些空间频率特征，以改善地物目标与邻域或背景之间的灰度反差。在图像中，像元的灰度值随位置变化的频繁程度可以用频率来表示，这是一种随位置变化的空间频率。空间频率定义为图像中任一特定部分单位距离内亮度值的变化量。如果一幅图像中某区域内像元的亮度值变化很小或几乎不变，则该区域可视为低频区域，如平静的海面；相反，如果在很短的距离内亮度值有剧烈变化，则为高频区域，如海岸线。

从处理目的上区分，图像滤波增强主要有：

(1)图像平滑(smoothing)。指通过滤波增强低频信息抑制高频信息，以达到去除噪声、平滑图像细节的目的。遥感图像在获取和传输的过程中，由于传感器系统误差及大气等因素的影响，会在波段图像上产生一些亮点(噪声)，或者图像中出现亮度变化过大的区域，为了抑制噪声改善图像质量，通常需要进行图像平滑操作。

(2)图像锐化(sharpening)，也称边缘增强。指通过滤波增强高频信息抑制低频信息，突出像元灰度值变化较大的边缘、轮廓、线状目标等细节信息。

从处理方式上区分，图像滤波增强主要有：

(1)空间域滤波增强，也称为空间域卷积滤波。它利用定义的模板进行卷积运算来实现。按处理目的(图像平滑或图像锐化)的不同，选择卷积运算中的模板(表 6.5)。本节将重点介绍卷积运算的图像滤波过程、平滑滤波器、锐化滤波器。

(2)频率域滤波增强。是通过傅里叶变换将图像由空间域变换至频率域后，利用定义的滤波器进行乘积运算实现的。按处理目的(图像平滑或图像锐化)的不同设计滤波器，具体内容见 6.3 节。

表 6.5　空间域滤波增强中的常用模板

类型	输出	例子	应用
线性滤波器	加权和	均值滤波	去除噪声
		拉普拉斯算子	增强边缘
统计排序滤波器	统计中间大的值	中值滤波	去除噪声
	统计最大值	最大值滤波	寻找最亮点
	统计最小值	最小值滤波	寻找最暗点
梯度滤波器	梯度向量	Sobel、Roberts 算子	增强边缘

6.2.2　处理过程

空间域滤波增强在方法上强调当前处理像元与其周围相邻像元的关系，属于邻域运算，即输出图像中每个像元的灰度值是由对应的输入像元和其邻域像元的灰度值共同决定的。邻域通常有 4-邻域、8-邻域，例如，对于图像中的像元 (x,y) 而言，其 4- 邻域集合为 $\{(x-1,y),(x+1,y),(x,y-1),(x,y+1)\}$，其 8- 邻域集合为 $\{(x-1,y-1),(x-1,y),(x-1,y+$

1)，$(x,y-1)$，$(x,y+1)$，$(x+1,y-1)$，$(x+1,y)$，$(x+1,y+1)\}$。

空间域滤波增强是通过卷积(移动窗口内的积和运算)来实现的，具体步骤描述如下：

(1)选定运算模板(也称算子或卷积核)，其大小通常为奇数，例如，一个 $(2m+1)\times(2n+1)$ 大小的模板可表示为

$$\{t(i,j) \mid i=-m,-m+1,\cdots,0,\cdots,m-1,m,j=-n,-n+1,\cdots,0,\cdots,n-1,n\} \tag{6.6}$$

(2)从原图像 f 左上角开始，开一个与模板同样大小的活动窗口进行卷积运算，如图 6.8(a)所示，将图像窗口与模板窗口的各元素的灰度值对应相乘再求和，计算结果作为图像窗口中心像元 (x,y) 的新值，计算公式为

$$g(x,y)=\sum_{i=-m}^{m}\sum_{j=-n}^{n} f(x+i,y+j)\cdot t(i,j) \tag{6.7}$$

(3)沿同一行将模板向右移动一个像元，图像上的窗口也对应移动，如图 6.8(b)所示，按式(6.7)计算并把结果作为新窗口中心像元的新的灰度值。

(4)当一行处理结束后，窗口下移一行进行处理，以此类推，逐列逐行遍历整幅图像，输出滤波增强后的图像。

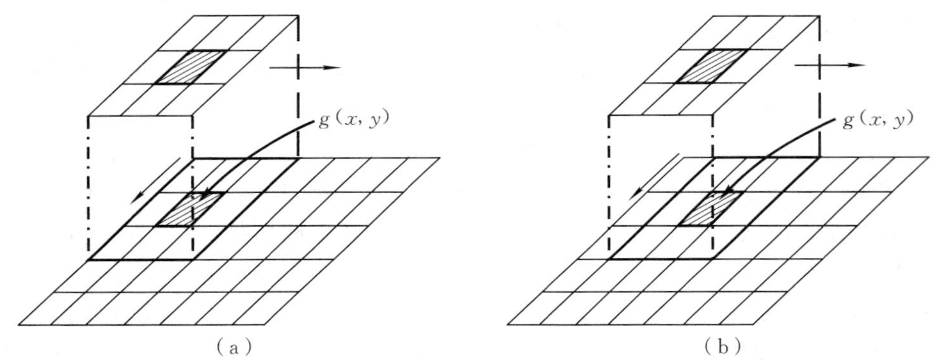

图 6.8 空间域滤波处理过程

通常，滤波增强输出的图像大小应等同于输入图像的大小，这就涉及图像边界的处理问题。例如，当运算模板大小为 3×3 时，位在输入图像的第一行、第一列以及最末一行、最末一列的边界像元是无法通过式(6.7)计算新值的。对于这些边界像元，通常有两种处理方法：一种是预处理方法，即在计算前外扩原图像，在原图像的上、下各加一行，左、右各加一列，所加像元的灰度值与相邻像元值相同；另一种是后处理方法，原图像完成卷积运算后，输出图像的第一行、第一列的像元分别用其后一行、后一列的各点新值代替，类似地，输出图像的最末一行、最末一列用其前一行或前一列的各点新值代替。

此外，空间域滤波处理通常有并行处理、串行处理两种方式。与并行处理相比，串行处理的输出结果受操作顺序的影响，其参与处理的邻域像元，一部分是未经处理的像元(原图像的像元灰度值)，而另一部分是已经处理的像元(像元值已进行更新)。

6.2.3 图像平滑

这里主要介绍中值滤波和均值滤波的基本原理和 ENVI+IDL 编程实现。

1. 中值滤波

中值滤波是对一个移动窗口内的像元灰度值排序，用中间的值代替窗口中心像元的原灰度值。它是一种非线性的图像平滑方法，对脉冲干扰及椒盐噪声的抑制效果较好，在抑制随机噪声的同时能有效保护边缘少受模糊。例如，基于并行处理策略，采用 1×3 窗口进行中值滤波。

原图像：2 6 2 1 2 4 4 4 2 4

处理后：2 2 2 2 2 4 4 4 4 4

IDL 库函数提供了 MEDIAN 中值滤波函数，其调用格式如下：

```
Result = MEDIAN ( Array [, Width] [, /DOUBLE][, DIMENSION = value] [, /EVEN] )
```

其中，参数 Array 是输入的待处理数组，在给定 Width 的前提下，若输入数组的数据类型是字节型，则输出结果 Result 的数据类型也是字节型；参数 Width 是中值滤波器的宽度，中值滤波器的维数与输入数组 Array 的维数相等；关键字 DOUBLE 用来强制计算过程使用双精度浮点型、返回的数据类型也是双精度浮点型；关键字 DIMENSION 用来定义在哪个维数上找寻数组的中值，例如，若输入数组 Array 维数是 $N_s \times N_l \times N_b$ 且 DIMENSION=3，则返回数组 Result 的维数为 $N_s \times N_l$，其元素 (x, y) 的值是 Array $[x, y, *]$ 的中值，但若该函数定义了关键字 Width，此关键字将被忽略；当分析窗口的元素个数是偶数时，若设置了关键字 EVEN，返回的中值等于中间两个值的平均值。

代码 6.5 是中值滤波的示例代码，首先对输入图像进行加噪（第 14 行），然后对加噪后图像进行中值滤波（第 17 行），输出结果如图 6.9 所示。

代码 6.5 中值滤波的示例代码

```
1  PRO MEDIAN_DEMO
2  
3    ；定义输入图像文件名
4    FName = FILEPATH('mineral.png', SUBDIR = ['examples','data'])
5  
6    ；读取输入图像
7    IOPEN, FName, DataIn
8    ; READ_PNG, FName, DataIn
9  
10   ；获取图像维数
11   Dims = SIZE(DataIn, /DIMENSIONS)
12 
13   ；对图像进行加噪
14   DataIn_Noisy = NOISE_HURL(DataIn, 0.05);NOISE_SLUR/NOISE_SCATTER
15 
16   ；对加噪后的图像进行中值滤波
17   DataOut = MEDIAN(DataIn_Noisy, 3)
18   ; DataOut = SMOOTH(DataIn_Noisy, 3);均值滤波
19 
20   ；并排显示图像
```

续代码

```
  ; 1)加噪前的图像
  IIMAGE, DataIn, VIEW_GRID = [3,1], DIMENSIONS = [3 * Dims[0], Dims[1]], $
    WINDOW_TITLE = 'Demo of Median Filtering', /NO_SAVEPROMPT;VIEW_TITLE =
  ; 2)加噪后的图像
  IIMAGE, DataIn_Noisy, /VIEW_NEXT
  ; 3)中值滤波处理后的图像
  IIMAGE, DataOut, /VIEW_NEXT

END
```

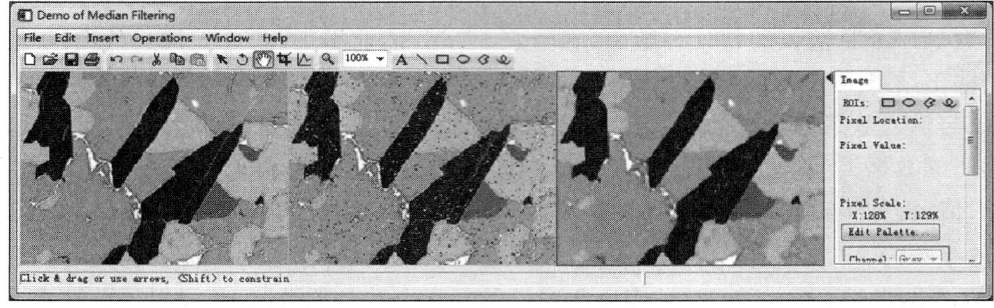

图 6.9 代码 6.5 的运行结果

2. 均值滤波

均值滤波是最常用的线性低通滤波器，它均等地对待邻域中的每个像元，对于原图像的每个像元，取邻域像元值的平均值作为该像元的新值。

IDL 库函数提供了 SMOOTH 均值滤波函数，其调用格式如下：

```
Result = SMOOTH( Array, Width [, /EDGE_MIRROR] [, /EDGE_TRUNCATE] [, /EDGE_WRAP] [, MISSING = value] [, /NAN] )
```

其中，参数 Array 是待平滑的数组，返回数组 Result 的维数与输入数组的维数相等；参数 Width 用来定义平滑窗口的大小，它可以是一个标量也可以是一个向量(向量长度等于输入数组的维数)，当 Width 为偶数时，其将被 Width＋1 所替换。关键字的说明见表 6.6。

表 6.6 SMOOTH 函数的关键字说明

关键字	说明
EDGE_ *	若没有设置 EDGE_MIRROR 等图像边界像元处理方式，则边界像元不做平滑处理，其数值等于原始图像中相应像元的灰度值
EDGE_MIRROR	若当前像元的邻域中有部分像元不在图像范围内时，超出图像边界的邻域像元值等于其镜像值。例如，当输入数组是一个一维向量 A 且窗口宽度 Width 等于 5 时，则输出结果的第 1 个元素值等于 $(A[1]+A[0]+A[0]+A[1]+A[2])/5$
EDGE_TRUNCATE	若当前像元的邻域中有部分像元不在图像范围内时，超出图像边界的邻域像元值等于其最近邻值。例如，当输入数组是一个一维向量 A 且窗口宽度 Width 等于 5 时，则输出结果的第 1 个元素值等于 $(A[0]+A[0]+A[0]+A[1]+A[2])/5$

续表

关键字	说明
EDGE_WRAP	若当前像元的邻域中有部分像元不在图像范围内时，超出图像边界的邻域像元值等于相反边界的像元值。例如，当输入数组是一个长度为 N 的一维向量 A 且窗口宽度 Width 等于 5 时，则输出结果的第 1 个元素值等于 $(A[N-2]+A[N-1]+A[0]+A[1]+A[2])/5$
MISSING	只有当设置了关键字 NAN 时，才使用此关键字
NAN	用以检查输入数据中有无 NAN(Not A Number)或无穷大值。NAN 或无穷大值所对应的元素将被视为缺失数据。若没有设置关键字 MISSING，缺失元素的输出值等于相应移动窗口中其他有效元素的平均值；若有设置关键字 MISSING，缺失元素的输出值则等于 MISSING 的定义值

若将代码 6.5 中的第 17 行改为 DataOut = SMOOTH(DataIn_Noisy, 3)，即实现了对噪声图像利用 3×3 大小的窗口进行均值滤波处理。

此外，用户也可定义均值滤波器，然后使用 CONVOL 函数对图像进行卷积运算，例如，将代码 6.5 中的第 17 行用以下几行代码进行替换，实现图像均值滤波的处理：

```
;定义均值滤波器
 Kernel = [ $
   [0,0,1,0,0], $
   [0,1,1,1,0], $
   [1,1,1,1,1], $
   [0,1,1,1,0], $
   [0,0,1,0,0]]
;调用 CONVOL 函数进行卷积运算
DataOut = CONVOL(DataIn_Noisy,Kernel,/NORMALIZE, $
   CENTER = FLOOR(FLOAT(N_ELEMENTS(Kernel))/2.0))
```

一旦定义了平滑或锐化处理的滤波器，则可调用 CONVOL 函数对图像进行滤波处理。CONVOL 调用格式说明如下：

```
Result = CONVOL( Array, Kernel [, Scale_Factor] [, BIAS = value] [, /CENTER] [, /EDGE_MIRROR] [, /
EDGE_TRUNCATE] [, /EDGE_WRAP] [, /EDGE_ZERO] [, INVALID = value] [, MISSING = value] [, /NAN] [, /
NORMALIZE] )
```

其中 Kernel 用来定义卷积运算所使用的模板；Scale_Factor 是比例系数，其默认值为 1；关键字 BIAS 是偏移量，输出值等于卷积运算结果除以比例系数再加上偏移量，若设置了 NORMALIZE 关键字，则 Scale_Factor 和 BIAS 将被忽略，而改用 NORMALIZE 自动计算出的比例系数和偏移量；关键字 CENTER 是用来定义模板 Kernel 中心元素的位置，若模板 Kernel 元素个数等于 N，则其中心点为 Kernel[FLOOR(N/2)]；其他关键字与 SMOOTH 中的关键字类似。

6.2.4　图像锐化

遥感图像中边缘模糊、线条不清是由于减少了边缘亮度差异而导致的，如图 6.10 所示，可通过图像锐化处理使其变得清晰。锐化是对移动窗口内的像元进行微分运算，是与平滑相反的增强处理方法，平滑是对移动窗口内的像元进行加权求和运算。空间域图像锐化常用的模板有梯度算子、Roberts 算子、Sobel 算子、拉普拉斯算子等。

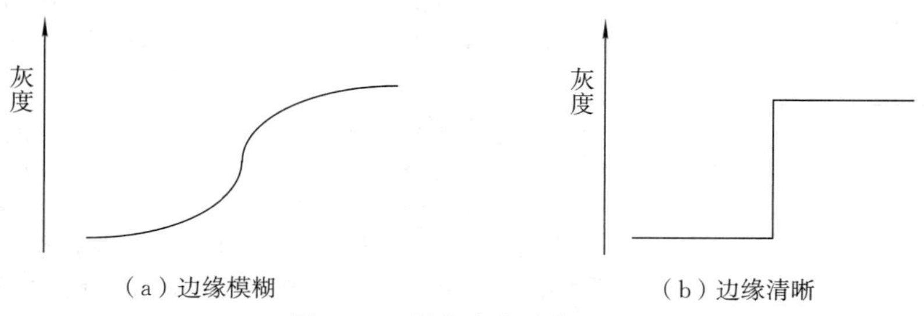

（a）边缘模糊　　（b）边缘清晰

图 6.10　图像中的边缘特征

1. 梯度算子

从数学的角度上看，检测或增强某区域内灰度的变化强度就是微分的概念。图像函数 $f(x,y)$ 在某处的微分值大，表明灰度的变化率大，边缘明显；微分值小，表明灰度变化率小，边缘不明显；当微分值为零时，表明灰度无变化，即无缘信息。因此，可考虑用 $\partial f(x,y)/\partial x$、$\partial f(x,y)/\partial y$ 分别表示图像在像元 (x,y) 处沿 x 和 y 方向的灰度变化率，或用图像函数的梯度表示，即梯度法。

梯度反映了相邻像元的亮度变化率，图像 f 在像元 (x,y) 处的梯度定义一个矢量

$$\mathrm{grad}[f(x,y)]=\left[\frac{\partial f(x,y)}{\partial x}\quad\frac{\partial f(x,y)}{\partial y}\right]^{\mathrm{T}}\tag{6.8}$$

其幅度和方向分别为

$$|\mathrm{grad}[f(x,y)]|=\left[\left(\frac{\partial f(x,y)}{\partial x}\right)^2+\left(\frac{\partial f(x,y)}{\partial y}\right)^2\right]^{1/2}\tag{6.9}$$

$$\theta=\arctan\left[\frac{\partial f(x,y)}{\partial x}\Big/\frac{\partial f(x,y)}{\partial y}\right]\tag{6.10}$$

由式(6.9)可知，梯度幅度是一个各向异性的微分算子。为了方便起见，通常将梯度幅度简称为梯度，但也应注意式(6.8)与式(6.9)在定义上是不同的，不要因称呼的简化而混淆。对于数字图像处理而言，一阶偏导数 $\partial f(x,y)/\partial x$、$\partial f(x,y)/\partial y$ 采用一阶差分近似表示

$$\left.\begin{aligned}\Delta_x f&=f(x,y)-f(x-1,y)\\\Delta_y f&=f(x,y)-f(x,y-1)\end{aligned}\right\}\tag{6.11}$$

与此同时，为了减少计算量，常用绝对值求和来代替平方和开平方根运算，从而得到梯度的近似值，即

$$|\mathrm{grad}[f(x,y)]|\cong|f(x,y)-f(x-1,y)|+|f(x,y)-f(x,y-1)|\tag{6.12}$$

在实际应用中，常利用卷积运算进行图像梯度计算，$\Delta_x f$、$\Delta_y f$ 各自使用一个模板。由式(6.11)可知，梯度算子对应的模板为

$$\begin{bmatrix}0&-1\\0&1\end{bmatrix},\begin{bmatrix}0&0\\-1&1\end{bmatrix}$$

2. Roberts 算子

Roberts 算子是采用局部交叉差分方法进行图像边缘检测的算子。对于图像 $f(x,y)$，它在点 (x,y) 处的 Roberts 梯度为

$$|\mathrm{grad}[f(x,y)]| \cong |f(x,y)-f(x+1,y+1)|+|f(x,y+1)-f(x+1,y)| \tag{6.13}$$

相应的模板定义为

$$\begin{bmatrix} 0 & -1 \\ \underline{1} & 0 \end{bmatrix},\ \begin{bmatrix} 1 & 0 \\ \underline{0} & 1 \end{bmatrix}$$

其中底部横线标识的元素对应着当前处理像元 (x,y)。

IDL 库函数中的 ROBERTS 是利用 Roberts 算子对图像进行边缘增强的函数，其调用格式如下：

```
Result = ROBERTS(Image)
```

类似地，还有 Prewitt、Sobel 算子等，它们考虑了更多邻域像元的关系，将差分范围从 2×2 扩大到 3×3，以更精确地提取图像边缘信息。定义的模板为：

$$\text{Prewitt：}\begin{bmatrix} -1 & -1 & -1 \\ 0 & 0 & 0 \\ 1 & 1 & 1 \end{bmatrix} \& \begin{bmatrix} -1 & 0 & 1 \\ -1 & 0 & 1 \\ -1 & 0 & 1 \end{bmatrix}$$

$$\text{Sobel：}\begin{bmatrix} -1 & -2 & -1 \\ 0 & 0 & 0 \\ 1 & 2 & 1 \end{bmatrix} \& \begin{bmatrix} -1 & 0 & 1 \\ -2 & 0 & 2 \\ -1 & 0 & 1 \end{bmatrix}$$

类似地，调用 PREWITT、SOBEL 函数即可实现相应的图像锐化处理。

3. 拉普拉斯算子

拉普拉斯(Laplacian)算子是一种二阶差分算子，具有各向同性的特性。对于一个连续的二元函数 $f(x,y)$，它在点 (x,y) 处的拉普拉斯梯度定义为

$$\nabla^2 f(x,y)=\frac{\partial^2 f(x,y)}{\partial x^2}+\frac{\partial^2 f(x,y)}{\partial y^2} \tag{6.14}$$

对于数字图像 $f(x,y)$，在一阶差分式(6.11)的基础上得到二阶差分

$$\left.\begin{aligned} \frac{\partial^2 f(x,y)}{\partial x^2} &\cong \Delta_x f(x+1,y)-\Delta_x f(x,y) \\ \frac{\partial^2 f(x,y)}{\partial y^2} &\cong \Delta_y f(x,y+1)-\Delta_y f(x,y) \end{aligned}\right\} \tag{6.15}$$

将式(6.15)代入式(6.14)中，即可得拉普拉斯算子的数学计算公式为

$$\nabla^2 f(x,y)=f(x+1,y)+f(x-1,y)+f(x,y+1)-f(x,y-1)-4f(x,y) \tag{6.16}$$

相应地，其模板定义表示为

$$\begin{bmatrix} 0 & 1 & 0 \\ 1 & -4 & 1 \\ 0 & 1 & 0 \end{bmatrix}$$

IDL 库中提供的调用函数如下：

```
Result = LAPLACIAN(Array [, /ADD_BACK] [, BIAS = value] [, /CENTER] [, /EDGE_TRUNCATE] [, /EDGE_
WRAP] [, /EDGE_ZERO] [, INVALID = value] [, KERNEL_SIZE = {3 | 5}] [, MISSING = value] [, /NAN] [, /
NORMALIZE])
```

其中若设置了关键字 ADD_BACK，则输出结果等于原始图像与二阶差分值之和。

代码 6.6 是边缘增强的示例代码，分别采用 Sobel、拉普拉斯算子对图像进行锐化处理，输出结果见图 6.11。

代码 6.6　边缘增强的示例代码

```
PRO Edge_Enhance_Demo

  ; 定义输入图像文件名
  FName = FILEPATH('mineral.png', SUBDIR = ['examples','data'])

  ; 读取输入图像
  IOPEN, FName, DataIn

  ; 获取图像维数
  Dims = SIZE(DataIn, /DIMENSIONS)

  ; Sobel 算子
  DataOut1 = SOBEL(DataIn)

  ; Laplacian 算子
  DataOut2 = LAPLACIAN(DataIn, /ADD_BACK, KERNEL_SIZE = 5)

  ; 并排显示图像
  ; 1)原始图像
  IIMAGE, DataIn, VIEW_GRID = [3,1], DIMENSIONS = [3 * Dims[0], Dims[1]], $
    WINDOW_TITLE = 'Demo of Edge Enhancement', /NO_SAVEPROMPT
  ; 2)Sobel 边缘提取的图像
  IIMAGE, DataOut1, /VIEW_NEXT
  ; 3)LAPLACIAN 边缘提取的图像
  IIMAGE, DataOut2, /VIEW_NEXT

END
```

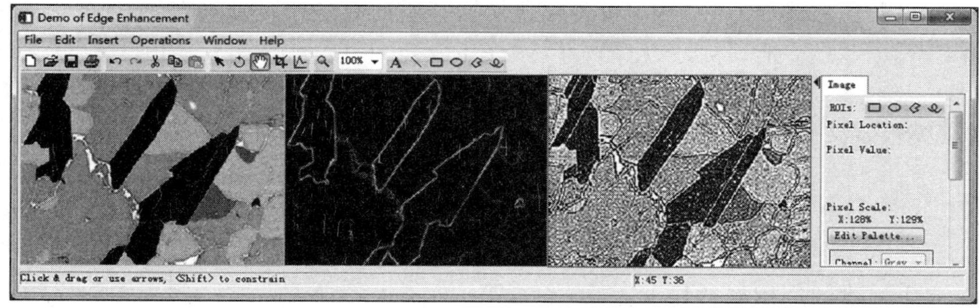

图 6.11　代码 6.6 的运行结果

此外，ENVI 也提供了 CONV_DOIT 卷积运算例程，用于空间域图像平滑或锐化处理，其调用格式如下：

```
ENVI_DOIT, 'CONV_DOIT', ADD_BACK = floating point{0.0 to 1.0} [, DIMS = array], FID = file ID, /IN_
MEMORY [, KERNEL = value] [, KX = value] [, KY = value], METHOD = {0 | 1 | 2 | 3 | 4 | 5 | 6 | 7 | 8},
OUT_BNAME = string array, OUT_NAME = string [, POS = array], R_FID = variable
```

其中，关键字 KERNEL 用来定义模板，若定义了此关键字，KX 和 KY 将被忽略，若没有定义此关键字，则由 METHOD 生成默认的模板；关键字 METHOD 用来定义滤波器类型，在 0～9 之间取整数值，分别对应于 Sobel 算子、Roberts 算子、中值滤波、低通滤波、高通滤波、拉普拉斯算子、方向滤波、高斯高通滤波、高斯低通滤波、用户定义等；KX、KY 用来定义模板的大小，若只定义了一个方向上的大小(KX 或 KY)，则令 KX＝KY(当 METHOD＝0,1,2,3 时，KX 应等于 KY，且当 METHOD＝0,1 时，模板大小应等于 3×3)。

6.3 频率域滤波增强

6.3.1 傅里叶变换

傅里叶变换是数字信号处理领域一种很重要的算法。要知道傅里叶变换算法的意义，首先要了解傅里叶原理。傅里叶原理表明：任何连续测量的时序或信号，都可以表示为不同频率的正弦波信号的无限叠加。而根据该原理创立的傅里叶变换算法利用直接测量到的原始信号，以累加方式来计算该信号中不同正弦波信号的频率、振幅和相位。

从纯粹的数学意义上看，傅里叶变换是将一个函数转换为一系列周期函数来处理的。从物理效果看，傅里叶变换是将图像从空间域转换到频率域，其逆变换是将图像从频率域转换到空间域。换句话说，傅里叶变换的物理意义是将图像的灰度分布函数变换为图像的频率分布函数，傅里叶逆变换是将图像的频率分布函数变换为灰度分布函数。

对于一幅 $N_l \times N_s$ 大小的单波段图像，用二维离散信号$\{[f(x,y)] \mid x=0,1,\cdots,N_l-1; y=0,1,\cdots,N_s-1\}$来表示，其傅里叶变换的数学表达式为

$$F(u,v)=\frac{1}{N_l \times N_s}\sum_{x=0}^{N_l-1}\sum_{y=0}^{N_s-1}\{f(x,y)\cdot \mathrm{e}^{[-j2\pi(ux/N_l+vy/N_s)]}\} \tag{6.17}$$

式中，$u=0,1,\cdots,N_l-1$，$v=0,1,\cdots,N_s-1$，为频率变量；j 为虚数$\sqrt{-1}$。在数字图像处理中，图像频率域特征通常由傅里叶变换的功率谱$|F(u,v)|=\sqrt{R^2(u,v)+I^2(u,v)}$、相位角 $\arctan(I(u,v)/R(u,v))$ 等测度进行表征，其中 $R(u,v)$ 和 $I(u,v)$ 分别表示 $F(u,v)$ 的实部和虚部。

相应地，通过傅里叶逆变换可将图像由频率域变换回原空间域，其数学表达式为

$$f(x,y)=\frac{1}{N_l \times N_s}\sum_{u=0}^{N_l-1}\sum_{v=0}^{N_s-1}\{F(u,v)\cdot \mathrm{e}^{[j2\pi(ux/N_l+vy/N_s)]}\} \tag{6.18}$$

为了减少运算步骤和节省时间，一般图像处理系统通常采用快速傅里叶变换(fast Fourier transform, FFT)实现图像空间域与频率域之间的转换。IDL 库函数中 FFT 的调用格式如下：

```
Result = FFT( Array [, Direction] [, /CENTER] [, DIMENSION = scalar] [, /DOUBLE] [, /INVERSE] [, /
OVERWRITE] )
```

其参数和关键字说明如下：

(1)Result 是返回的数组，属复数类型，维数与输入数组的维数相等。若没有设置关键字 CENTER，则 Result 的第 1 个元素是频率等于 0 时的分量(称之为直流分量)；否则，直流分量位移到数组中心位置。

(2)参数 Array 是待进行快速傅里叶变换的数组，它将被转换为复数类型参与运算。FFT 函数可对高达 8 维的数组进行快速傅里叶变换。

(3)参数 Direction 是一个标量。若未定义该参数或定义其为负值时，则执行正变换；若定义为正值时，则执行逆变换；若设置了关键字 INVERSE，Direction 参数将被忽略。

(4)若定义了关键字 CENTER，则直流分量将位移至频谱图中心。若在正变换中使用了该关键字，则在逆变换中也需定义此关键字，将变换系数位移回去。

(5)关键字 DIMENSION 用来定义一个标量，指定在哪个维方向执行 FFT 运算。若没有定义该关键字或 DIMENSION=0 时，则按输入数组的维数顺序执行 FFT。若定义了此关键字，则仅在定义的维方向上执行 FFT。例如，输入数组是一个高光谱遥感图像，其数据存储方式为 BSQ 格式，其维数为 $N_s \times N_l \times N_b$，当 DIMENSION=3 时，则仅在波谱维方向执行 FFT，即对每个像元的波谱特征向量进行一维快速傅里叶变换。

(6)关键字 DOUBLE 用来定义运算过程以及输出的数据类型，若定义为非零值时，则运算过程和输出的数据类型是双精度复数类型。

(7)关键字 INVERSE 用来指定执行逆变换，关键字 OVERWRITE 表示覆盖重写已有的变量。

代码 6.7 是图像快速傅里叶变换的示例代码，比较了执行 FFT 函数时设置关键字 CENTER 前后的输出结果，见图 6.12。

代码 6.7　快速傅里叶变换的示例代码

```
PRO FFT_Demo

  ; 定义输入图像文件名
  FName = FILEPATH('mineral.png', SUBDIR = ['examples','data'])

  ; 读取输入图像
  IOPEN, FName, DataIn

  ; FFT 正变换
  Result1 = FFT(DataIn, /DOUBLE, /OVERWRITE)
  Result2 = FFT(DataIn, /CENTER, /DOUBLE, /OVERWRITE)

  ; 生成频谱图
  PowerSpect1 = ABS(Result1)^2
  SclPowerSpect1 = ALOG10(PowerSpect1)
  PowerSpect2 = ABS(Result2)^2
  SclPowerSpect2 = ALOG10(PowerSpect2)

```

续代码

```
  ; 获取输入数组维数
  Dims = SIZE(DataIn, /DIMENSIONS)

  ; 并排显示图像
  ; 1)原始图像
  IIMAGE, DataIn, VIEW_GRID = [3,1], DIMENSIONS = [3 * Dims[0], Dims[1]], $
    WINDOW_TITLE = 'Demo of FFT', /NO_SAVEPROMPT
  ; 2)未设置 CENTER 关键字的 FFT 频谱图
  IIMAGE, SclPowerSpect1, /VIEW_NEXT
  ; 3)设置 CENTER 关键字的 FFT 频谱图
  IIMAGE, SclPowerSpect2, /VIEW_NEXT

END
```

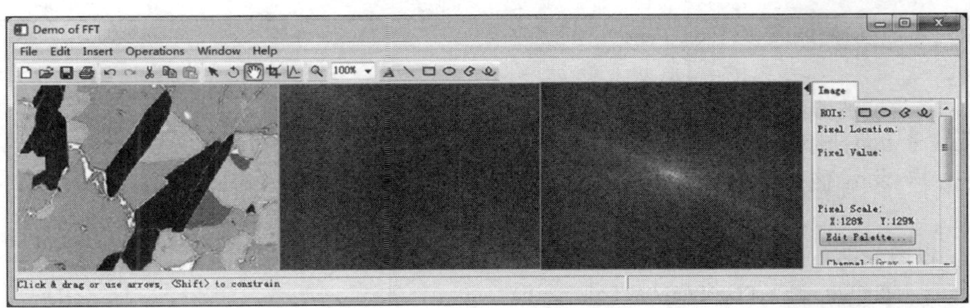

图 6.12　代码 6.7 的运行结果

6.3.2　基本原理

傅里叶变换可将傅里叶变换前的空间域中的复杂卷积运算，转化为傅里叶变换后的频率域的简单乘积运算。

1. 处理过程

频率域滤波增强处理的一般过程如图 6.13 所示。首先通过快速傅里叶变换将空间域图像 $f(x,y)$ 变换为频率域图像 $F(u,v)$，然后选择合适的滤波器 $H(u,v)$ 对 $F(u,v)$ 进行滤波增强得到 $G(u,v)$，再经过快速傅里叶逆变换(inverse fast Fourier transform，IFFT)将 $G(u,v)$ 变换回空间域，得到增强后的图像 $g(x,y)$。

$$f(x,y)\xrightarrow{\text{傅里叶正变换}}F(u,v)\xrightarrow{\text{滤波增强}}G(u,v)=F(u,v)\cdot H(u,v)\xrightarrow{\text{傅里叶逆变换}}g(x,y)$$

图 6.13　频率域滤波增强的一般过程

在图像中，频率是指像元的灰度值随位置变化的频繁程度。对于均匀分布的地物或大面积的稳定结构，如植被类型一致的平原、大面积的沙漠等具有较低的空间频率，即在较长的像元距离内灰度值变化缓慢；而对于边缘、线条、噪声等图像特征，如湖泊的边界、道路等具有较高的空间频率，即在较短的像元距离内灰度值变化明显。因此，在频率域滤波增强技术中，平滑主要是保留图像的低频部分而抑制高频部分，设计的滤波器 $H(u,v)$ 应为低通滤波器；锐化则保留图像的高频部分而削弱低频部分，设计的滤波器 $H(u,v)$ 应为高通滤波器。

2. 低通滤波器

常用的低通滤波器有理想低通滤波器、Butterworth 低通滤波器、指数低通滤波器、梯形低通滤波器等。

1)理想低通滤波器

设在频率域平面内，距离零频率点的截止频率为 $D_c(D_c \geqslant 0)$，某一点到原点的距离为 $D(u,v)=(u^2+v^2)^{1/2}$，则理想低通滤波器的传递函数为

$$H(u,v)=\begin{cases}1 & 当\ D(u,v)\leqslant D_c \\ 0 & 当\ D(u,v)>D_c\end{cases} \tag{6.19}$$

理想低通滤波器是指以截止频率 D_c 为半径的圆内所有频率分量都能通过，而在截止频率圆外的所有频率分量完全不能通过。代码 6.8 给出了创建理想低通滤波器的示例代码，并绘制了其三维图形和剖面图，见图 6.14。

代码 6.8 创建理想低通滤波器的示例代码

```
PRO Ideal_Low_Pass_Filter_Demo

  ;指定滤波器的大小
  ns = 300;图像列数
  nl = 200;图像行数

  ;以图像中心位置作为零频率点
  u = INDGEN(nl) - FLOOR(FLOAT(nl)/2.0)
  v = INDGEN(ns) - FLOOR(FLOAT(ns)/2.0)

  ;计算各点至零频率点的距离
  uu = u##REPLICATE(1,ns)
  vv = v#REPLICATE(1,nl)
  D = SQRT(uu^2 + vv^2)

  ;设置截止频率
  cutoff = 50

  ;理想低通滤波器
  H = FLTARR(ns,nl) + (D LE cutoff)

  ;绘制滤波器的三维图形
  s = SURFACE(H, DIMENSIONS=[2.5*ns,1.5*nl], LAYOUT=[2,1,1], $
    AXIS_STYLE=2, ZTEXTPOS=1, MARGIN=[0.20,0.15,0.05,0.15], $
    FONT_SIZE=8, FONT_NAME='Times', BOTTOM_COLOR = 'r', COLOR='y')
  s.WINDOW_TITLE = 'Demo of Ideal Low-Pass Filter'
  s.TITLE = '三维图形'
  ax = s.AXES
  ax[0].TITLE='$\it u$'
  ax[1].TITLE='$\it v$'
```

续代码

```
ax[2].TITLE = '$\it H$'+'$\rm ($'+'$\it u$'+'$\rm , $'+'$\it v$'+'$\rm )$'

; 由零频率点作为起始点,绘制滤波器的二维剖面图
zero_location = WHERE(d EQ 0, /NULL)
zero_ind = ARRAY_INDICES(d, zero_location)
plot_x = REFORM(d(zero_ind[0],zero_ind[1]:nl - 1))
plot_y = REFORM(h(zero_ind[0],zero_ind[1]:nl - 1))
p = PLOT(plot_x, plot_y, LAYOUT = [2,1,2], /CURRENT, AXIS_STYLE = 1, '- r3', $
  FONT_SIZE = 8, FONT_NAME = 'Times', MARGIN = [0.30,0.15,0.05,0.15])
p.TITLE = '二维剖面图'
ax = p.AXES
ax[0].TITLE = '$\it D$'+'$\rm ($'+'$\it u$'+'$\rm , $'+'$\it v$'+'$\rm )$'
ax[1].TITLE = '$\it H$'+'$\rm ($'+'$\it u$'+'$\rm , $'+'$\it v$'+'$\rm )$'

END
```

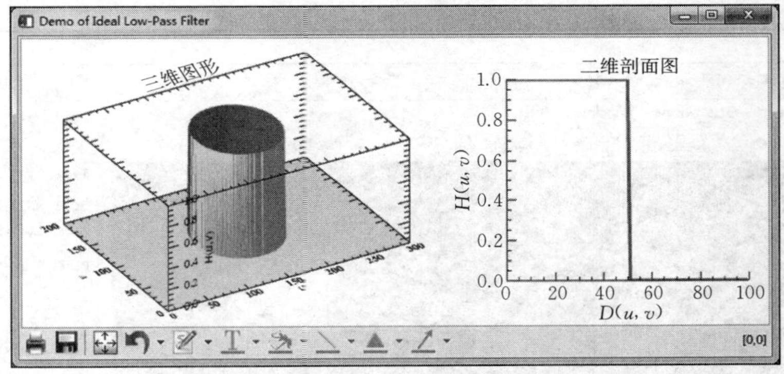

图 6.14　代码 6.8 的运行结果

2)Butterworth 低通滤波器

Butterworth 低通滤波器的传递函数为

$$H(u,v)=1/\{1+[D(u,v)/D_c]^{2n}\} \tag{6.20}$$

式中,D_c 是截止频率;n 为阶数,取正整数,控制曲线的形状。IDL 库提供了创建 Butterworth 低通滤波器的函数,用于滤除图像中高频部分的噪声。该函数调用格式如下:

```
Result = BUTTERWORTH( X [, Y [, Z]] [, CUTOFF = value] [, ORDER = value] [, /ORIGIN] [, XDIM =
value] [, YDIM = value] [, ZDIM = value] )
```

其中,参数 X、Y、Z 分别表示在 x、y 和 z 方向上向量的元素个数;关键字 CUTOFF 用以定义截止频率,其默认值为 9;关键字 ORDER 是滤波器的阶数,其默认值为 1;关键字 XDIM、YDIM、ZDIM 分别表示 x、y 和 z 方向上的步长;若设置了关键字 ORIGIN,零频率将位移至数组中心。

代码 6.9 是创建 Butterworth 低通滤波器的示例代码。其中代码第 3 行和第 4 行定义了滤波器的空间大小,第 7 行和第 8 行分别使用 BUTTERWORTH 函数创建了相应的滤波器。所不同的是,代码第 7 行没有设置关键字 ORIGIN,第 11 行至 13 行调用 IIMAGE 过程显示比

较了有无使用 ORIGIN 关键字所创建的滤波器,结果见图 6.15。

代码 6.9 创建 Butterworth 低通滤波器的示例代码

```
PRO Butterworth_Demo

ns = 300; 图像列数
nl = 200; 图像行数

; 创建滤波器
Result1 = BUTTERWORTH(ns, nl, CUTOFF = 24)
Result2 = BUTTERWORTH(ns, nl, CUTOFF = 24, /ORIGIN)

; 滤波器显示
IIMAGE, Result1 , VIEW_GRID = [2,1], DIMENSIONS = [2 * ns, nl], $
  WINDOW_TITLE = 'Demo of Butterworth Low - Pass Filter', /NO_SAVEPROMPT
IIMAGE, Result2, /VIEW_NEXT;SURFACE

END
```

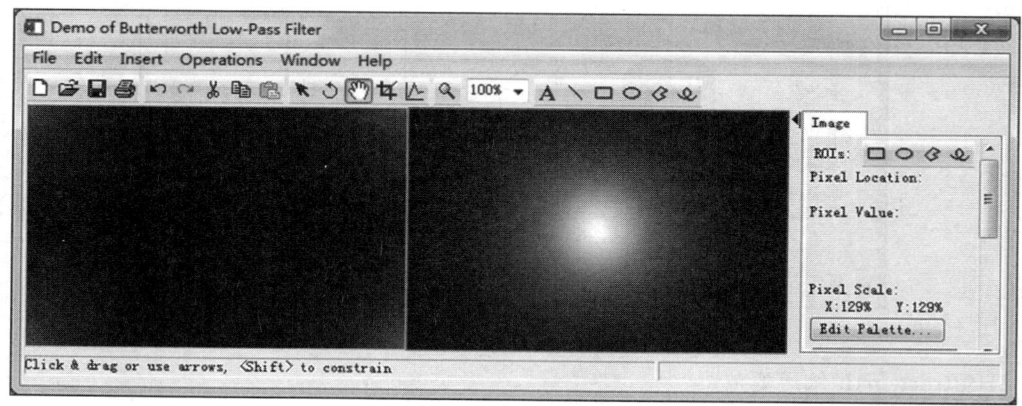

图 6.15 代码 6.9 的运行结果

3)其他低通滤波器

指数低通滤波器的传递函数为

$$H(u,v)=\mathrm{e}^{-\left[\frac{D(u,v)}{D_c}\right]^n} \tag{6.21}$$

式中,D_c 为截止频率,n 为阶数。当 $n=1$ 时,$H(u,v)$ 在 D_c 处的值降为最大值的 1/e。与 Butterworth 低通滤波器相比,指数低通滤波器具有更快的衰减特性,采用此滤波器在抑制噪声的同时,图像中边缘的模糊程度较大。

梯形低通滤波器的传递函数为

$$H(u,v)=\begin{cases}1 & \text{当 } D(u,v)<D_c \\ \dfrac{D(u,v)-D'_c}{D_c-D'_c} & \text{当 } D_c\leqslant D(u,v)\leqslant D'_c \\ 0 & \text{当 } D(u,v)>D'_c\end{cases} \tag{6.22}$$

式中,D_c 是截止频率,$D'_c>D_c$。

3. 高通滤波器

常用的高通滤波器有理想高通滤波器、Butterworth 高通滤波器、指数高通滤波器、梯形高通滤波器等。

1)理想高通滤波器

设在频率域平面内，理想高通滤波器离开原点的截止频率为 $D_0(D_0 \geqslant 0)$，理想高通滤波器的传递函数为

$$H(u,v)=\begin{cases}0 & 当\ D(u,v)\leqslant D_c \\ 1 & 当\ D(u,v)>D_c\end{cases} \tag{6.23}$$

其中，截止频率 D_c 可根据需要确定。该滤波器与理想低通滤波器相反，$D(u,v)>D_c$ 的高频频率全部通过，$D(u,v)\leqslant D_c$ 的低频频率全部去除。将代码 6.8 中的第 20 行改写为 H=FLTARR(ns,nl)+(D GT cutoff)，即可生成一个理想高通滤波器，如图 6.16 所示。

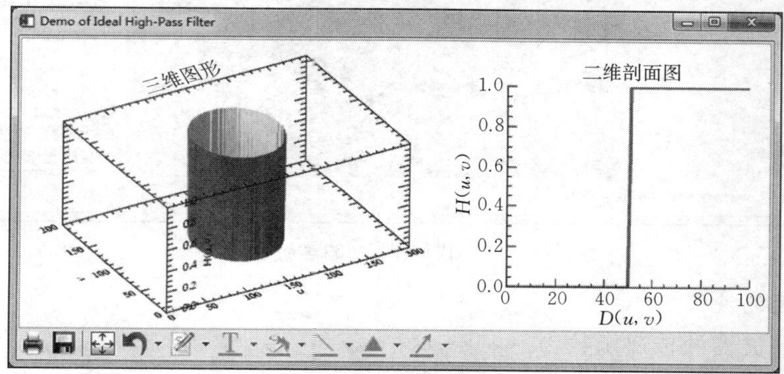

图 6.16　理想高通滤波器

2)Butterworth 高通滤波器

Butterworth 高通滤波器的传递函数为

$$H(u,v)=1/\{1+[D_c/D(u,v)]^{2n}\} \tag{6.24}$$

其程序实现只需将 IDL 安装路径下的"\lib\butterworth.pro"文件中的第 103 行改写为如下形式：

```
bFilter = 1.0 / sqrt((1 + (cutoff/distarr)^(2 * order)))
```

即可。这里将改写的文件另存为"butterworth_highpass.pro"文件。代码 6.10 给出了创建 Butterworth 高通滤波器的示例代码，运行结果见图 6.17。

代码 6.10　创建 Butterworth 高通滤波器的示例代码

```
PRO Butterworth_HighPass_Demo

  ns = 300; 图像列数
  nl = 200; 图像行数

  ; 创建滤波器
  Result1 = BUTTERWORTH_HIGHPASS(ns, nl, CUTOFF = 150)
  Result2 = BUTTERWORTH_HIGHPASS(ns, nl, CUTOFF = 150, /ORIGIN)
```

续代码

```
;滤波器显示
IIMAGE, Result1 , VIEW_GRID=[2,1], DIMENSIONS=[2*ns, nl], $
  WINDOW_TITLE='Demo of Butterworth High-Pass Filter', /NO_SAVEPROMPT
IIMAGE, Result2, /VIEW_NEXT;SURFACE

END
```

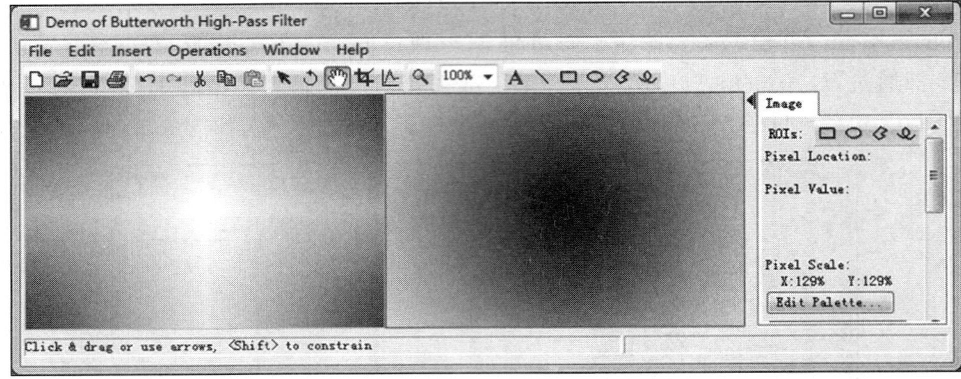

图 6.17　代码 6.10 的运行结果

3)其他高通滤波器

指数高通滤波器的传递函数为

$$H(u,v)=\mathrm{e}^{-\left[\frac{D_c}{D(u,v)}\right]^n} \tag{6.25}$$

式中，$n=1,2,3,\cdots$，它控制着 $H(u,v)$ 随 $D(u,v)$ 的增长率。

梯形高通滤波器的传递函数为

$$H(u,v)=\begin{cases}0 & \text{当 } D(u,v)<D'_c \\ \dfrac{D(u,v)-D'_c}{D_c-D'_c} & \text{当 } D'_c\leqslant D(u,v)\leqslant D_c \\ 1 & \text{当 } D(u,v)>D_c\end{cases} \tag{6.26}$$

式中，D_c 为截止频率，D'_c 为零截止频率，$D'_c<D_c$，频率低于 D'_c 的分量 100%衰减。

6.3.3　算法实现

根据 6.3.2 小节频率域滤波增强处理的过程，编写了代码 6.11，实现了频率域图像锐化处理，运行结果见图 6.18。代码 6.11 中，运行至第 7 行后，获得了原始图像数据；运行代码第 13 行将原始图像从空间域转换至频率域中；根据原始图像的大小及处理目的定义滤波器，第 16 行定义的是 Butterworth 高通滤波器；运行代码第 19 行基于乘运算进行滤波增强；最后，将代码第 19 行运行的结果利用傅里叶逆变换将其反变换回空间域。

代码 6.11　频率域滤波增强的示例代码

```
1   PRO Frequency_Edge_Enhance_Demo
2
```

续代码

```
; 定义输入图像文件名
FName = FILEPATH('mineral.png', SUBDIR = ['examples','data'])

; 读取输入图像
IOPEN, FName, DataIn

; 获取图像维数
Dims = SIZE(DataIn, /DIMENSIONS)

; 傅里叶正变换
ffTransform = FFT(DataIn, /CENTER)

; 定义滤波器
mask = BUTTERWORTH_HIGHPASS(Dims[0], Dims[1], CUTOFF = 150, /ORIGIN)

; 滤波增强,在频率域中做乘运算
maskedTransform = ffTransform * mask

; 傅里叶逆变换
inverseTransform = REAL_PART(FFT(maskedTransform, /INVERSE, /CENTER))

; 并排显示图像
; 1)原始图像
IIMAGE, DataIn, VIEW_GRID = [2,1], DIMENSIONS = [2 * Dims[0], Dims[1]], $
WINDOW_TITLE = 'Demo of Edge Enhancement in the Frequency Domain', $
/NO_SAVEPROMPT
; 2)滤波增强后的图像
IIMAGE, inverseTransform, /VIEW_NEXT

END
```

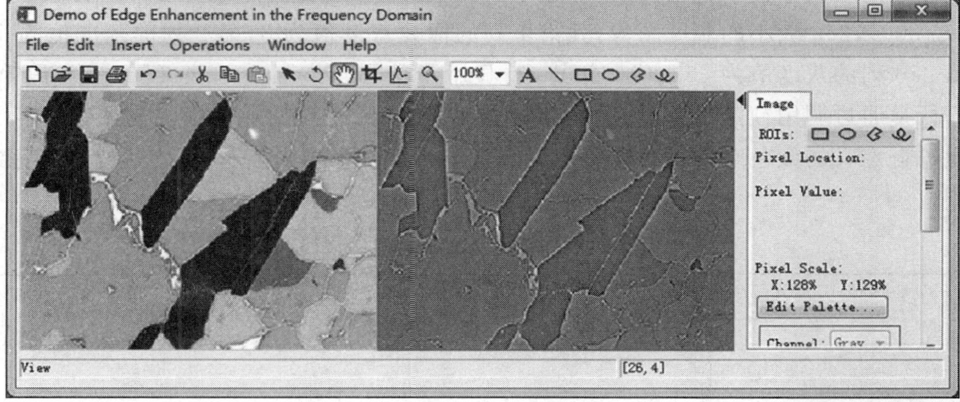

图 6.18　代码 6.11 的运行结果

代码 6.11 是基于纯 IDL 编程实现的频率域滤波增强。ENVI 也提供了用于频率域滤波增强处理的函数，例如：FFT_DOIT、ENVI_FILTER_DOIT、FFT_INV_DOIT，3 个 DOIT 函数[①]需按序调用才能完成频率域图像滤波处理。首先，调用 FFT_DOIT 对原始图像 $f(x,y)$ 进行傅里叶变换，得到原始图像在频率域中的表达 $F(u,v)$；然后，调用 ENVI_FILTER_DOIT 创建滤波器 $H(u,v)$；最后，调用 FFT_INV_DOIT，将创建好的滤波器 $H(u,v)$ 应用至 $F(u,v)$，即进行乘运算得到 $G(u,v)$，随后对 $G(u,v)$ 进行傅里叶逆变换，得到滤波增强后的图像 $f(x,y)$。

6.4　伪彩色增强

人眼对灰度级的分辨能力较差，一般只能区分 20 级左右的灰度级，而对彩色的分辨能力却可以达到灰度分辨率能力的几十倍以上。因此，将灰度图像变为彩色图像可以明显改善图像的可视性，即伪彩色增强。

6.4.1　基本原理

伪彩色增强是把一幅黑白图像的不同灰度按一定的函数关系映射成彩色，得到一幅彩色图像的方法。密度分割法是伪彩色增强中最基本、最简单的方法，又称灰度分层法。它是对单波段黑白遥感图像按灰度分层，对每层赋予不同的色彩，使之变为一幅彩色图像，如图 6.19 所示。假设现有一幅黑白图像，其灰度动态范围为 $[L_{min}, L_{max}]$，将之分成 $[L_{min}, L_1)$，$[L_1, L_2)$，…，$[L_{N-1}, L_N]$，共 N 个区域，每个区域分配一种彩色，即每个灰度区间指定一种颜色 $C_i(i=1,2,\cdots,N)$，从而将灰度图像变为有 N 种颜色的伪彩色图像。

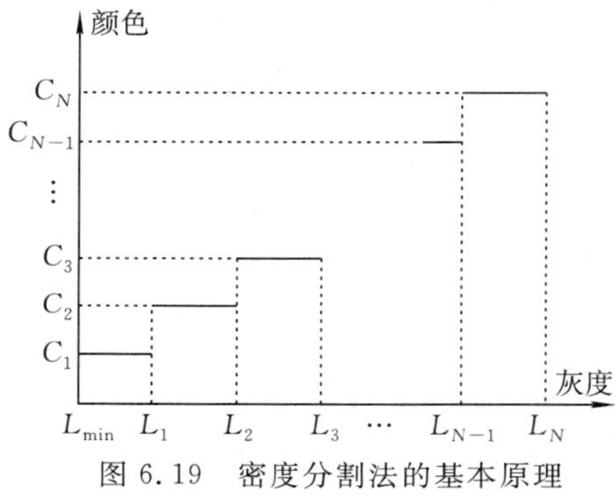

图 6.19　密度分割法的基本原理

6.4.2　算法实现

代码 6.12 给出了伪彩色增强的示例代码，运行结果见图 6.20。代码第 4 行至第 7 行生成了一幅 300×256 大小的灰度图像，其第 1 列的像元灰度值为 0，第 2 列的灰度值为 1，以此递推，第 256 列的灰度值为 255；代码第 10 行显示了伪彩色增强前的灰度图像；代码第 21 行至第 25 行是通过调用预定义颜色查找表对原始灰度图像进行伪彩色增强显示；代码第 27 行后，是通过自定义的颜色查找表对原始灰度图像进行伪彩色增强显示，其中建立的颜色索引见表 6.7。

代码 6.12　伪彩色增强的示例代码

```
1  PRO Pseudo_Color_Image_Demo
2
```

① 其调用格式查看网址 http://www.exelisvis.com/docs/。

续代码

```
  ;生成一幅灰度图
  ns = 256UL
  nl = 300UL
  data = BYTARR(ns,nl)
  FOR i = 0,ns - 1 DO data[i, * ] = BYTE(i)

  ;灰度图显示
  im1 = IMAGE(data, DIMENSIONS = [3 * (ns + 20),nl + 50], $
    /DEVICE, LAYOUT = [3,1,1], POSITION = [10,50,ns + 9,nl + 49], $
    WINDOW_TITLE = 'Gray Image & Pseudo - Color Image')
  cb1 = COLORBAR(TARGET = im1, ORIENTATION = 0, $
    /DEVICE, POSITION = [10,20,ns + 9,39])
  cb1.BORDER_ON = 1

  ;采用默认的颜色查找表进行伪彩色显示
  ; LOADCT, 23
  ; TVLCT, R, G, B, /GET
  ; PRINT, [[R], [G], [B]]
  im2 = IMAGE(data, /CURRENT, RGB_TABLE = 23, /DEVICE, $ ;XLOADCT/38
    LAYOUT = [3,1,2], POSITION = [ns + 30,50,ns + ns + 29,nl + 49])
  cb2 = COLORBAR(TARGET = im2, ORIENTATION = 0, $
    /DEVICE, POSITION = [ns + 30,20,ns + ns + 29,39])
  cb2.BORDER_ON = 1

  ;采用自定义的颜色查找表进行伪彩色显示
  ;1) 建立索引
  nidxs = 16
  vec = BINDGEN(nidxs)
  increment = 256/nidxs
  FOR i = 0,nidxs - 1 DO vec[i] = vec[i] * increment
  ; PRINT, vec
  loc = VALUE_LOCATE(vec, data)
  ;2) 定义颜色查找表
  ctable = COLORTABLE([[255,0,0],[0,255,0],[0,0,255]],NCOLORS = nidxs,/TRANSPOSE)
  ; PRINT,ctable
  ;3) 显示伪彩色图像
  im3 = IMAGE(BYTE(loc), /CURRENT, RGB_TABLE = ctable, /DEVICE, $
    LAYOUT = [3,1,3], POSITION = [ns + ns + 50,50,ns + ns + ns + 49,nl + 49])
  cb3 = COLORBAR(TARGET = im3, ORIENTATION = 0, $
    /DEVICE, POSITION = [ns + ns + 50,20,ns + ns + ns + 49,39])
  cb3.BORDER_ON = 1

END
```

表 6.7　代码 6.12 中自定义的颜色查找表

索引号	分级值	索引范围	索引颜色 [R, G, B]
0	0	$0 \leqslant f < 16$	[255, 0, 0]
1	16	$16 \leqslant f < 32$	[218, 36, 0]
2	32	$32 \leqslant f < 48$	[182, 72, 0]
3	48	$48 \leqslant f < 64$	[145, 109, 0]
4	64	$64 \leqslant f < 80$	[109, 145, 0]
5	80	$64 \leqslant f < 96$	[72, 182, 0]
6	96	$96 \leqslant f < 112$	[36, 218, 0]
7	112	$112 \leqslant f < 128$	[0, 255, 0]
8	128	$128 \leqslant f < 144$	[0, 223, 31]
9	144	$144 \leqslant f < 160$	[0, 191, 63]
10	160	$160 \leqslant f < 176$	[0, 159, 95]
11	176	$176 \leqslant f < 192$	[0, 127, 127]
12	192	$192 \leqslant f < 208$	[0, 95, 159]
13	208	$208 \leqslant f < 224$	[0, 63, 191]
14	224	$224 \leqslant f < 240$	[0, 31, 223]
15	240	$240 \leqslant f$	[0, 0, 255]

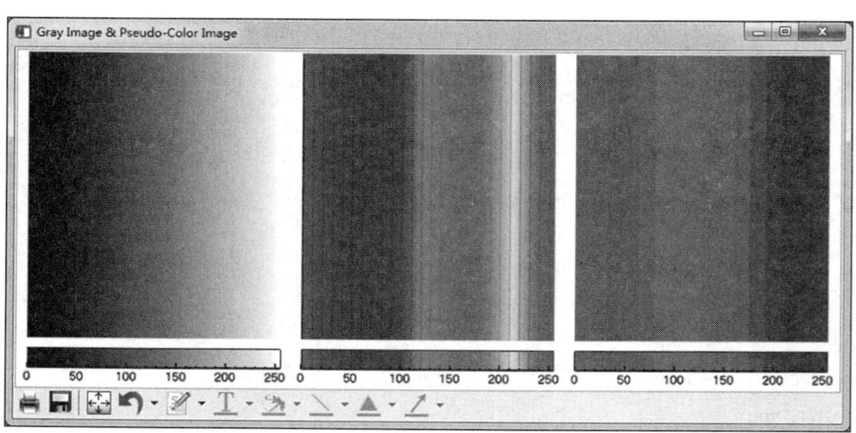

图 6.20　代码 6.12 的运行结果

思考题

1. 现有一幅单波段遥感图像，这幅图像整体偏暗，采用哪些方法可将图像灰度层次拉开以改善视觉效果？

2. 写出 STRETCH_DOIT 的功能和调用格式。

3. 图像锐化的目的是什么？若选择拉普拉斯算子进行图像锐化，可调用哪些 ENVI＋IDL 函数？

4. 参考 IDL 安装路径下的"\lib\butterworth. pro"文件，编写创建指数低通滤波器的函数。

5. 空间域滤波增强与频率域滤波增强的区别主要体现在哪些方面？

6. 叙述基于密度分割法的伪彩色增强的基本原理。

第 7 章　遥感图像变换与融合

第 6 章主要讲述了逐波段处理的遥感图像增强方法，各波段在处理过程中是相互独立的。本章将重点介绍遥感图像增强的另一部分内容，它们考虑了波段与波段之间、图像与图像之间的相互关系，主要包括波段间的算术运算、多光谱图像变换、遥感图像融合等。从数学运算操作的角度讲，重点介绍的植被指数提取、多光谱变换以及遥感图像融合等遥感图像增强，均是在某种算法原理的基础上开展的波段间运算。

7.1　波段间的算术运算

波段间运算包括一幅多光谱图像的波段间运算以及配准后的两幅或多幅图像间的运算。波段间运算大致可分为逻辑运算和算术运算。本节主要介绍波段间的算术运算，即波段间的加、减、乘、除组合起来的运算。

7.1.1　加法运算

加法运算是指多光谱图像两个不同波段的属性值相加或者配准好的两幅图像相对应像元的灰度值相加，其数学公式为

$$g(x,y)=f_1(x,y)+f_2(x,y) \tag{7.1}$$

式中，$f_1(x,y)$、$f_2(x,y)$ 是参与运算的两个波段或两幅图像中的点(x,y) 的属性值，$g(x,y)$ 是加法运算输出图像点(x,y) 的属性值。

加法运算的应用主要有以下几个方面：

(1)对同一区域不同时段的图像求平均，以减少图像的加性随机噪声或获取特定时段的平均统计特征。

(2)将多光谱图像的不同波段相加，以加宽波段。例如，绿色波段和红色波段图像相加后可得到近似全色图像；绿色波段、红色波段和红外波段图像相加可得到全色红外图像。

(3)将一幅图像的内容经配准后叠加到另一幅图像上去，以改善图像的视觉效果，即为某种增强效果的需要将多幅图像有目的地叠加到一起。

(4)将一幅图像内容加到另一幅图像上，进行二次曝光、图像合成或图像拼接。

ENVI 提供了多光谱图像波段运算的函数 MATH_DOIT，其调用格式如下：

```
ENVI_DOIT, 'MATH_DOIT', DIMS = array, EXP = string, FID = array, /IN_MEMORY, OUT_BNAME = string
array, OUT_NAME = string, POS = array, R_FID = variable
```

其中关键字 EXP 是用来定义波段运算的数学表达式，属字符串类型，例如 EXP＝'BYTE((FLOAT(b1)＋FLOAT(b2))＜255)'.关键字 FID 用来定义参与运算的各波段所属的文件标识，它是长整型的数组，数组中的各元素对应于数学表达式中各波段所属的文件标识；POS 用来定义参与运算的各波段序号，若一个多光谱图像的波段 3 和波段 4 参与运算，则有

POS=[2,3];MATH_DOIT 不仅可用于加法运算,也可用于其他算术运算。

7.1.2 差值运算

差值运算是指将多光谱图像的两个不同波段属性值相减或配准好的两幅图像对应像元灰度值相减,其数学公式为

$$g(x,y)=f_1(x,y)-f_2(x,y) \tag{7.2}$$

差值运算应用于多光谱光学图像的两个波段时,相减后的值反映了同一地物不同波段光谱反射率之间的差。由于不同地物反射率差值不同,两波段亮度值相减后,差值大的地物被凸显出来,从而容易识别。例如,健康的植被在 0.65 μm 附近有一个明显的吸收谷,反射率很低;在 0.7～0.8 μm 处是一个陡坡,反射率急剧上升;在 0.8～1.3 μm 形成一个高的、反射率可达 40%或更大的反射峰,这种反射光谱曲线是含有叶绿素植物的共同特点(叶绿素反射特征)。由于近红外波段的植被与浅色土壤、红光波段的植被与深色土壤反射率接近,所以仅利用近红波段或红波段无法将植被与土壤区分开来。当用红外波段减红光波段时,由于植被在这两个波段的反射率差异很大,相减后植被具有很高的差值;而土壤在这两个波段的反射率差异很小,差值很小;因此在差值图像中植被信息得到突出,很容易确定其分布区域。

差值运算的应用主要有以下几个方面:

(1)根据地物光谱特征,将两个不同的波段相减,以突出地物类别、提高遥感图像分类精度。

(2)将不同时相获取的遥感图像相减,以监测同一区域在一段时间内的动态变化,例如,城市扩展监测、灾情监测等。

(3)将原始图像减去背景图像或不需要的加性图案,以去除原始图像中不需要的信息、突出感兴趣的目标。加性图案可能是缓慢变化的背景阴影或周期性的噪声,或在图像上每一个像元处均已知的附加污染等。

7.1.3 乘法运算

乘法运算通常是指两幅相同大小的图像对应像元的灰度值相乘或相乘后再开平方根,其基本公式为

$$g(x,y)=f_1(x,y)\times f_2(x,y) \tag{7.3}$$

乘法运算可用来遮掉图像中的某些部分,其应用示例见代码 7.1。以一幅大小为 360 像元×360 像元的高程图像作为示例数据;以 125 为阈值制作一幅等大小的掩模图像,对于原图像像元值大于等于 125 的像元,掩模图像中相对应的像元值设为 1,而对于原始图像小于 125 的像元,掩模图像中相对应的像元值设为 0;然后,将原始图像与掩模图像进行乘法运算,去除了原始像元值小于 125 的部分,输出结果见图 7.1。

代码 7.1 乘法运算的示例代码

```
;代码源自
;C:\Program Files\Exelis\IDL8x\examples\doc\image\maskingimages.pro
PRO Multiply_Operation_Mask_Demo

  ;指定文件名为高程图像 worldelv.dat
```

续代码

```
FName = FILEPATH('worldelv.dat', $
  SUBDIRECTORY = ['examples', 'data'])

; 指定图像大小
ns = 360
nl = 360

; 读取图像
data = READ_BINARY(FName, DATA_DIMS = [ns,nl])

; 制作掩模
; 将大于等于 125 的像元值设为真(1)
; 将小于 125 的像元值设为假(0)
mask = data GE 125

; 图像相乘,用以去除高程小于 125 的部分
result = data * mask

; 显示乘法运算前后的图像
im1 = IMAGE(data, DIMENSIONS = [2 * ns + 30,nl], $
  /DEVICE, LAYOUT = [2,1,1], POSITION = [10,0,ns + 9,nl], $
  WINDOW_TITLE = 'Images Before and After Multiplication')

im2 = IMAGE(result, /DEVICE, /CURRENT, LAYOUT = [2,1,1], $
  POSITION = [ns + 20,0,ns + ns + 19,nl])

END
```

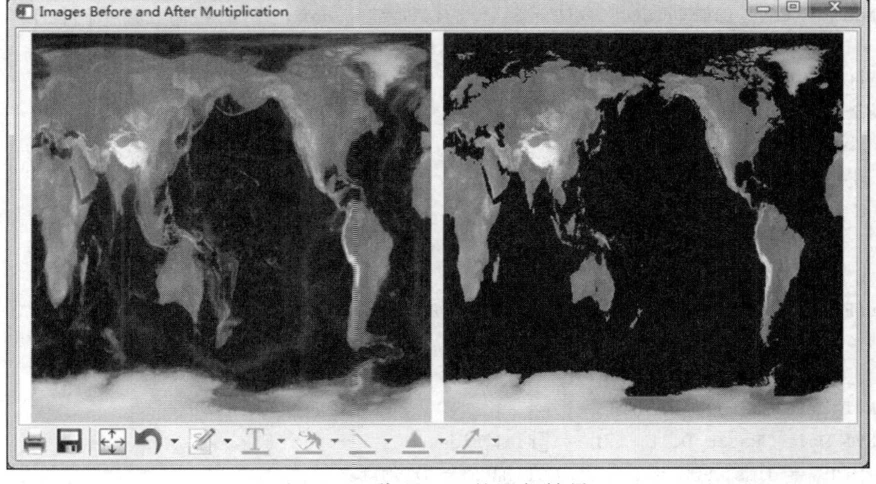

图 7.1　代码 7.1 的运行结果

7.1.4 比值运算

比值运算是指多光谱图像的两个波段相除或两幅等大小的图像对应像元的灰度值相除。它可用于提取目标地物信息、消除地形起伏引起的辐射畸变等，其计算公式为

$$g(x,y)=\frac{f_1(x,y)}{f_2(x,y)} \tag{7.4}$$

ENVI 提供了多光谱图像中两个波段进行比值运算的函数 RATIO_DOIT，其调用格式如下：

```
ENVI_DOIT, 'RATIO_DOIT', /CHECK, DIMS = array, FID = array of file IDs, /IN_MEMORY, O_MAX = value,
O_MIN = value, OUT_BNAME = string array, OUT_DT = {1 | 4}, OUT_NAME = string, POS = array,
R_FID = variable
```

其中，关键字 CHECK 是用来检测分母为零时的情况（当分母为零时，输出值设为 0）；FID 是用来定义一个由 2 个元素组成的数组，它的数据类型是长整型，其表示参与运算的分子、分母波段所属的文件标识；POS 用来定义一个整数类型的数组，共有两个元素，第 1 个元素是分子对应的波段号，第 2 个元素是分母对应的波段号；OUT_DT 用来定义输出结果的数据类型，输出的数据类型可为字节型或浮点型。调用 RATIO_DOIT 的示例代码见代码 7.2。

代码 7.2 遥感图像比值运算的示例代码

```
PRO Ratio_ENVI_DOIT_Demo

  ; 修改 IDL 编译规则
  COMPILE_OPT IDL2

  ; 启动 ENVI 程序
  e = ENVI()

  ; 选择待处理的遥感图像文件
  FName = ENVI_PICKFILE(DEFAULT = 'F:\', FILTER = '*.dat', TITLE = '输入遥感图像')

  ; 打开遥感图像
  Raster = e.OpenRaster(FName)

  ; 获得遥感图像的文件标识
  fid = ENVIRasterToFID(Raster)

  ; 定义比值运算输出的文件名
  OutFile = ENVI_PICKFILE(DEFAULT = 'F:\', TITLE = '保存比值运算输出结果',/OUTPUT)

  ; 比值运算
  ENVI_File_Query, fid, DIMS = dims
  ENVI_Doit, 'Ratio_Doit', FID = [fid, fid], $
    DIMS = dims, POS = [3,2], OUT_NAME = OutFile

END
```

7.1.5　植被指数

波段间的代数运算常用于植被、水体、土壤、建筑物等地物指数的提取，这里主要介绍植被指数(vegetation index, VI)。

植被指数是根据地物光谱反射率的差异，利用多光谱、高光谱遥感图像的两个或多个波段做比值等代数运算的结果，它是用以提取植被信息、估算绿色生物量的测度。ENVI 提供的植被指数可分为宽频绿度(broadband greenness)、窄频绿度(narrowband greenness)、冠层氮素(canopy nitrogen)、冠层含水量(canopy water content)、干旱或碳衰减(dry or senescent carbon)、叶色(leaf pigments)、光能利用率(light use efficiency)等几种类型。这里主要介绍宽频绿度中的一些植被指数。

(1)差值植被指数(difference vegetation index, DVI)

$$DVI = \rho_{NIR} - \rho_R \tag{7.5}$$

式中，ρ_R、ρ_{NIR} 分别是红光波段、近红外波段的反射率。

(2)简单比值植被指数(simple ratio, SR)

$$SR = \frac{\rho_{NIR}}{\rho_R} \tag{7.6}$$

(3)归一化植被指数(normalized difference vegetation index, NDVI)

$$NDVI = \frac{(\rho_{NIR} - \rho_R)}{(\rho_{NIR} + \rho_R)} \tag{7.7}$$

ENVI 提供了用以计算 NDVI 的函数，其调用格式如下：

```
ENVI_DOIT, 'NDVI_DOIT', /CHECK, DIMS = array, FID = file ID, /IN_MEMORY, O_MAX = value, O_MIN = value, OUT_BNAME = string array, OUT_DT = {1 | 4}, OUT_NAME = string, POS = array, R_FID = variable
```

其中，关键字 CHECK 的含义等同于 RATIO_DOIT 中的 CHECK；FID 是输入图像的文件标识，它是一个长整型的标量；O_MIN、O_MAX 分别用来指定输出结果的最小值和最大值，这两个关键字只有在输出数据类型 OUT_DT 为字节型时使用；POS 是用来指定参与 NDVI 计算的近红外、红光波段的序号(当输入的遥感图像由 Landsat TM 传感器获取时，则 POS=[3, 2]；当输入的遥感图像由 AVHRR 传感器获取时，则 POS=[50,28])。

(4)增强型植被指数(enhanced vegetation index, EVI)

$$EVI = 2.5 \times \frac{(\rho_{NIR} - \rho_R)}{(\rho_{NIR} + 6\rho_R - 7.5\rho_B + 1)} \tag{7.8}$$

式中，ρ_B 是蓝光波段的反射率。EVI 使用蓝光波段的反射率来降低土壤背景、大气等的影响，其在[−1,1]区间取值。

(5)叶面积指数(leaf area index, LAI)

$$LAI = (3.618EVI - 0.118) > 0 \tag{7.9}$$

LAI 主要是用来估算叶覆盖、预测作物生长及产量。

(6)土壤调节植被指数(soil adjusted vegetation index, SAVI)

$$SAVI = \frac{(\rho_{NIR} - \rho_R)(1 + L)}{\rho_{NIR} + \rho_R + L} \tag{7.10}$$

式中，L 是与植被覆盖度有关的土壤调节参数，取值范围从 0 到 1，通常取值为 0.5；当植被覆盖度很高时，L 取值为 0，等同于归一化植被指数；而当植被覆盖度很低时，L 取值为 1。

(7)非线性指数(non-linear index, NLI)

$$\mathrm{NLI}=\frac{(\rho_{\mathrm{NIR}})^2-\rho_R}{(\rho_{\mathrm{NIR}})^2+\rho_R} \tag{7.11}$$

该植被指数结合土壤调节植被指数，得到了改进的非线性指数(modified non-linear index, MNLI)

$$\mathrm{MNLI}=\frac{((\rho_{\mathrm{NIR}})^2-\rho_R)(1+L)}{(\rho_{\mathrm{NIR}})^2+\rho_R+L} \tag{7.12}$$

(8)绿色植被指数(green vegetation index, GVI)

$$\mathrm{GVI}=[-0.2848\quad -0.2435\quad -0.5436\quad 0.7243\quad 0.0840\quad -0.1800]\begin{bmatrix}\mathrm{TM}_1\\ \mathrm{TM}_2\\ \mathrm{TM}_3\\ \mathrm{TM}_4\\ \mathrm{TM}_5\\ \mathrm{TM}_7\end{bmatrix} \tag{7.13}$$

式中，TM_i 表示 TM 遥感图像的第 i 个波段。GVI 最先是为 TM 图像设计的，后扩展至 Landsat ETM+及 Lansat OLI 等传感器获取的遥感图像，它能够在强调绿色植被信息的同时，尽可能地降低背景土壤的影响。

对于一幅遥感图像，可利用 ENVI_VEG_INDEX_AVAILABLE_INDICES 函数查看可获得的植被指数类型[①]，其调用格式如下：

```
Result = ENVI_VEG_INDEX_AVAILABLE_INDICES (FID [, ERROR_STRING = string] [, VI_LIST = array] [,
VI_NAMES = string] [, VI_TYPE = array])
```

其中，关键字 FID 是用于计算植被指数的遥感图像文件标识；Result 是函数返回的植被指数个数，若其值等于 0 时，可设置关键字 ERROR_STRING，获得不能计算植被指数的原因；关键字 VI_LIST 是一个长整型的数组，其元素是输入文件可计算的植被指数的索引号；关键字 VI_NAMES 是一个字符串的数组，其长度等于 VI_LIST 数组的长度，各元素表示输入文件可计算植被指数名称；VI_TYPE 也是一个字符串的数组，其长度也等于 VI_LIST 数组的长度，各元素是 VI_NAMES 中相对应元素所属的植被指数类型。以 ENVI 自带数据 bhtmref.img 为例，调用 ENVI_VEG_INDEX_AVAILABLE_INDICES 函数，设置所有关键字，得到的输出结果如下(见代码 7.3 中的第 17 至 20 行)：

```
可计算获得的植被指数个数为：          2
可计算获得的植被指数索引为：          0          1
可计算获得的植被指数名称为：Normalized Difference Vegetation Index Simple Ratio Index
可计算获得的植被指数类型为：Broadband Greenness Broadband Greenness
```

对于一幅输入遥感图像，可利用 ENVI_VEG_INDEX_DOIT 程序获得所有可计算的植被指数，其调用格式如下：

```
ENVI_DOIT, 'ENVI_VEG_INDEX_DOIT' [, /CROSS_CHECK] [, DIMS = array][, FID = file ID] [, /IN_MEMORY]
[, M_FID = file ID] [, M_POS = value] [, OUT_NAME = string] [, R_FID = file ID] [, VI_LIST = string]
```

其中,关键字 CROSS_CHECK 用于进行不同植被指数之间的交叉检验;DIMS 用于定义数据处理的空间维数;FID 是输入图像的文件标识,它是一个长整型的标量;IN_MEMORY 是可选关键字,用来指定将输出结果存储至内存中,若没有定义该关键字,则须定义关键字 OUT_NAME 输出文件名;M_FID、M_POS 分别是指掩模图像文件的文件标识和波段位置;R_FID 用来定义输出结果的文件标识;VI_LIST 是用来指定要计算哪些植被指数,其数据类型及含义等同于 ENVI_VEG_INDEX_AVAILABLE_INDICES 函数中的关键字 VI_LIST;若没有定义 VI_LIST,将获得所有可计算的植被指数。代码 7.3 给出了遥感图像植被指数计算的示例代码,此例中仅计算 NDVI 植被指数;若在第 33 行调用 ENVI_VEG_INDEX_DOIT 程序时不定义 VI_LIST 关键字,则当 bhtmref.img 作为输入图像时,其输出结果是由 2 个波段组成的图像,这 2 个波段的波段名称分别为 Normalized Difference Vegetation Index 和 Simple Ratio Index。

代码 7.3　遥感图像植被指数计算的示例代码

```
1  ; 参考:http://www.exelisvis.com/docs/envi_veg_index_doit.html
2  PRO VI_Calculation_bhtmref_Demo
3
4    ; 环境设置
5    COMPILE_OPT IDL2
6    ENVI, /RESTORE_BASE_SAVE_FILE
7    ENVI_BATCH_INIT ;, LOG_FILE = 'batch.txt'
8    ; 打开遥感图像
9    ENVI_OPEN_FILE, ENVI_PICKFILE(), R_FID = fid
10   IF (fid EQ -1) THEN BEGIN
11     ; ENVI_BATCH_EXIT
12     RETURN
13   ENDIF
14
15   ; 可计算的植被指数
16   vi_num = ENVI_VEG_INDEX_AVAILABLE_INDICES(fid, ERROR_STRING = error_string, $
17     VI_LIST = vi_list, VI_NAMES = vi_names, VI_TYPE = vi_type)
18   PRINT, '可计算获得的植被指数个数为:', vi_num
19   PRINT, '可计算获得的植被指数索引为:', vi_list
20   PRINT, '可计算获得的植被指数名称为:', vi_names
21   PRINT, '可计算获得的植被指数类型为:', vi_type
22
23   ; 查找是否可以计算归一化植被指数
24   vi_subset = WHERE(vi_names EQ 'Normalized Difference Vegetation Index', count)
25   IF (count EQ 0) THEN BEGIN
26     PRINT, 'Error: No Normalized Difference Vegetation Index are available.'
27     ; ENVI_BATCH_EXIT
28     RETURN
```

续代码

```
  ENDIF

  ; 调用 ENVI_VEG_INDEX_DOIT,计算植被指数
  out_name = ENVI_PICKFILE(/OUTPUT, TITLE = '存储植被指数计算结果')
  ENVI_DOIT, 'ENVI_VEG_INDEX_DOIT', FID = fid, /CROSS_CHECK, $
    OUT_NAME = out_name,VI_LIST = vi_list[vi_subset]

  ; ENVI_BATCH_EXIT ; Exit ENVI

END
```

7.2　多光谱图像变换

6.3 节介绍的傅里叶变换是图像空间维的变换，本节将讨论的是图像光谱维的变换，即从光谱特征空间变换至其他特征空间，如彩色空间变换、缨帽(tasseled cap, TC)变换、主成分分析(principal component analysis, PCA)变换等。

7.2.1　彩色空间变换

彩色空间可由多种模型来表示，且不同彩色空间之间可以相互转换。这里主要介绍 RGB 与 IHS 两种颜色模型之间的转换。

1. 彩色空间模型

如 3.4.1 小节所述，计算机彩色显示器的显示系统采用的是 RGB 模型，如图 7.2(a)所示；红、绿、蓝这三个分量取值范围为[0,255]，其数据类型为字节型，当红、绿、蓝均达到最大值 255 时，合成的颜色是白色。RGB 模型是面向硬件的，不能很好地与人眼的视觉特性相匹配。

人眼视网膜由外向内分别为色素上皮层、视锥、视杆细胞层、外界膜、外颗粒层、外丛状层、内颗粒层、内丛状层、神经节细胞层、神经纤维层、内界膜等 10 层。视锥细胞层的特点如下：其细胞密度高达 650 万/单眼，光敏感度低，强光刺激才能引起兴奋；但具有分辨颜色的能力，包含三种视锥细胞，即蓝视锥细胞、绿视锥细胞、红视锥细胞。鸽子只有视锥细胞。视杆细胞层的特点是其细胞密度高达 1.25 亿/单眼，对弱光敏感，不能分辨颜色。猫头鹰只有视杆细胞。

IHS 模型是建立在人眼视觉系统的基础上，与 RGB 模型相比，它表示的彩色与人眼看到的更为接近。IHS 模型定义了三个互不相关的色彩三要素：亮度(intensity, I)、色度(hue, H)、饱和度(saturation, S)，如图 7.2(b)所示。其中，I 表示了光作用在人眼所引起的明亮程度的感觉，H 定义了彩色的类别，S 反映了彩色光所呈现彩色的深浅程度(浓度)。IHS 模型有两个基本特点：I 分量与彩色分量 H 和 S 无关，H 和 S 分量与人感受彩色的方式是紧密相连的。

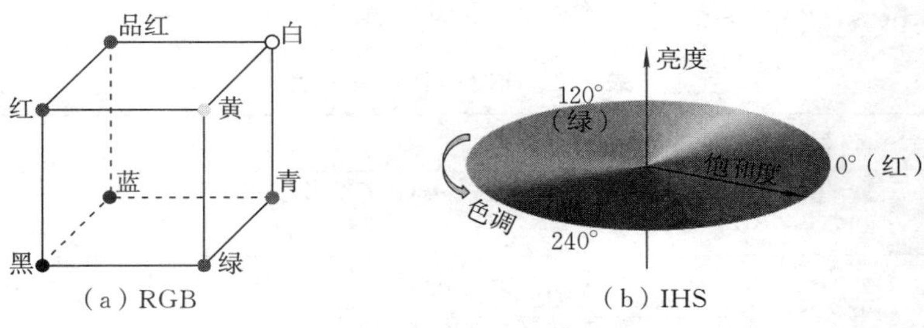

图 7.2　彩色空间模型

为了利用 RGB、IHS 彩色空间各自在显示与定量计算方面的优势，需要建立它们之间的转换关系。把彩色的 R、G、B 变换成 I、H、S 称为 IHS 正变换；把 I、H、S 变换成 R、G、B 称为 IHS 反变换。令 C_R、C_G、C_B 是彩色合成的 R、G、B 三原色分量值，令 C_I、C_H、C_S 是相对应的 I、H、S 分量值，IHS 变换的计算公式见表 7.1，不同条件下推导出的计算公式有所不同。

表 7.1　IHS 变换计算公式

变换	条件	公式
正变换		$C_I = (C_R + C_G + C_B)/3$
		$C_S = \begin{cases} C_I - \min(C_R, C_G, C_B) & 当\ C_I > 0 \\ 0 & 当\ C_I = 0 \end{cases}$
		$C_H = \begin{cases} \arccos\left[\dfrac{C_R - 0.5C_G - 0.5C_B}{\sqrt{C_R^2 + C_G^2 + C_B^2 - C_RC_G - C_RC_B - C_GC_B}}\right] & 当\ C_G \geqslant C_B \\ 360° - \arccos\left[\dfrac{C_R - 0.5C_G - 0.5C_B}{\sqrt{C_R^2 + C_G^2 + C_B^2 - C_RV_G - C_RC_B - C_GC_B}}\right] & 当\ C_B > C_G \end{cases}$
反变换	$C_H = 0°$	$C_R = C_I + 2C_IC_S$ $C_G = C_I - C_IC_S$ $C_B = C_I - C_IC_S$
	$0° < C_H < 120°$	$C_R = C_I + C_IC_S \times \cos C_H/\cos(60° - C_H)$ $C_G = C_I + C_IC_S \times [1 - \cos C_H/\cos(60° - C_H)]$ $C_B = C_I - C_IC_S$
	$C_H = 120°$	$C_R = C_I - C_IC_S$ $C_G = C_I + 2C_IC_S$ $C_B = C_I - C_IC_S$
	$120° < C_H < 240°$	$C_R = C_I - C_IC_S$ $C_G = C_I + C_IC_S \times \cos(C_H - 120°)/\cos(180° - C_H)$ $C_B = C_I + C_IC_S \times [1 - \cos(C_H - 120°)/\cos(180° - C_H)]$
	$C_H = 240°$	$C_R = C_I - C_IC_S$ $C_G = C_I - C_IC_S$ $C_B = C_I + 2C_IC_S$
	$240° < C_H < 360°$	$C_R = C_I + C_IC_S \times [1 - \cos(C_H - 240°)]/\cos(300° - C_H)$ $C_G = C_I - C_IC_S$ $C_B = C_I + C_IC_S \times \cos(C_H - 240°)/\cos(300° - C_H)$

由 IHS 模型又延伸出了 HSV、HLS 模型，其中，HSV 中的 V 是 Value(值)的缩写，HLS

中的 L 是 Lightness(明亮)的缩写。HSV 变换的计算公式见表 7.2。

表 7.2　HSV 变换计算公式

正变换	$C_V = \max(C_R, C_G, C_B)/255$	
	$C_S = \begin{cases} 1-\min(C_R,C_G,C_B)/\max(C_R,C_G,C_B) & \text{当 } C_V > 0 \\ 0 & \text{当 } C_V = 0 \end{cases}$	
	$C_H = \begin{cases} \arccos\left[\dfrac{C_R - 0.5C_G - 0.5C_B}{\sqrt{C_R^2 + C_G^2 + C_B^2 - C_RC_G - C_RC_B - C_GC_B}}\right] & \text{当 } C_G \geqslant C_B \\ 360° - \arccos\left[\dfrac{C_R - 0.5C_G - 0.5C_B}{\sqrt{C_R^2 + C_G^2 + C_B^2 - C_RC_G - C_RC_B - C_GC_B}}\right] & \text{当 } C_B > C_G \end{cases}$	
反变换	令 $M = 255C_V$、$m = M(1-C_S)$、$z = (M-m)[1-\vert(C_H/60) \bmod 2 - 1\vert]$，其中，“$(C_H/60) \bmod 2$”表示值$(C_H/60)$除以 2 的余数	
	$0° \leqslant C_H < 60°$	$C_R = M; C_G = z+m; C_B = m$
	$60° \leqslant C_H < 120°$	$C_R = z+m; C_G = M; C_B = m$
	$120° \leqslant C_H < 180°$	$C_R = m; C_G = M; C_B = z+m$
	$180° \leqslant C_H < 240°$	$C_R = m; C_G = z+m; C_B = M$
	$240° \leqslant C_H < 300°$	$C_R = z+m; C_G = m; C_B = M$
	$300° < V_H < 360°$	$C_R = M; C_G = m; C_B = z+m$

2. 算法实现

IDL 库函数中提供了 COLOR_CONVERT 过程，可以实现 RGB 与其他彩色空间之间的转换，其调用格式如下：

```
COLOR_CONVERT, I0, I1, I2, O0, O1, O2[,/HLS_RGB|, /HSV_RGB|, /RGB_HLS|, /RGB_HSV|, /RGB_YCBCR|,
/RGB_YIQ |, /RGB_YPBPR |, /RGB_YUV |, /YCBCR_RGB |, /YIQ_RGB |, /YPBPR_RGB |, /YUV_RGB ]
[, INTERLEAVE = value]
```

或

```
COLOR_CONVERT, I0, O0 [, /HLS_RGB |, /HSV_RGB |, /RGB_HLS |, /RGB_HSV |, /RGB_YCBCR |, /RGB_YIQ |,
/RGB_YPBPR |, /RGB_YUV |, /YCBCR_RGB |, /YIQ_RGB |, /YPBPR_RGB |, /YUV_RGB ][, INTERLEAVE =
value]
```

其中，若输入参数为 I0、I1、I2 时，则 I0、I1 和 I2 可以是标量，也可以是等长度的数组；若输入参数只是 I0 时，则 I0 是一个三维数组，其维数可以是 $3 \times N_s \times N_l$、$N_s \times 3 \times N_l$ 或 $N_s \times N_l \times 3$，用以表示一幅 N_l 行、N_s 列的彩色图像数据。

ENVI 库函数提供了 RGB_TRANS_DOIT、RGB_ITRANS_DOIT 实现 RGB 与 HSV、RGB、HLS 之间的正变换和反变换；提供了 MUNSELL_DOIT、MUNSELL_INV_DOIT 实现 RGB 与 HSV 彩色空间之间的正变换和反变换。RGB_TRANS_DOIT 的调用格式如下：

```
ENVI_DOIT, 'RGB_TRANS_DOIT', DIMS = array, FID = file ID, HSV = {0 | 1}, /IN_MEMORY, OUT_BNAME =
string array, OUT_NAME = string, POS = array, R_FID = variable
```

其中，关键字 DIMS 用来定义进行处理的图像空间维数，若已知文件标识 FID 可调用 ENVI_FILE_QUERY 获得图像空间维数；FID 是一个长整型数组，共有 3 个元素，分别对应于 R、G、B 通道对应的波段文件标识；HSV 可设置为 0 或 1，默认值为 0(若 HSV=0 时，将执行 RGB

至 HSV 的色彩空间转换；若 HSV＝1 时，将执行 RGB 至 HLS 的色彩空间转换）；IN_MEMORY 用来表示将输出结果存储至内存中，若没有设置此关键字，则须定义关键字 OUT_NAME；OUT_BNAME 用来定义输出文件的各波段名称；POS 是一个数组，各个元素表示要进行色彩空间转换的波段号；R_FID 用来返回输出结果的文件标识。将 RGB 彩色空间转换至 HSV 或 HLS 彩色空间时，首先由多光谱遥感图像通过波段组合生成 RGB 图像，生成的 RGB 图像数据类型必须是字节型，其取值范围为[0,255]；得到的 H 分量取值范围为[0°,360°]，S、V 或 L 分量取值范围均为[0,1]。RGB_ITRANS_DOIT、MUNSELL_DOIT 以及 MUNSELL_INV_DOIT 的调用格式类似。

代码 7.4 给出了 RGB 与 HSV 彩色空间之间的正逆变换示例代码；代码第 15 行至 17 行将输入图像的第 3、2、1 波段组合成 RGB 彩色图像后，将 RGB 转换至 HSV 空间，得到一个含有 3 个分量的图像，这 3 个分量波段分别命名为 Hue、Saturation、Value；第 20 行至 22 行将正变换的结果再反变换回去，反变换输出的也是一个含有 3 个分量的图像，其中第 1 个分量与原输入图像的第 3 个波段相等。

代码 7.4　彩色空间变换的示例代码

```
1  PRO Color_Transform_Demo
2
3    ; 配置环境
4    COMPILE_OPT IDL2
5    ENVI
6
7    ; 打开遥感图像
8    ENVI_OPEN_FILE, ENVI_PICKFILE(), R_FID = fid
9    IF (fid EQ -1) THEN BEGIN
10     RETURN
11   ENDIF
12   ENVI_File_Query, fid, DIMS = dims
13
14   ; RGB 转换至 HSV
15   ENVI_Doit, 'RGB_TRANS_DOIT', FID = [fid,fid,fid], $
16     DIMS = dims, POS = [2,1,0], HSV = 1, /IN_MEMORY, $
17     OUT_BNAME = ['Hue','Saturation','Value'],R_FID = fid_hsv
18
19   ; HSV 转换至 RGB
20   ENVI_Doit, 'RGB_ITRANS_DOIT', FID = [fid_hsv,fid_hsv,fid_hsv], $
21     DIMS = dims, POS = [0,1,2], HSV = 1, /IN_MEMORY, R_FID = fid_rgb, $
22     OUT_BNAME = ['Red', 'Green', 'Blue']
23
24 END
```

7.2.2　缨帽变换

Kauth 等 1976 年利用多时相 Landsat MSS 遥感图像研究了农作物生长过程中光谱特征

变化。研究结果发现 MSS 图像光谱信息随时间变化的空间分布有一定的规律性:农作物幼苗阶段,其对应的遥感图像光谱特征主要是土壤光谱特征的体现;随着幼苗的长大,其光谱特征逐渐向绿色植被区方向逼近;达到顶点后,作物成熟、变黄、枯萎、收割,其光谱特征又向土壤面回落。

作物随时间变化的光谱空间分布,其形状像一个顶部有缨子的毡帽;缨帽底部反映了土壤信息的特征,称之为土壤面,它与植被的光谱特征互不相关。因此,Kauth 等将基于这一研究结果推导出的多光谱变换命名为缨帽变换(也称 K-T 变换),其数学表达为

$$\boldsymbol{g} = \boldsymbol{R}^{\mathrm{T}}\boldsymbol{f} + \boldsymbol{\delta} \tag{7.14}$$

其中,$\boldsymbol{g}$ 是变换后图像像元的特征向量;$\boldsymbol{f}$ 是变换前 MSS 图像像元光谱特征的向量表示,它是一个由 4 个元素组成的列向量;$\boldsymbol{\delta}$ 是一个补偿向量,是为避免输出结果出现负数所附加的常量;$\boldsymbol{R} = [r_1 \quad r_2 \quad r_3 \quad r_4]$ 是 TC 变换矩阵,$\boldsymbol{r}_1 = [0.433 \quad 0.632 \quad 0.586 \quad 0.264]^{\mathrm{T}}$,MSS 光谱特征投影至 $\boldsymbol{r}_1$ 上得到的特征值称为亮度分量,主要反映土壤反射率变化的信息;$\boldsymbol{r}_2 = [-0.290 \quad -0.562 \quad 0.600 \quad 0.491]^{\mathrm{T}}$,其正交于$\boldsymbol{r}_1$,MSS 光谱特征投影至 $\boldsymbol{r}_2$ 上得到的特征值称为绿度分量,主要反映地表植被的绿度;$\boldsymbol{r}_3 = [-0.829 \quad 0.522 \quad -0.039 \quad 0.194]^{\mathrm{T}}$,其正交于$\boldsymbol{r}_1$ 和$\boldsymbol{r}_2$,MSS 光谱特征投影至 $\boldsymbol{r}_3$ 上得到的特征值称为黄度分量,主要反映植被的枯萎程度;$\boldsymbol{r}_4 = [0.233 \quad 0.012 \quad -0.543 \quad 0.810]^{\mathrm{T}}$,其正交于$\boldsymbol{r}_1$、$\boldsymbol{r}_2$ 及$\boldsymbol{r}_3$,MSS 光谱特征投影至 $\boldsymbol{r}_4$ 上得到的特征值没有具体的物理意义,在应用时只选取前三个分量。

随后,MSS 缨帽变换被成功应用至 Landsat TM、ETM+等获取的遥感图像多光谱变换中。Landsat TM、ETM+遥感图像缨帽变换系数分别见表 7.3 和表 7.4。变换得到的第一分量为亮度分量,它是波段 1~5 和 7 的加权和,反映了地物目标在可见光近红外波段总体的反射值;变换得到的第二分量为绿度分量,它反映了可见光波段特别是红光波段与近红外波段之间的反射率对比差异;变换得到的第三分量为湿度分量,它反映了波段 1~4 与波段 5、7 之间的反射率对比差异。

表 7.3 Landsat TM 遥感图像缨帽变换系数

特征名称	波段 1	波段 2	波段 3	波段 4	波段 5	波段 7
亮度分量	0.3037	0.2793	0.4743	0.5585	0.5082	0.1863
绿度分量	−0.2848	−0.2435	−0.5436	0.7243	0.0840	−0.1800
湿度分量	0.1509	0.1973	0.3279	0.3406	−0.7112	−0.4572
第四分量	−0.8242	0.0849	−0.4392	−0.0580	0.2012	−0.2768
第五分量	−0.3280	0.0549	0.1075	0.1855	−0.4357	0.8085
第六分量	0.1084	−0.9022	0.4120	0.0573	−0.0251	0.0238

表 7.4 Landsat ETM+遥感图像缨帽变换系数

特征名称	波段 1	波段 2	波段 3	波段 4	波段 5	波段 7
亮度分量	0.3561	0.3972	0.3904	0.6966	0.2286	0.1596
绿度分量	−0.3344	−0.3544	−0.4556	0.6966	−0.0242	−0.2630
湿度分量	0.2626	0.2141	0.0926	0.0625	−0.7629	−0.5388
第四分量	0.0805	−0.0498	0.1950	−0.1327	0.5752	−0.7775
第五分量	−0.7252	−0.0202	0.6683	0.0631	−0.1494	−0.2074
第六分量	0.4000	−0.8172	0.3832	0.0602	−0.1095	0.0985

ENVI 提供了缨帽变换函数 TASCAP_DOIT，其调用格式如下：

```
ENVI_DOIT, 'TASCAP_DOIT', DIMS = array, FID = file ID, FILE_TYPE = {0|1|2}, /IN_MEMORY, OUT_NAME =
string, POS = array, R_FID = variable
```

其中，若输入图像是 TM 数据时，则令 FILE_TYPE 等于 0；若输入图像是 MSS 数据时，则令 FILE_TYPE 等于 1；若输入图像是 ETM＋数据时，则令 FILE_TYPE 等于 2。

代码 7.5 是 Landsat-7 ETM＋遥感图像进行缨帽变换的示例代码，主要由 6 个部分组成：

（1）打开覆盖徐州市的整景 Landsat-7 ETM＋图像（见代码第 8 行至 10 行），返回的 RasterVNIR 是 ETM＋波段 1～5 和 7 组成的多光谱栅格对象。

（2）打开徐州市政云龙区行政区划矢量图（见代码第 13 行至 21 行），返回的 FileX、FileY 是返回矢量图最小外切矩阵的角点坐标。

（3）利用矢量图最小外切矩阵的角点坐标，对整景图像进行裁剪，并保存裁剪后的多光谱图像（见代码第 23 行至 32 行），返回的 RasterVNIR_Subset 是覆盖徐州市政云龙区的多光谱栅格对象。

（4）将裁剪后图像 DN 值转换为表观反射率（见代码第 34 行至 38 行），返回的 r_fid 是表观反射率图像的文件标识。

（5）对表观反射率遥感图像进行缨帽变换（见代码第 40 行至 44 行），返回的 tc_fid 是缨帽变换结果的文件标识，其中 TASCAP_DOIT 中的关键字 FILE_TYPE 设置为 2。

（6）绘制散点图，结果见图 7.3，从左至右依次是输入图像的波段 1 与波段 2 的散点图、表观反射率图像的波段 1 与波段 2 的散点图、缨帽变换的亮度分量与绿度分量的散点图。由图 7.3 可知，缨帽变换前的波段 1 和波段 2 之间具有较强的相关性，而缨帽变换后得到的亮度分量和绿度分量之间则是相互独立的。

代码 7.5　Landsat-7 ETM＋遥感图像缨帽变换的示例代码

```
1   PRO TC_Transform_Demo
2
3     ；配置环境
4     COMPILE_OPT IDL2
5     e = ENVI()
6
7     ；打开一景 Landsat－7 遥感图像，轨道号/行号 = 121/036
8     FName = FILE_SEARCH('F:\BookDemo\data\LE71210362000107HIJ00', '*_MTL.txt')
9     Raster = e.OpenRaster(FName)；返回的 Raster 是 Objref[3]
10    RasterVNIR = Raster[0]
11
12    ；打开矢量文件，该矢量文件是云龙区行政区划图
13    FName = FILE_SEARCH('F:\BookDemo\data\LE71210362000107HIJ00', $
14      'XZ_City_YL_District.shp')
15    Vector = e.OpenVector(FName)
16    ；获得矢量边界的左上角和右下角的地图坐标
17    DataRange = vector.DATA_RANGE
18    MapX = [DataRange[0],DataRange[2]]
```

续代码

```
MapY = [DataRange[1],DataRange[3]]
;将角点地图坐标转换为图像文件坐标
SpatialRef = RasterVNIR.SPATIALREF
SpatialRef.ConvertMaptoFile, MapX, MapY, FileX, FileY

;对原始整景图像进行裁剪,并保存
fid = ENVIRasterToFID(RasterVNIR);输入图像的文件标识
dims = [-1L, ROUND(min(FileX)), ROUND(max(FileX)), $
  ROUND(min(FileY)), ROUND(max(FileY))];待处理的行列号
nb = RasterVNIR.NBANDS;输入图像的波段数
pos = LINDGEN(nb);待处理的波段号
out_name = 'F:\BookDemo\result\ch7\LE7_XZ_YL_Subset.dat'
ENVI_FILE_QUERY, fid, BNAMES = bnames
ENVI_DOIT, 'RESIZE_DOIT', DIMS = dims, FID = fid, OUT_BNAME = bnames, $
  OUT_NAME = out_name, POS = pos, R_FID = r_fid, RFACT = [1,1]

;设置计算表观反射率所需的参量
out_name = 'F:\BookDemo\result\ch7\LE7_XZ_YL_TOA.dat';输出结果的文件名
;调用 TMCAL_DOIT 将 DN 值转换为表观反射率
ENVI_DOIT, 'TMCAL_DOIT', CAL_TYPE = 1, DIMS = dims, FID = fid, $
  POS = pos, R_FID = r_fid, OUT_NAME = out_name, /USE_METADATA

;调用 TASCAP_DOIT 进行缨帽变换
ENVI_FILE_QUERY, r_fid, DIMS = r_dims
out_name = 'F:\BookDemo\result\ch7\LE7_XZ_YL_TC.dat'
ENVI_DOIT, 'TASCAP_DOIT', DIMS = r_dims, FID = r_fid, FILE_TYPE = 2, $
  OUT_NAME = out_name, POS = pos, R_FID = tc_fid

;绘制散点图
width = 250;定义每幅散点图的宽度
height = 250;定义每幅散点图的高度:width = 250 & height = 250

x = ENVI_GET_DATA(FID = fid, DIMS = dims, POS = 0)
y = ENVI_GET_DATA(FID = fid, DIMS = dims, POS = 1)
plot1 = SCATTERPLOT(x[*], y[*], SYMBOL = 'dot', AXIS_STYLE = 2, $
  XTITLE = 'DN of Band 1', YTITLE = 'DN of Band 2', /DEVICE, FONT_SIZE = 8, $
  WINDOW_TITLE = '缨帽变换前后的二维散点图',DIMENSIONS = [3 * width + 180,height + 40], $
  POSITION = [50,30,width + 50,height + 30])
;
x = ENVI_GET_DATA(FID = r_fid, DIMS = r_dims, POS = 0)
y = ENVI_GET_DATA(FID = r_fid, DIMS = r_dims, POS = 1)
plot2 = SCATTERPLOT(x[*], y[*], SYMBOL = 'dot', AXIS_STYLE = 2,   $
  XTITLE = 'TOA Reflectance of Band 1', YTITLE = 'TOA Reflectance of Band 2', $
```

续代码

```
    /CURRENT, /DEVICE, FONT_SIZE = 8, $
    POSITION = [width + 110,30,width + 110 + width, height + 30])
  ;
  x = ENVI_GET_DATA(FID = tc_fid, DIMS = r_dims, POS = 0)
  y = ENVI_GET_DATA(FID = tc_fid, DIMS = r_dims, POS = 1)
  plot3 = SCATTERPLOT(x[ * ], y[ * ], SYMBOL = 'dot', AXIS_STYLE = 2, $
    XTITLE = 'Brightness', YTITLE = 'Greeness', $
    /CURRENT, /DEVICE, FONT_SIZE = 8, $
    POSITION = [width + width + 170.30,width + width + 170 + width, height + 30])

END
```

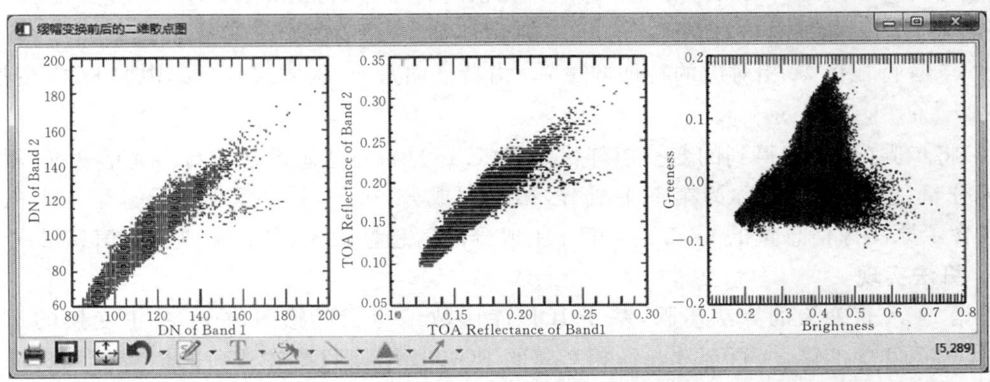

图 7.3　运行代码 7.5 得到的缨帽变换前后二维散点图

7.2.3　主成分分析

1. 基本理论

多光谱、高光谱遥感图像的某些波段特别是相邻波段之间往往具有很高的相关性，存在一定的信息冗余。主成分分析，又称 K-L(karhunen-loève)变换，它是在统计特征基础上的多维正交线性变换，其主要目的是将原多波段图像中的有用信息集中到数目尽可能少的主成分图像中，使输出的各分量方差最大且各分量之间相关性最小，可应用于数据降维、特征提取等。PCA 变换公式为

$$\boldsymbol{g} = \boldsymbol{W}^{\mathrm{T}} \boldsymbol{f} \tag{7.15}$$

式中，$\boldsymbol{g}$ 是 PCA 变换后的图像像元的主成分分量矢量表示，$\boldsymbol{f}$ 是 PCA 变换前的图像像元的光谱特征矢量表示，$\boldsymbol{W}$ 是 PCA 变换矩阵。

式(7.15)的推导可由假设前提、问题描述、目标函数等三个部分展开。

(1)假设前提。设有一幅 N_l 行、N_s 列的多光谱遥感图像，表示为数组 $\boldsymbol{F} = [f_1, f_2, \cdots, f_{N_s N_l}]$，且有 $\langle \boldsymbol{F} \rangle = 0$，则它的协方差矩阵可表示为 $\boldsymbol{\Sigma} = \langle \boldsymbol{F}\boldsymbol{F}^{\mathrm{T}} \rangle$。

(2)问题描述。现要寻找一种线性组合变换 $\boldsymbol{G} = \boldsymbol{W}^{\mathrm{T}}\boldsymbol{F}$，使得变换后的特征分量图像 $\boldsymbol{G}$ 的方差 $\langle \boldsymbol{G}\boldsymbol{G}^{\mathrm{T}} \rangle = \boldsymbol{W}^{\mathrm{T}} \langle \boldsymbol{F}\boldsymbol{F}^{\mathrm{T}} \rangle \boldsymbol{W} = \boldsymbol{W}^{\mathrm{T}}\boldsymbol{\Sigma}\boldsymbol{W}$ 达到最大，与此同时，还需使得变换后的各特征分量之间相关性最小，即需满足正交变换条件 $\boldsymbol{W}^{\mathrm{T}}\boldsymbol{W} = \boldsymbol{I}$。

(3)目标函数。上述问题描述可通过建立目标函数

$$\boldsymbol{W}=\underset{\boldsymbol{W}}{\operatorname{argmax}}\,\boldsymbol{W}^{\mathrm{T}}\boldsymbol{\Sigma}\boldsymbol{W}-\lambda(\boldsymbol{W}^{\mathrm{T}}\boldsymbol{W}-\boldsymbol{I}) \tag{7.16}$$

基于拉格朗日算法进行求解,即有特征方程

$$\boldsymbol{\Sigma}\boldsymbol{W}=\lambda\boldsymbol{W} \tag{7.17}$$

式中,λ、$\boldsymbol{W}$ 分别为协方差矩阵 $\boldsymbol{\Sigma}$ 的特征值和特征向量。

根据式(7.15)的推导说明,遥感图像 PCA 正变换可分几个步骤执行:

(1)首先对输入的多光谱遥感图像进行归一化处理,有 $[f'_i]^{\mathrm{T}}=[f_i]^{\mathrm{T}}-[\mu_i]^{\mathrm{T}}$,其中,$\mu_i$ 表示第 i 个波段的平均灰度值,f_i、f'_i 分别是归一化处理前后的第 i 个波段的灰度值。

(2)计算归一化后多光谱图像的协方差矩阵 $\boldsymbol{\Sigma}=[\boldsymbol{\sigma}_{ij}^2]$,其中 $\boldsymbol{\sigma}_{ij}^2$ 为波段 i 和波段 j 之间的协方差。

(3)计算协方差矩阵 $\boldsymbol{\Sigma}$ 的特征值,并对特征值进行排序,得到 $\lambda_1\geqslant\lambda_2\geqslant\cdots\geqslant\lambda_{N_b}$,其中,$N_b$ 是输入遥感图像的总波段数。

(4)求解特征值 λ_i 相对应的特征向量 $\boldsymbol{w}_i$,由特征向量 $\boldsymbol{w}_i$ 构成式(7.15)中的 PCA 变换阵,即有 $\boldsymbol{W}=[\boldsymbol{w}_1\ \ \boldsymbol{w}_2\ \ \cdots\ \ \boldsymbol{w}_{N_b}]$。

(5)将步骤(4)求解得到的变换矩阵代入式(7.15)中,对遥感图像进行多光谱变换,得到一组新的分量,它们依次被称为第一主成分,第二主成分,……,第 N_b 主成分。第 i 个主成分图像包含了原图像信息量的 $\lambda_i/\boldsymbol{\Sigma}_i\lambda_i$,第一主成分的信息量最大,第二主成分的信息量次之。

2. 算法实现

根据 PCA 正变换的算法步骤,基于 IDL 库函数编写了遥感图像 PCA 正变换的示例代码,见代码 7.6 中的第 24 行至 39 行;相对应的 PCA 反变换只要在式(7.15)等号两边同时左乘 $[\boldsymbol{W}^{\mathrm{T}}]^{-1}$,然后再加上 PCA 正变换中统计分析得到的均值向量即可,见代码 7.6 中的第 41 行至 50 行。以代码 7.5 中得到的裁剪图像作为输入图像,运行代码 7.6,待 PCA 正、反变换得到的结果转存至 ENVI 经典软件界面的可选波段列表中(见代码 7.6 中的第 52 行至 62 行)后,可通过 ENVI 软件的窗口链接和鼠标查询工具快速验证 PCA 反变换得到的结果完全等同于原输入图像。

代码 7.6 遥感图像 PCA 正反变换的示例代码

```
1  PRO PCA_Transform_Step_Demo
2
3    ;配置环境
4    COMPILE_OPT IDL2
5    ENVI
6
7    ;打开遥感图像
8    FName = 'F:\BookDemo\result\ch7\LE7_XZ_YL_Subset.dat'
9    ENVI_OPEN_FILE, FName, R_FID = fid
10
11   ;获取头文件信息
12   ENVI_FILE_QUERY, fid, NB = nb, NS = ns, NL = nl, DIMS = dims, BNAMES = bnames, $
13     DESCRIP = discrip, DEF_STRETCH = DEF_STRETCH, SENSOR_TYPE = sensor_type, $
14     XSTART = xstart, YSTART = ystart, WL = wl, WAVELENGTH_UNIT = wavelength_unit
```

续代码

```
map_info = ENVI_GET_MAP_INFO(FID = fid)

; 读取输入的遥感图像数据
datain = []
FOR i = 0,nb - 1 DO BEGIN
  tmp = ENVI_GET_DATA(DIMS = dims, FID = fid, POS = i)
  datain = [[[datain]], [[tmp]]]
ENDFOR

; PCA 正变换开始
; 将三维数组转换为二维数据,并将数据格式转换为 DOUBLE 型
data = DOUBLE(REFORM(datain, ns * nl, nb))
; 计算各波段均值
mea = MEAN(data, DIMENSION = 1, /DOUBLE, /NAN)
; 将输入图像的各波段灰度值减去对应波段均值
FOR i = 0, nb - 1 DO data[ * ,i] = data[ * ,i] - mea[i]
; 计算协方差矩阵
cov = IMSL_COVARIANCES(data)
; 计算特征值、特征向量(特征值按从大到小顺序排列)
eigval = EIGENQL( cov, /DOUBLE, EIGENVECTORS = eigvec)
; PCA 正变换
result = data # eigvec
; 将二维数组转换为三维数据
result = REFORM(result, ns, nl, nb, /OVERWRITE)
; PCA 正变换结束

; PCA 反变换开始
; 将 PCA 变换结果转换为二维数组
idata = REFORM(result, ns * nl, nb)
; PCA 反变换
iresult = idata # INVERT(eigvec)
; 将结果加上波段均值
FOR i = 0, nb - 1 DO iresult[ * ,i] = iresult[ * ,i] + mea[i]
; 转换回三维数组
iresult = REFORM(iresult, ns, nl, nb, /OVERWRITE)
; PCA 反变换结束

; 将 PCA 正变换后的数据输入至经典 ENVI 内存中
discrip = discrip + 'and its forward PCA result'
ENVI_ENTER_DATA, result, BNAMES = bnames, DESCRIP = descrip, MAP_INFO = map_info, $
  DEF_STRETCH = DEF_STRETCH, R_FID = r_fid, SENSOR_TYPE = sensor_type, $
  XSTART = xstart, YSTART = ystart, WL = wl, WAVELENGTH_UNIT = wavelength_unit

```

续代码

```
  ;将 PCA 反变换后的数据输入至经典 ENVI 内存中
  discrip = discrip + 'and its backward PCA result'
  ENVI_ENTER_DATA, iresult, BNAMES = bnames, DESCRIP = descrip, MAP_INFO = map_info, $
    DEF_STRETCH = DEF_STRETCH, R_FID = r_fid, SENSOR_TYPE = sensor_type, $
    XSTART = xstart, YSTART = ystart, WL = wl, WAVELENGTH_UNIT = wavelength_unit

END
```

ENVI 提供了 PCA 变换过程 PC_ROTATE，其调用格式如下：

```
ENVI_DOIT, 'PC_ROTATE', DIMS = array, EVEC = value, EVAL = value, FID = file ID,/FORWARD, /IN_MEMORY,
MEAN = value [, /NO_PLOT], OUT_BNAME = string array, OUT_DT = {1 | 4 | 5} [, OUT_NB = integer], OUT_
NAME = string, POS = array, R_FID = variable
```

其中，DIMS、POS 分别用来定义处理数据的空间维数和光谱维数的关键字；EVEC、EVAL 分别用来定义特征向量、特征值的关键字；FID、R_FID 均是一个长整型的标量，分别用来定义输入、输出图像的文件标识；FORWARD 用来指定进行 PCA 正变换的关键字，若没有定义该关键字，则执行 PCA 反变换；OUT_DT 是用来定义输出结果的数据类型，可设为 1(字节型)、4(浮点型)或 5(双精度浮点型)；OUT_NB 是一个可选关键字，只有在 PCA 正变换的时候才来定义，用来指定 PCA 正变换后输出结果的主分量个数，默认值等于 POS 的元素个数。

代码 7.7 给出了调用 PC_ROTATE 的示例代码，可分解为四个部分：①以代码 7.5 中得到的裁剪图像作为输入图像，见代码第 7 行至 9 行；②调用 ENVI_STATS_DOIT 对输入图像进行统计分析，得到多光谱图像的均值、特征值，以及特征向量，见代码第 16 行；③调用 PC_ROTATE，设置关键字 FORWARD 进行 PCA 正变换，将 PCA 正变换结果保存为文件名“LE7_XZ_YL_PCA. dat”，见代码第 19 行至 25 行；④调用 PC_ROTATE，不设置关键字 FORWARD，设置关键字 FID 等于以 PCA 正变换结果所对应的文件标识，进行 PCA 反变换，见代码第 27 行至 33 行。

代码 7.7　调用 PC_ROTATE 的示例代码

```
1   PRO PCA_Transform_Demo
2
3     ;配置环境
4     COMPILE_OPT IDL2
5     e = ENVI();/HEADLESS
6
7     ;打开遥感图像
8     FName = 'F:\BookDemo\result\ch7\LE7_XZ_YL_Subset.dat'
9     raster = e.OpenRaster(FName)
10
11    fid = ENVIRasterToFID(Raster)
12    ENVI_FILE_QUERY, fid, DIMS = dims, NB = nb
13    pos = LINDGEN(nb)
14
```

续代码

```
;对输入的遥感图像进行统计分析
ENVI_DOIT, 'ENVI_STATS_DOIT', CANCEL = 1, COMP_FLAG = 4, DIMS = dims, $
  EVAL = eval, EVEC = evec, FID = fid, /INTERRUPT, MEAN = mean, POS = pos

;PCA 正变换
out_name = 'F:\BookDemo\result\ch7\LE7_XZ_YL_PCA.dat'
out_bname = STRARR(nb)
FOR i = 0,nb - 1 DO out_bname[i] = 'PCA '+ STRTRIM(i + 1,1)
ENVI_Doit, 'PC_Rotate', DIMS = dims, EVEC = evec, EVAL = eval, FID = fid, $
  /FORWARD,  MEAN = mean, OUT_BNAME = out_bname, OUT_DT = 4, OUT_NB = nb, $
  OUT_NAME = out_name, POS = pos, R_FID = r_fid

;PCA 反变换
out_name = 'F:\BookDemo\result\ch7\LE7_XZ_YL_IPCA.dat'
out_bname = STRARR(nb)
FOR i = 0,nb - 1 DO out_bname[i] = 'IPCA '+ STRTRIM(i + 1,1)
ENVI_Doit, 'PC_Rotate', DIMS = dims, EVEC = evec, EVAL = eval, FID = r_fid, $
  MEAN = mean, OUT_BNAME = out_bname, OUT_DT = 1, $
  OUT_NAME = out_name, POS = pos, R_FID = ir_fid

END
```

PC_ROTATE 已被 ENVI 5.2 的 ENVIForwardPCATransformTask 所替代。ENVI 也提供了 MNF_DOIT、ENVI_ICA_DOIT 用以进行最小噪声分离(minimum noise fraction, MNF)、独立成分分析(independent components analysis, ICA)变换，它们也分别被 ENVIForwardMNFTransformTask、ENVIForwardICATransformTask 所替代。

3. 与缨帽变换的比较

由式(7.14)和式(7.15)可知，PCA、TC 变换均属特征空间的线性变换，它们并不是原光谱特征的简单取舍；变换后得到的各分量综合了输入图像的各光谱特征，是各光谱特征的线性组合。但两者也有所不同，其区别主要体现在以下两个方面。

(1)PCA 变换矩阵是与图像数据相关的，是由多光谱图像协方差矩阵的特征向量构成；而 TC 变换矩阵是与传感器相关的，只要是同一传感器获取的图像数据其 TC 变换矩阵就相同。

(2)PCA 旋转后的坐标轴指向数据信息量较大的方向，即主成分方向，该方向上对应散点的方差最大；而 TC 旋转后的坐标轴不是指向主成分方向，而是指向与地物特别是和植被生长以及土壤有密切关系的方向。

下面以代码 7.5 中生成的裁剪图像作为输入的多光谱图像，并选取植被、水体、高亮反射的不透水层这三类地物类型区域作为关注区，如图 7.4 所示；直接利用代码 7.5、代码 7.7 生成的多光谱变换结果，通过二维散点图绘制，比较说明 TC 与 PCA 旋转坐标轴指向的不同，具体实现见代码 7.8，绘制的二维散点图见图 7.5。代码 7.8 调用了 ENVI 库函数中的部分感兴趣区操作函数，其函数具体说明见表 8.1。在图 7.5 中，从左至右分别是原输入图像的 ETM+波段 1 与波段 2 的二维散点图、TC 变换后得到的亮度分量与绿度分量的二维散点图、PCA

变换后得到的第一主分量与第二主分量的二维散点图。由图 7.5 可知：

(1)TC、PCA 变换后的分量可以很好地将不同地物类别区分开来，突出地物信息。多光谱变换前的散点呈线性分布；而 TC、PCA 变换后的二维散点图呈三角形形状，植被、水体、不透水层这三类地物分别位于二维散点图的角点位置。

(2)TC 变换后的亮度分量和绿度分量互相垂直。在 TC 亮度分量与绿度分量的二维散点图中，水体、不透水层对应的点分布平行于横坐标，且分别位于两侧，左侧是水体(水体较暗)，右侧是不透水层(不透水层较亮)；植被类型的点分布平行于纵坐标，且集中位于上方(绿度值较大)。根据水体、高亮反射的不透水层的点分布可证明横坐标指向与亮度相关，根据植被类型的点分布也可证明纵坐标指向与植被相关。

(3)在 PCA 第一主分量与第二主分量的二维散点图中，植被类型的点不再平行于横坐标(或纵坐标)分布，PCA 旋转后的坐标轴指向不再是与植被等地物类型相关，而是与散度相关。横坐标方向上点的散度最大，对应的方差也最大；纵坐标方向上点的散度次之，所含信息量也次之。

图 7.4 遥感图像与关注区的叠加图

代码 7.8 缨帽变换与主成分变换的比较

```
PRO Comparison_TC_PCA_Demo

  ;配置环境
  COMPILE_OPT IDL2
  e = ENVI(/headless)

  ;打开多光谱变换前的遥感图像
```

续代码

```
FName = 'F:\BookDemo\result\ch7\LE7_XZ_YL_Subset.dat'
raster_in = e.OpenRaster(FName)

; 打开缨帽变换后的遥感图像
FName = 'F:\BookDemo\result\ch7\LE7_XZ_YL_TC.dat'
raster_tc = e.OpenRaster(FName); 事先修改头文件中的 XSTART、YSTART

; 打开 PCA 变换后的遥感图像
FName = 'F:\BookDemo\result\ch7\LE7_XZ_YL_PCA.dat'
raster_pc = e.OpenRaster(FName)

; 载入关注区 ROI 文件
FName = 'F:\BookDemo\data\LE71210362000107HIJ00\LE7_XZ_YL_3ROI.xml'
rois = e.OpenRoi(FName)

; 绘制散点图
width = 250; 定义每幅散点图的宽度
height = 250; 定义每幅散点图的高度

; 1)多光谱变换前的遥感图像
x = raster_in.GetData(BANDS = [0])
y = raster_in.GetData(BANDS = [1])
plot1 = SCATTERPLOT(x[ * ], y[ * ], SYMBOL = 'Dot', AXIS_STYLE = 2, $
  XTITLE = 'Band 1', YTITLE = 'Band 2', /DEVICE, FONT_SIZE = 8, $
  WINDOW_TITLE = '缨帽变换与 PCA 变换的比较',DIMENSIONS = [3 * width + 180,height + 40], $
  POSITION = [50,30,width + 50,height + 30])
FOR i = 0, N_ELEMENTS(rois) - 1 DO BEGIN
  idx = rois[i].PixelAddresses(raster_in)
  name = rois[i].Name
  color = rois[i].Color
  xx = REFORM(x[idx[0, * ],idx[1, * ]])
  yy = REFORM(y[idx[0, * ],idx[1, * ]])
  tmp1 = SCATTERPLOT(xx,yy,SYMBOL = 'Triangle',SYM_COLOR = color, $
    OVERPLOT = 1, POSITION = [50,30,width + 50,height + 30],/DEVICE)
  tmp2 = TEXT(mean(xx), mean(yy), name, $
    /DATA, TARGET = tmp1,  FONT_SIZE = 10, COLOR = [0,0,0], $
    FILL_BACKGROUND = 1, FILL_COLOR = [230,230,230])
ENDFOR

;  2)缨帽变换后的遥感图像
x = raster_tc.GetData(BANDS = [0])
y = raster_tc.GetData(BANDS = [1])
plot2 = SCATTERPLOT(x[ * ], y[ * ], SYMBOL = 'Dot', AXIS_STYLE = 2, $
  XTITLE = 'Brightness', YTITLE = 'Greeness', /CURRENT, /DEVICE, $
  POSITION = [width + 110,30,width + 110 + width, height + 30], FONT_SIZE = 8)
FOR i = 0, N_ELEMENTS(rois) - 1 DO BEGIN
  idx = rois[i].PixelAddresses(raster_tc)
```

续代码

```
      name = rois[i].Name
      color = rois[i].Color
      xx = REFORM(x[idx[0, * ],idx[1, * ]])
      yy = REFORM(y[idx[0, * ],idx[1, * ]])
      tmp1 = SCATTERPLOT(xx, yy, SYMBOL = 'Triangle', $
        SYM_COLOR = color, OVERPLOT = 1, /DEVICE, $
        POSITION = [width + 110,30,width + 110 + width, height + 30])
      tmp2 = TEXT(mean(xx), mean(yy), name, /DATA, $
        TARGET = tmp1, FONT_SIZE = 10, COLOR = [0,0,0], $
        FILL_BACKGROUND = 1, FILL_COLOR = [230,230,230])
    ENDFOR

    ; 3)PCA 变换后的遥感图像
    x = raster_pc.GetData(BANDS = [0])
    y = raster_pc.GetData(BANDS = [1])
    plot3 = SCATTERPLOT(x[ * ], y[ * ], SYMBOL = 'Dot', AXIS_STYLE = 2, $
      XTITLE = 'PCA 1', YTITLE = 'PCA 2', /CURRENT, /DEVICE, FONT_SIZE = 8, $
      POSITION = [width + width + 170,30,width + width + 170 + width, height + 30])
    FOR i = 0, N_ELEMENTS(rois) - 1 DO BEGIN
      idx = rois[i].PixelAddresses(raster_PC)
      name = rois[i].Name
      color = rois[i].Color
      xx = REFORM(x[idx[0, * ],idx[1, * ]])
      yy = REFORM(y[idx[0, * ],idx[1, * ]])
      tmp1 = SCATTERPLOT(xx, yy, SYMBOL = 'Triangle', $
        SYM_COLOR = color, OVERPLOT = 1, /DEVICE, $
        POSITION = [width + width + 170,30,width + width + 170 + width, height + 30])
      tmp2 = TEXT(ROUND(mean(xx)), ROUND(mean(yy)), name, $
        /DATA, TARGET = tmp1, FONT_SIZE = 10, COLOR = [0,0,0], $
        FILL_BACKGROUND = 1, FILL_COLOR = [230,230,230])
    ENDFOR

END
```

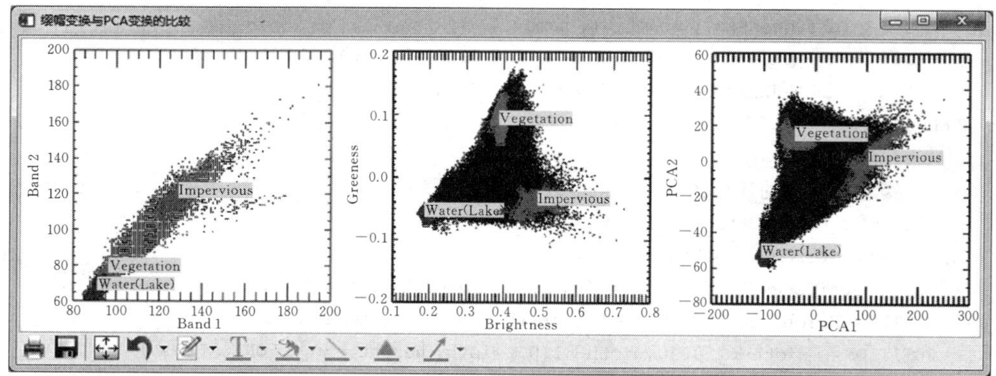

图 7.5 运行代码 7.8 得到的多光谱变换前后二维散点图

7.3　遥感图像融合

7.3.1　概　述

随着遥感技术的迅猛发展和新型传感器的不断涌现，在某一研究区域可获得大量的不同尺度、不同光谱、不同时相的多源遥感图像数据。与单源遥感图像相比，多源遥感图像所提供的信息具有以下特性：

(1)冗余性。是指它们对环境或目标的表示、描述或解译结果相同。冗余信息的作用，可以降低误差和不确定性，提高识别率和精确度。

(2)互补性。是指信息有不同的自由度且相互独立，互补信息的应用，可以提高最终结果的可信度。

(3)合作性。是指不同传感器在探测和处理信息时对其他信息有依赖关系。合作信息的作用，可以提高协调性能。

因此，将多源遥感图像数据各自的优势结合起来加以利用，对环境或地物对象获得正确解译是非常重要的。多源遥感图像融合则是富集这些多种传感器遥感信息的最有效途径之一，也是多源图像处理与分析中非常重要的一个环节。根据融合过程所处的阶段及融合信息的抽象程度，可将遥感图像融合由低到高划分为像元级融合、特征级融合和决策级融合等三个层次，如图 7.6 所示。

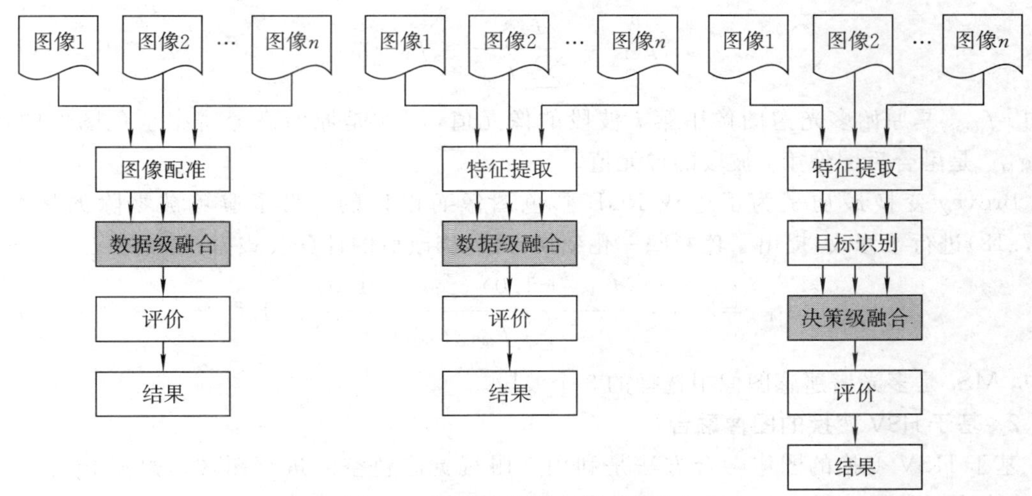

图 7.6　遥感图像融合的三个层次

1. 像元级融合

像元级融合是最低层次的融合，它对空间配准后的遥感图像数据直接融合，在尽可能多地保留原图像信息的情况下，还补充、丰富和强化了融合图像中的有用信息，使融合后的图像更符合人或机器的视觉特征，更有利于对图像的进一步处理分析。像元级融合方法主要有 Brovey 变换融合、IHS 变换融合、PCA 变换融合、高通滤波融合等。

2. 特征级融合

特征级融合是中等水平的融合，先将各遥感图像数据进行特征提取(如形状、纹理等特征提取)，然后将这些特征信息进行综合处理与分析，最终得到融合图像。它能充分挖掘多源图像中的相关特征信息，融合结果能够最大限度地给出决策分析所需要的特征信息。

3. 决策级融合

决策级融合是最高水平的融合。各源图像数据观测同一目标，每个图像数据在本地完成预处理、特征提取、解译识别，以建立对所观测目标的初步论断，然后应用决策规则，最终获得联合推断结果，为决策提供依据。

7.3.2 融合算法理论

遥感图像融合是对多传感器、多时相遥感图像，按照一定的融合模型，进行数据合成，使输出图像的光谱分辨率、空间分辨率和时间分辨率均大于或等于参与融合的任意一幅图像，达到信息优势互补、提高图像质量、突出目标特征、利于图像解译与动态监测等目的。遥感图像融合涉及内容较多，本书主要考虑一幅较高空间分辨率的全色图像与一幅较低空间分辨率的多光谱图像之间的融合，具体介绍基于色彩归一化变换、HSV 变换、PCA 变换的图像融合方法。考虑到数据采集条件的影响，多源遥感图像不能直接融合，需预先进行辐射校正、几何校正等处理。

1. 基于色彩归一化变换的图像融合

基于色彩归一化变换的图像融合方法是在 Brovey 变换融合算法的基础上发展而来的。Brovey 变换是一种通过归一化后的多光谱图像与高分辨率全色图像乘积的融合方法，其数学表达式为

$$g_{\mathrm{MS}_i}=\frac{f_{\mathrm{MS}_i}}{\sum_i f_{\mathrm{MS}_i}}\times f_{\mathrm{PAN}} \tag{7.18}$$

式中，f_{MS_i} 是原始多光谱图像中第 i 波段的像元值，f_{PAN} 是原始高分辨率全色图像的像元值，g_{MS_i} 是融合后图像第 i 波段的像元值。

Brovey 变换最初是为了生成 RGB 彩色图像而设计的。为了避免被零除的情况，对式(7.18)进行了修改，提出了色彩归一化变换方法，修改后的计算公式为

$$g_{\mathrm{MS}_i}=3.0\times\frac{(f_{\mathrm{MS}_i}+1.0)(f_{\mathrm{PAN}}+1.0)}{\sum_i f_{\mathrm{MS}_i}+3.0}-1.0 \tag{7.19}$$

式中，MS_i 是多光谱遥感图像中选择的 3 个波段。

2. 基于 HSV 变换的图像融合

基于 HSV 变换的图像融合方法是利用人眼视觉彩色空间进行图像信息融合的一种方法，其算法流程图如图 7.7 所示，主要步骤如下：

(1)将较低分辨率的多光谱图像进行波段组合，合成 RGB 彩色图像。

(2)对步骤(1)得到的彩色图像进行 HSV 正变换，分离出色度 H、饱和度 S、亮度 V 这三个分量。

(3)对较高分辨率的全色图像 P 进行对比度拉伸，使之与步骤(2)中得到的 V 分量具有相同的均值和方差。

(4)用拉伸后的全色图像 P' 替换步骤(2)中得到的 V 分量，经 HSV 反变换后，得到空间分辨率提高的彩色图像。

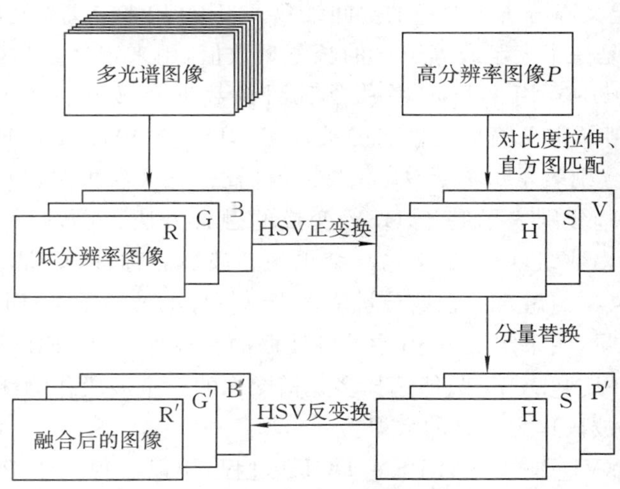

图 7.7　基于 HSV 变换的遥感图像融合算法流程

3. **基于 PCA 变换的图像融合**

基于 HSV、PCA 变换的图像融合方法均属分量替换融合算法，其目的是在保持原始光谱信息不变的同时，将高空间分辨率图像的空间信息传递到多光谱图像中，提高多光谱图像的空间分辨率。与 HSV 融合方法不同，PCA 融合方法不再受融合波段数的限制，输入的多光谱图像所有波段均可参与融合。

PCA 变换融合方法是通过引入高分辨率图像替代第一主成分分量图像，以提高多光谱图像的空间分辨率。其融合过程为(图 7.8)：首先对较低空间分辨率的多光谱图像进行 PCA 变换；然后，对高分辨率全色图像进行对比度拉伸，使之与输入的多光谱图像 PCA 变换后的第一主成分分量具有相同的均值和方差；最后，用拉伸后的全色图像替换多光谱图像的第一主成分分量，通过 PCA 反变换返回至光谱空间，得到融合结果。

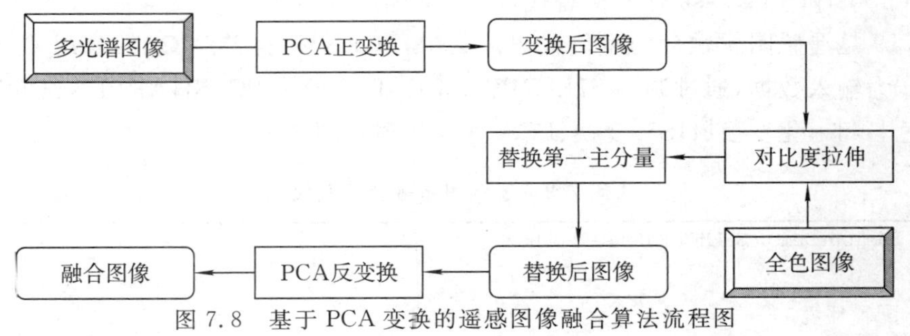

图 7.8　基于 PCA 变换的遥感图像融合算法流程图

7.3.3　融合算法实现

ENVI 提供了 SHARPEN_DOIT 过程，可用于进行基于色彩归一化或 HSV 变换的图像融合，其调用格式如下：

```
ENVI_DOIT, 'SHARPEN_DOIT', F_DIMS = array, F_FID = file ID, F_POS = long integer, FID = file ID, /IN_MEMORY, INTERP = {0 | 1 | 2}, METHOD = {0 | 1}, OUT_BNAME = string array, OUT_NAME = string, POS = array, R_FID = variable
```

其中，F_DIMS 用来定义高分辨率图像的空间维数；F_FID 用来定义参与融合的高分辨率图像的文件标识；F_POS 是一个大于或等于 0 的长整型数值，用来定义参与融合的高分辨率图像的波段号；IN_MEMORY 用来指定将融合后图像数据存放在内存中，若没有设置 IN_MEMORY 关键字，则须定义输出文件名的关键字 OUT_NAME；INTERP 用来定义插值方法，可取值为 0、1、2，分别表示最邻近法、双线性内插法、三次卷积法；METHOD 用来定义融合方法，可取值为 0、1，分别表示基于 HSV 变换的融合方法、色彩归一化融合方法；OUT_BNAME 是一个字符串数组，用来定义输出结果的各波段名称；POS 是一个由 3 个元素组成的一维向量，用来定义参与融合的较低分辨率多光谱图像的波段子集；FID 是一个由 3 个元素组成的长整型一维向量，用来定义 POS 中的各波段的文件标识；R_FID 用来定义融合后图像的文件标识。SHARPEN_DOIT 只能选择多光谱图像的 3 个波段作为融合的数据，而不能选择多光谱图像的所有波段作为融合的数据。

ENVI 提供了 ENVI_PC_SHARPEN_DOIT 过程，用以实现基于 PCA 变换的图像融合算法，其调用格式如下：

```
ENVI_DOIT, 'ENVI_PC_SHARPEN_DOIT', DIMS = array, FID = file ID, HIRES_DIMS = array, HIRES_FID = file ID, HIRES_POS = array [, /IN_MEMORY] [, INTERP = {0 | 1 | 2}] [, M_FID = file ID] [, M_POS = array] [, MASK_VALUE = value] [, OUT_BNAME = string array], OUT_NAME = string, POS = array [, R_FID = file ID]
```

其中，关键字 FID、HIRES_FID 分别表示输入的多光谱图像和高分辨率图像的文件标识；DIMS、HIRES_FID 分别用来定义待处理的多光谱图像、高分辨率图像的起止行列号；POS、HIRES_POS 分别用来定义待处理的多光谱图像、高分辨率图像的波段号；INTERP 用来定义插值方法；M_FID、M_POS 分别表示掩模图像的文件标识和波段号；MASK_VALUE 用来指定被掩模掉的像元的输出值；OUT_NAME、OUT_BNAME、R_FID 分别用来定义输出结果的文件名、各波段名称以及文件标识。ENVI_PC_SHARPEN_DOIT 已被 ENVI 5.2 的 ENVIPCPanSharpeningTask 任务所替代。

代码 7.9 是遥感图像融合的示例代码。其中，以 ENVI 自带的 QuickBird 全色图像和多光谱图像作为输入数据，通过调用 SHARPEN_DOIT、ENVI_PC_SHARPEN_DOIT 过程，实现了基于色彩归一化变换、HSV 变换、PCA 变换的遥感图像融合。

代码 7.9 遥感图像融合示例代码

```
PRO Fusion_Demo, SELMETHOD = selmethod

  ; 配置环境
  COMPILE_OPT IDL2
  e = ENVI(/HEADLESS)

  ; 打开参与融合的较高分辨率图像
  FName_PAN = Filepath('qb_boulder_pan', SUBDIR = ['data'], $
    ROOT_DIR = e.Root_Dir)
  Raster_PAN = e.OpenRaster(FName_PAN)

  ; 打开参与融合的较低分辨率多光谱图像
```

续代码

```
FName_MS = FILEPATH('qb_boulder_msi', SUBDIR = ['data'], $
  ROOT_DIR = e.Root_Dir)
Raster_MS = e.OpenRaster(FName_MS)

;获得输入数据的文件标识
f_fid = ENVIRasterToFID(Raster_PAN)
fid = ENVIRasterToFID(Raster_MS)

;默认关键字设置
IF ~KEYWORD_SET(selmethod) THEN $
  selmethod = ['color normalized','hsv','pca']

FOR i = 0,N_ELEMENTS(selmethod) - 1 DO BEGIN

  CASE STRLOWCASE(selmethod[i]) of
    'color normalized': BEGIN
      ;定义调用 SHARPEN_DOIT 中的关键字
      ENVI_FILE_QUERY, f_fid, DIMS = f_dims
      out_bname = ['R Channel', 'G Channel', 'B Channel']
      ;调用 SHARPEN_DOIT, METHOD 设值为 1,进行基于色彩归一化变换的融合
      ENVI_DOIT, 'SHARPEN_DOIT', F_DIMS = f_dims, F_FID = f_fid, $
        F_POS = [0], FID = [fid,fid,fid], /IN_MEMORY, INTERP = 1, METHOD = 1, $
        OUT_BNAME = out_bname, POS = [2,1,0], R_FID = r_fid
      ;保存融合结果
      Raster_Result = ENVIFIDToRaster(r_fid)
      FName_Result = 'F:\BookDemo\result\ch7\qb_boulder_fs_color.dat'
      e.ExportRaster, Raster_Result, FName_Result, 'envi'
      BREAK
    END
    'hsv': BEGIN
      ;定义调用 SHARPEN_DOIT 中的关键字
      ENVI_FILE_QUERY, f_fid, DIMS = f_dims
      out_bname = ['R Channel', 'G Channel', 'B Channel']
      ;调用 SHARPEN_DOIT, METHOD 设值为 0,进行基于 HSV 变换的融合
      ENVI_DOIT, 'SHARPEN_DOIT', F_DIMS = f_dims, F_FID = f_fid, $
        F_POS = [0], FID = [fid,fid,fid], /IN_MEMORY, INTERP = 1, METHOD = 0, $
        OUT_BNAME = out_bname, POS = [2,1,0], R_FID = r_fid
      ;保存融合结果
      Raster_Result = ENVIFIDToRaster(r_fid)
      FName_Result = 'F:\BookDemo\result\ch7\qb_boulder_fs_hsv.dat'
      e.ExportRaster, Raster_Result, FName_Result, 'envi'
      BREAK
    END
```

续代码

```
        'pca': BEGIN
          ; 定义调用 ENVI_PC_SHARPEN_DOIT 中的关键字
          ENVI_FILE_QUERY, f_fid, DIMS = f_dims
          ENVI_FILE_QUERY, fid, DIMS = dims, NB = nb, BNAMES = bnames
          pos  =  LINDGEN(nb)
          ; 调用 ENVI_PC_SHARPEN_DOIT,进行基于 PCA 变换的融合
          ENVI_DOIT, 'ENVI_PC_SHARPEN_DOIT', DIMS = dims, $
            FID = fid, HIRES_DIMS = f_dims, HIRES_FID = f_fid, HIRES_POS = [0], $
            /IN_MEMORY, INTERP = 1, OUT_BNAME = bnames, POS = pos, R_FID = r_fid
          ; 保存融合结果
          Raster_Result  =  ENVIFIDToRaster(r_fid)
          FName_Result  =  'F:\BookDemo\result\ch7\qb_boulder_fs_pc.dat'
          e.ExportRaster, Raster_Result, FName_Result, 'envi'
        END
      ENDCASE
    ENDFOR
    ; ENVI_FILE_MNG, ID = fid, /REMOVE; remove temporary file
    e.close
  END
```

7.3.4 融合效果评价

遥感图像融合效果可从定性和定量两个方面进行评价。定性评价主要以目视判读为主，它是一种简单、直接的评价方法，对融合前后图像进行目视对比，评价融合后图像的光谱保真度和边缘清晰度等。但是，人眼视觉在辨别图像光谱和空间信息等方面灵敏度有限，且图像的视觉质量也依赖于观察者的情绪、经验等。因此，定性评价方法具有较强的片面性和主观性，应与客观的定量评价方法相结合，才能完成对遥感图像融合效果的综合评价。根据是否考虑融合前后图像之间的一致性，可将遥感图像融合定量评价方法分为两大类：基于单个图像统计特征的评价方法和基于参考图像的评价方法。

1. 基于单个图像统计的评价方法

基于单个图像统计的评价方法将融合后的图像视为一个独立的个体，它不考虑融合后的图像与原始输入图像或参考图像之间的一致性，通过计算信息量、对比度等统计参量对融合后的图像进行质量评价。

1）图像均值

图像均值是图像像元的平均灰度值，即平均亮度。假设融合后的多光谱图像大小为 N_l 行、N_s 列，则第 i 波段图像均值为

$$\bar{g}_{\mathrm{MS}_i} = \frac{1}{N_l N_s} \sum_{x=0}^{N_l - 1} \sum_{y=0}^{N_s - 1} g_{\mathrm{MS}_i}(x, y) \tag{7.20}$$

式中，$\bar{g}_{\mathrm{MS}_i}$ 为融合图像波段 i 的均值，$g_{\mathrm{MS}_i}(x,y)$ 是融合图像第 i 波段、第 x 行、第 y 列像元的属性值。

2)图像标准差

图像标准差反映了像元灰度值相对于均值的离散状况。融合后图像波段 i 的标准差为

$$\sigma_{\mathrm{MS}_i}=\frac{1}{N_l N_s}\sqrt{\sum_{x=0}^{N_l-1}\sum_{y=0}^{N_s-1}[g_{\mathrm{MS}_i}(x,y)-\bar{g}_{\mathrm{MS}_i}]^2} \tag{7.21}$$

式中，σ_{MS_i} 为波段 i 的标准差。图像标准差越大，灰度分布越分散，图像反差越大，图像信息越丰富；反之，图像标准差越小，灰度分布越集中，图像反差越小，图像信息越单调。

3)图像平均梯度

图像平均梯度是关于图像清晰度的一个指标，能够反映图像中微小细节反差和纹理变化，其计算公式为

$$\overline{|\mathrm{grad}[g_{\mathrm{MS}_i}(x,y)]|}=\frac{1}{N_l N_s}\sum_{x=0}^{N_l-1}\sum_{y=0}^{N_s-1}\sqrt{[\Delta_x g_{\mathrm{MS}_i}(x,y)]^2+[\Delta_y g_{\mathrm{MS}_i}(x,y)]^2} \tag{7.22}$$

式中，$\Delta_x g_{\mathrm{MS}_i}(x,y)$、$\Delta_y g_{\mathrm{MS}_i}(x,y)$ 分别表示第 i 波段图像行、列方向上的一阶差分，其他变量同式(7.20)。图像平均梯度值越大，图像层次越丰富，图像细节越清晰。

4)图像熵

图像熵是描述灰度图像信息量的一个指标。根据香农(Shannon)信息理论原理，一幅 8 bit 灰度图像的熵为

$$H=-\sum_{i=0}^{255}p(r_i)\log_2 p(r_i) \tag{7.23}$$

式中，r_j 是图像灰度级，其取值区间为[0,255]；$p(r_j)$ 是 r_j 在图像中出现的像元频数。熵值越大，图像信息量越丰富，图像细节越清晰。

若对于其他比特数的灰度图像，只需要修改式(7.23)中的灰度级数即可，例如一幅 11 bit 的单波段图像的熵为

$$H=-\sum_{i=0}^{2047}p(r_i)\log_2 p(r_i) \tag{7.24}$$

5)图像联合熵

图像联合熵是描述彩色图像信息量的指标。一幅 24 bit 真彩色图像的联合熵为

$$H=-\sum_{i=0}^{255}\sum_{j=0}^{255}\sum_{k=0}^{255}p(r_i,r_j,r_k)\log_2 p(r_i,r_j,r_k) \tag{7.25}$$

式中，$p(r_i,r_j,r_k)$ 是彩色图像像元 R、G、B 值分别等于 r_i、r_j、r_k 时的联合概率。

以代码 7.9 得到的 PCA 融合结果作为测试图像，编写基于单个图像统计的融合效果评价示例代码，见代码 7.10。代码 7.10 利用了 IDL 库函数中的 IMAGE_STATISTICS 过程进行单波段图像的均值和标准差统计，当然也可以用 MEAN、STD 等矩阵运算函数或 ENVI 库函数 ENVI_STATS_DOIT、ENVIRasterStatisticsTask 等进行统计。运行代码 7.10 可得：融合前的多光谱图像(上采样至与融合图像等大小)4 个波段的平均梯度分别为 3.238、6.492、6.173、9.608，PCA 融合图像 4 个波段的平均梯度分别增加到 6.113、12.355、15.011、24.978，与融合前的图像相比，融合后的图像层次更丰富、细节更清晰。

代码 7.10　基于单图像统计的融合效果评价示例代码

```
Pro Quality_Single_Band_Demo, SELBAND = selband

  ; 配置环境
  COMPILE_OPT IDL2 &  e = ENVI(/HEADLESS)

  ; 打开融合前的多光谱图像
  FName_Ref = FILEPATH('qb_boulder_msi', SUBDIR = ['data'], $
    ROOT_DIR = e.Root_Dir)
  Raster_Ref = e.OpenRaster(FName_Ref)

  ; 打开融合后的多光谱图像
  FName_Tst = 'F:\BookDemo\result\ch7\qb_boulder_fs_pc.dat'
  Raster_Tst = e.OpenRaster(FName_Tst)

  ; 仅统计 1 个波段
  IF NOT KEYWORD_SET(SELBAND) THEN selband = 0
  Data_Ref = Raster_Ref.GetData(BANDS = [selband])
  Data_Tst = Raster_Tst.GetData(BANDS = [selband])
  ; 将图像调整为等大小
  dims = SIZE(Data_Tst, /DIMENSIONS)
  Data_Ref = CONGRID(Data_Ref, dims[0], dims[1], /INTERP)
  ;Data_Ref = REBIN(Data_Ref, dims[0], dims[1])

  ; 计算图像均值和标准差
  IMAGE_STATISTICS, Data_Ref, MEAN = mean_Ref, STDDEV = stdv_Ref
  IMAGE_STATISTICS, Data_Tst, MEAN = mean_Tst, STDDEV = stdv_Tst

  ; 计算图像平均梯度
  tmpx = SHIFT_DIFF(Data_Ref,DIRECTION = 1,/EDGE_TRUNCATE)
  tmpy = SHIFT_DIFF(Data_Ref,DIRECTION = 3,/EDGE_TRUNCATE)
  tmp = SQRT(tmpx * tmpx + tmpy * tmpy)
  grad_Ref = MEAN(tmp); 融合前图像的平均梯度
  tmpx = SHIFT_DIFF(Data_Tst,DIRECTION = 1,/EDGE_TRUNCATE)
  tmpy = SHIFT_DIFF(Data_Tst,DIRECTION = 3,/EDGE_TRUNCATE)
  tmp = SQRT(tmpx * tmpx + tmpy * tmpy)
  grad_Tst = MEAN(tmp); 融合后图像的平均梯度

  ; 计算图像熵
  bits = 11
  entp_Ref = 0; 融合前图像熵的初始化
  pdf_Ref = HISTOGRAM(Data_Ref, MAX = 2^bits - 1, MIN = 0, /NAN)
  pdf_Ref = FLOAT(pdf_Ref)/FLOAT(N_ELEMENTS(Data_Ref))
  idx = WHERE(pdf_Ref NE 0, count)
```

续代码

```
FOR i = 0, count - 1 DO entp_Ref = entp_Ref - $
  pdf_Ref[idx[i]] * ALOG(pdf_Ref[idx[i]])
entp_Ref = entp_Ref/ALOG(2); 以 2 为底的对数等于 Ln(x)/Ln(2)

entp_Tst = 0; 融合后图像熵的初始化
pdf_Tst = HISTOGRAM(Data_Tst, MAX = 2^bits - 1, MIN = 0, /NAN)
pdf_Tst = FLOAT(pdf_Tst)/FLOAT(N_ELEMENTS(Data_Tst))
idx = WHERE(pdf_Tst NE 0, count)
FOR i = 0, count - 1 DO entp_Tst = entp_Tst - $
  pdf_Tst[idx[i]] * ALOG(pdf_Tst[idx[i]])
entp_Tst = entp_Tst/ALOG(2); 以 2 为底的对数等于 Ln(x)/Ln(2)

; 将统计结果写入 txt 文档
FName_TXT = 'F:\BookDemo\result\ch7\qb_boulder_qualband' + $
  STRING(selband + 1,FORMAT = '(I1)') + '.txt'
OPENW , lun, FName_TXT,/GET_LUN; 将逻辑设备号与文件相连
PRINTF, lun, FORMAT = '("Band ",(I1)," of the input MS image:")',selband + 1
PRINTF, lun, FORMAT = '("    Mean: ", (f0.3))', mean_Ref
PRINTF, lun, FORMAT = '("    Stdv: ", (f0.3))', stdv_Ref
PRINTF, lun, FORMAT = '("    Grad: ", (f0.3))', grad_Ref
PRINTF, lun, FORMAT = '("    Entp: ", (f0.3))', entp_Ref
PRINTF, lun, "
PRINTF, lun, FORMAT = '("Band ",(I1)," of the fused MS image:")',selband + 1
PRINTF, lun, FORMAT = '("    Mean: ", (f0.3))', mean_Tst
PRINTF, lun, FORMAT = '("    Stdv: ", (f0.3))', stdv_Tst
PRINTF, lun, FORMAT = '("    Grad: ", (f0.3))', grad_Tst
PRINTF, lun, FORMAT = '("    Entp: ", (f0.3))', entp_Tst
FREE_LUN, lun

e.close

END
```

2. 基于参考图像的评价方法

基于参考图像的融合效果评价方法是以参考图像为标准，构建定量评价指标，用以衡量融合后的图像的光谱保真度和空间一致性。在实际应用中，很难获得融合图像的标准参考图像，通常分别以融合前的多光谱图像、全色图像作为参考图像，定量评价融合图像的光谱保真度和空间一致性。

此处主要介绍光谱保真度的定量评价指标，主要步骤如下：

(1)对融合后的图像进行下采样，使其与融合前的多光谱图像具有相同的空间分辨率，经下采样后的融合图像与融合前的多光谱图像大小相等。

(2)以下采样后的融合图像作为测试图像，以融合前的多光谱图像作为参考图像，计算用以定量评价光谱保真度的指标测度。

(3)比较计算得到的各指标值与相对应的理想值之间的差异,对融合图像作出客观评价。

假设下采样后的融合图像大小为 $N_l \times N_s$、波段数为 N_b,令 $g_{\mathrm{MS}_i}(x,y)$ 为下采样后的融合图像的第 i 波段、第 x 行、第 y 列的像元属性值,令 $f_{\mathrm{MS}_i}(x,y)$ 为原始多光谱图像的第 i 波段、第 x 行、第 y 列的像元属性值,部分常用的光谱保真度评价指标定义如下:

(1)偏差指数。

偏差指数(Bias)反映融合图像与参考图像之间的偏离程度。融合图像第 i 波段的偏差指数为

$$\mathrm{Bias}_{\mathrm{MS}_i} = \frac{1}{N_l N_s} \sum_{x=0}^{N_l-1} \sum_{y=0}^{N_s-1} \frac{|g_{\mathrm{MS}_i}(x,y) - f_{\mathrm{MS}_i}(x,y)|}{f_{\mathrm{MS}_i}(x,y)} \tag{7.26}$$

偏差指数等于 0 时,是最理想的情况,融合图像与参考图像的光谱特征完全一致。偏离指数越小,光谱保真度越高。

(2)均方根误差。

均方根误差(root mean square error, RMSE)是衡量融合图像与参考图像之间差异的指标,融合图像第 i 波段的均方根误差为

$$\mathrm{RMSE}_{\mathrm{MS}_i} = \left\{\frac{1}{N_l N_s} \sum_{x=0}^{N_l-1} \sum_{y=0}^{N_s-1} [g_{\mathrm{MS}_i}(x,y) - f_{\mathrm{MS}_i}(x,y)]^2\right\}^{1/2} \tag{7.27}$$

均方根误差值等于 0 时,是最理想的情况。其值越小,说明光谱保真度越高。

(3)相关系数。

相关系数(correlation coefficient, CC)是衡量融合图像与参考图像之间相似程度的指标。融合前后第 i 波段的相关系数为

$$\mathrm{CC}_{\mathrm{MS}_i} = \frac{\sum_{x=0}^{N_l-1} \sum_{y=0}^{N_s-1} [g_{\mathrm{MS}_i}(x,y) - \bar{g}_{\mathrm{MS}_i}][f_{\mathrm{MS}_i}(x,y) - \bar{f}_{\mathrm{MS}_i}]}{\sqrt{\left\{\sum_{x=0}^{N_l-1} \sum_{y=0}^{N_s-1} [g_{\mathrm{MS}_i}(x,y) - \bar{g}_{\mathrm{MS}_i}]^2\right\}} \cdot \sqrt{\left\{\sum_{x=0}^{N_l-1} \sum_{y=0}^{N_s-1} [f_{\mathrm{MS}_i}(x,y) - \bar{f}_{\mathrm{MS}_i}]^2\right\}}} \tag{7.28}$$

式中,$\bar{f}_{\mathrm{MS}_i}$、$\bar{g}_{\mathrm{MS}_i}$ 分别是融合前后图像的第 i 波段的平均值。相关系数等于 1 时,是最理想的情况。相关系数值越接近 1,说明融合图像在提高空间分辨率的同时,较好地保留了原始多光谱图像的光谱信息。

(4)信噪比。

信噪比(signal-to-noise ratio, SNR)是用来衡量信息质量的一个测度,其定义为

$$\mathrm{SNR} = 10\lg \frac{\mathrm{Energy}_{\mathrm{signal}}}{\mathrm{Energy}_{\mathrm{noise}}} \tag{7.29}$$

式中,$\mathrm{Energy}_{\mathrm{signal}}$ 是信号值的平方和,$\mathrm{Energy}_{\mathrm{noise}}$ 是噪声值的平方和。对于信号估计算法而言,信号指的是估计信号,而噪声指的是估计信号与原始信号之间的误差。因此,融合图像第 i 波段的信噪比计算公式为

$$\mathrm{SNR}_{\mathrm{MS}_i} = 10\lg \frac{\sum_{x=0}^{N_l-1} \sum_{y=0}^{N_s-1} [g_{\mathrm{MS}_i}(x,y)]^2}{\sum_{x=0}^{N_l-1} \sum_{y=0}^{N_s-1} [g_{\mathrm{MS}_i}(x,y) - f_{\mathrm{MS}_i}(x,y)]^2} \tag{7.30}$$

$\mathrm{SNR}_{\mathrm{MS}_i}$ 值越大,融合图像相对应的光谱属性值误差越小,光谱保真度越高。

(5)平均光谱角。

光谱角制图(spectral angle mapper，SAM)是度量光谱扭曲程度的一个指标。对于融合图像中的各个像元，分别计算其与参考图像中相对应像元的光谱角，然后统计光谱角的平均值用以定量评价融合图像的光谱保真度，光谱夹角越小，光谱保真度越高。平均光谱角计算公式为

$$\overline{\mathrm{SAM}}=\frac{1}{N_l N_s}\sum_{x=0}^{N_l-1}\sum_{y=0}^{N_s-1}\arccos\frac{[\boldsymbol{f}(x,y)]^{\mathrm{T}}\cdot\boldsymbol{g}(x,y)}{\sqrt{[\boldsymbol{f}(x,y)]^{\mathrm{T}}\cdot\boldsymbol{f}(x,y)}\cdot\sqrt{[\boldsymbol{g}(x,y)]^{\mathrm{T}}\cdot\boldsymbol{g}(x,y)}} \tag{7.31}$$

式中，$\boldsymbol{f}(x,y)=[f_{\mathrm{MS}_i}(x,y)]^{\mathrm{T}}$、$\boldsymbol{g}(x,y)=[g_{\mathrm{MS}_i}(x,y)]^{\mathrm{T}}$ 分别为融合前多光谱图像像元 (x,y) 的光谱属性列向量，$i=1,2,\cdots,N_b$。

代码 7.11 是定量评价融合图像光谱保真度的示例代码。以原始多光谱图像作为参考图像(代码第 6 行至 17 行)，以经下采样的 PCA 融合图像作为测试图像(代码第 19 行至 26 行)，分别计算偏差指数、均方根误差、相关系数、信噪比、平均光谱角等指标，并将计算结果写入文本文件中。查看代码 7.11 运行结果可知，融合图像与融合前的多光谱图像相比，4 个波段的偏差指数分别为 0.019、0.024、0.044、0.078，4 个波段的相关系数分别为 0.985、0.987、0.986、0.984，平均光谱角为 1.403°。这些指标值均反映了融合图像在增强空间细节信息的同时很好地保留了原多光谱图像的光谱特征。

代码 7.11　定量评价融合图像光谱保真度的示例代码

```
1   PRO Quality_Multi_Band_Demo
2
3     ；配置环境
4     COMPILE_OPT IDL2 &  e = ENVI(/HEADLESS)
5
6     ；打开融合前的多光谱图像
7     FName_Ref = FILEPATH('qb_boulder_msi', SUBDIR = ['data'], $
8       ROOT_DIR = e.Root_Dir)
9     Raster_Ref = e.OpenRaster(FName_Ref)
10
11    ；获取参考图像数据
12    nb = Raster_Ref.NBANDS
13    nl = Raster_Ref.NROWS
14    ns = Raster_Ref.NCOLUMNS
15    pos = LINDGEN(nb)
16    Data_Ref = Raster_Ref.GetData(BANDS = pos)；参考图像
17    Data_Ref = DOUBLE(REFORM(Data_Ref, ns * nl, nb))
18
19    ；打开融合后的多光谱图像
20    FName_Tst = 'F:\BookDemo\result\ch7\qb_boulder_fs_pc.dat'
21    Raster_Tst = e.OpenRaster(FName_Tst)
22
23    ；获取测试图像数据
24    Data_Tst = Raster_Tst.GetData(BANDS = pos)
25    Data_Tst = REBIN(Data_Tst, ns, nl, nb)
26    Data_Tst = DOUBLE(REFORM(Data_Tst, ns * nl, nb))
```

续代码

```
  ;计算中间值
  Mean_Ref = MEAN(Data_Ref, DIMENSION = 1, /DOUBLE); 均值
  Mean_Tst = MEAN(Data_Tst, DIMENSION = 1, /DOUBLE); 均值
  Data_Dif = Data_Tst - Data_Ref; 计算差值图像

  ;根据公式(7.26)计算偏差指数
  Bias = MEAN(ABS(Data_Dif)/Data_Ref, DIMENSION = 1, /DOUBLE)

  ;根据公式(7.27)计算均方根误差
  RMSE = SQRT(MEAN(Data_Dif * Data_Dif, DIMENSION = 1, /DOUBLE))

  ;根据公式(7.28)计算相关系数
  CC = DBLARR(nb)
  FOR i = 0, nb - 1 DO CC[i] = CORRELATE(REFORM(Data_Tst[*,i]),REFORM(Data_Ref[*,i]))

  ;根据公式(7.29)计算信噪比
  SNR = 10 * ALOG10(TOTAL(Data_Tst * Data_Tst,1)/TOTAL(Data_Dif * Data_Dif,1))

  ;根据公式(7.31)计算平均光谱角
  Data_SAM = ACOS(TOTAL(Data_Ref * Data_Tst,2)/ $
    SQRT(TOTAL(Data_Ref * Data_Ref,2))/SQRT(TOTAL(Data_Tst * Data_Tst,2)))
  SAM = MEAN(Data_SAM * !RADEG,/NAN)

  ;将统计结果写入 txt 文档
  FName_TXT = 'F:\BookDemo\result\ch7\qb_boulder_qualMS.txt'
  OPENW , lun, FName_TXT, /GET_LUN; 将逻辑设备号与文件相连
  PRINTF, lun, 'Spectral Fidelity:'
  PRINTF, lun, " & PRINTF, lun, '    Bias'
  FOR i = 0, nb - 1 DO $
    PRINTF, lun, FORMAT = '("      Band ",(I1),": "(f0.3))', i + 1, Bias[i]
  PRINTF, lun, " & PRINTF, lun, '    RMSE'
  FOR i = 0, nb - 1 DO $
    PRINTF, lun, FORMAT = '("      Band ",(I1),": "(f0.3))', i + 1, RMSE[i]
  PRINTF, lun, " & PRINTF, lun, '    CC'
  FOR i = 0, nb - 1 DO $
    PRINTF, lun, FORMAT = '("      Band ",(I1),": "(f0.3))', i + 1, CC[i]
  PRINTF, lun, " & PRINTF, lun, '    SNR'
  FOR i = 0, nb - 1 DO $
    PRINTF, lun, FORMAT = '("      Band ",(I1),": "(f0.3))', i + 1, SNR[i]
  PRINTF, lun, " & PRINTF, lun, FORMAT = '("    SAM: ", (f0.3))', SAM
  FREE_LUN, lun

  e.close

END
```

思考题

1. 常用的植被指数有哪些？ENVI 库函数中有哪些函数可用来计算植被指数？

2. 试比较 HSV、HLS 两种彩色空间。

3. 编写 IDL 函数实现多（高）光谱遥感图像的主成分分析。要求：函数调用格式为[output, percent] = PCATransform(input, N_COMPONENTS = n_components)。其中，input 是以三维数组 ns（列数）× nl（行数）× nb（波段数）表示的输入图像数据；关键字 N_COMPONENTS 是用来定义输出主分量的个数，默认值等于输入图像的波段数；output 是以三维数组 ns×nl×n_components 表示的输出结果；percent 是由 n_components 个元素组成的向量，各元素值等于相应分量在输入图像总信息量中所占百分比。

4. 缨帽变换的基本原理是什么？其变换结果与主成分变换结果有何不同？

5. 写出 SHARPEN_DOIT、ENVI_PC_SHARPEN_DOIT 的功能和调用格式。

6. 如果评价遥感图像融合的效果？

第 8 章　遥感图像分类

遥感数字图像客观地记录了地表地物的光谱信息和空间信息。根据地物光谱特征和空间特征对遥感图像进行判读分类是遥感技术应用的核心问题之一。遥感图像分类主要有人工目视解译和计算机分类两种不同手段，目视解译直接利用人类的自然识别智能，而计算机分类则是利用计算机技术来模拟人类的识别功能。本章将重点介绍计算机分类方法的基本理论及其ENVI＋IDL 算法的实现。

8.1　概　述

"分类"(classification)这个词经常出现在现实生活中，如图书馆书籍归档、专业领域划分等。假设现有一个一维信号{1,2,3,4,5,6,7,8,9,10}，设定一个判别准则(信号值小于 5 的归为 A 类，信号值大于 5 的归为 B 类)，则基于该判别准则得到的分类结果为{1,1,1,1,0,2,2,2,2,2}，其中 1 对应着类别 A，2 对应着类别 B，0 表示未分类，即根据当前判别准则不能给出具体的类别归属。

遥感数字图像分类是利用模式识别技术，将遥感图像中的各像元或图斑进行地类类别归属的过程，即将图像特征空间划分为互不重叠的子空间，从而实现各像元的类别判定。得到的分类图是一个单波段图像，其空间覆盖范围与输入图像相同，其像元的属性值是类别号。假设当前分类图像的总类别数为 N_c 时，则分类图像像元取值范围为 $\{0,1,2,\cdots,N_c\}$，0 对应未分类，1 对应设定的第 1 种地物类别，2 对应设定的第 2 种地物类型，以此类推。更多情况下，我们看到的分类图是彩色图像，可将其视为伪彩色图像增强的结果。遥感图像分类可能是遥感应用中的终极目标，如专题地图制作，也可能是遥感应用中的中间环节，如地表覆盖变化检测。ENVI 5.2 版本(或更高版本)就提供了 ENVIThematicChangeTask 任务用以检测同一研究区域的两幅不同时相的分类图像之间的类别转移信息，从而实现地表覆盖变化检测。

遥感图像分类的理论依据是：遥感图像中的同类地物在相同的地形、光照等条件下，具有相同或相似的光谱特征和空间特征，从而表现出同类地物的某种内在的相似性，即同类地物像元的特征向量将集群在特征空间的同一区域；而不同地物之间具有异质性，其光谱特征或空间特征有所不同，它们将集群在特征空间的不同区域。

遥感图像分类方法有很多，根据处理单元的不同，可分为像元级和对象级两大类。像元级分类是指以像元为基本处理单元，将遥感图像中的每个像元按照某种规则划分为不同的类别；对象级分类是以图像分割得到的同质斑块对象为基本分析单元，根据设定的判别准则对每个斑块对象进行类别归属。如图 8.1 所示，(a)图是原始的多光谱图像，图像大小为 400 像元×400 像元；(b)图是(a)图的分割图像，共有 935 个同质斑块对象；(c)图是斑块对象边界的叠加显示效果图。以图 8.1 为例，若采用像元级分类方法，则需对(a)图中的 16 万个像元分别进行类别判定；而采用对象级分类方法，仅需对(b)图中的 935 个同质斑块对象进行类别归属。对象级分类方法在高空间分辨率遥感图像解译中具有较强的优势。

（a）原始图像

（b）分割图像

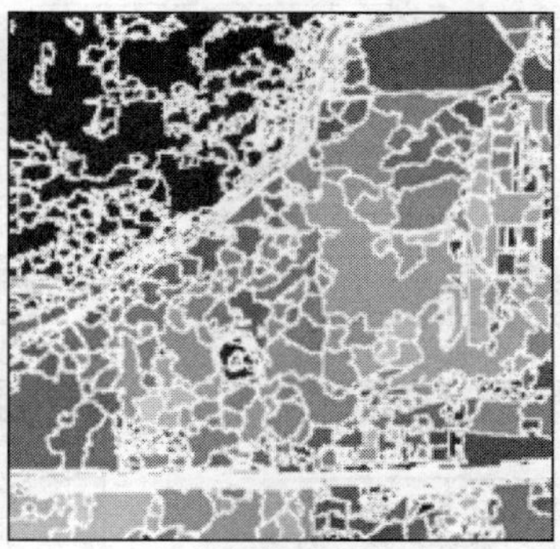
（c）斑块对象边界

图 8.1　像元级分类与对象级分类的基本处理单元

根据有无先验知识的参与分类，可将遥感图像分类方法划分为监督（supervised）和非监督（unsupervised）两大类。监督分类是在遥感图像中部分像元（或图斑）类别属性已知的情况下，利用这些具有类别属性的像元（或图斑）集或像元（或图斑）子集作为训练样本，确定判别准则，以实现非样本像元（或图斑）的地类判定。非监督分类是一种边学习边分类的方法，它是在没有先验知识的情况下，纯粹依据图像本身的统计特征及自然点群的分布情况来进行像元（或图斑）类别判定。这种方法实际分出的类别是“谱类”而不是“地类”，需通过对“谱类”所反映的地物属性进行分析与确认，才能转化为应用者所需的“地类”。

根据参与分类的特征集不同，可将遥感图像分类方法划分为：基于光谱特征的分类方法、结合光谱特征和纹理特征的分类方法、结合光谱特征和形状特征的分类方法、结合光谱特征和地理信息系统（geographic information system，GIS）等空间辅助信息的分类方法、多特征结合的分类方法等。最简单的遥感图像分类方法是基于光谱特征的像元级分类方法，即将图像中各个像元视为一个独立的观测点，仅依据像元自身的光谱属性进行类别判定。由于受传感器空间分辨率和光谱分辨率的限制，遥感图像中普遍存在“同物异谱”“同谱异物”的现象，在这种情况下，与仅基于光谱特征的分类方法相比，多特征结合的图像分类方法效果较好。

根据像元类别的确定性不同，可将遥感图像分类方法划分为硬分类和软分类。采用硬分类方法，图像中的任意一个像元只能被分到一个类别中。最大似然法、最小距离法、K 均值聚类等传统的统计分类方法均属于硬分类。由于受图像空间分辨率的限制和地物类型复杂程度的影响，混合像元普遍存在于遥感图像中，在这种情况下，硬分类的结果可能不能反映实际地表覆盖情况。例如，在依据似然概率值大小分类的最大似然分类中，假定现有一个像元，其属于 A 类、B 类的似然概率分别为 0.4999、0.5001，则根据分类判别准则，该像元只能被分到 B 类中。上述判别结果显然不合理，该像元应该是由 50%的 A 类和 50%的 B 类组成的混合像元。采用软分类方法，图像中的任意一个像元可同时被分到两个或两个以上的类别中，使得分类结果更贴近实际地表覆盖情况。模糊聚类、混合像元分解等方法是实现软分类的主要途径。

如图 8.2 所示，遥感数字图像分类的基本过程主要包括：

（1）输入图像预处理。图像预处理是指对待分类的遥感图像进行几何校正、辐射校正、图像去噪、图像裁剪和图像掩模等处理，从而获得一幅覆盖研究区域的几何位置准确、对比度清晰的图像，以确保图像分类精度。

（2）特征提取与特征选择。特征提取与特征选择是为了获得类间方差大、类内方差小的特

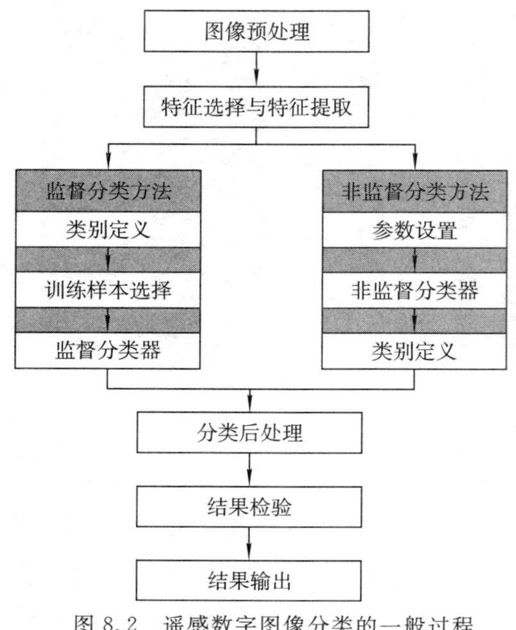

图8.2　遥感数字图像分类的一般过程

征集，从而提高不同地类之间的可分性。前者是利用特征提取算法从原始图像中计算出能反映类别特性的一组新特征，例如，植被指数、纹理特征、几何特征等；后者是从众多特征中挑选出利于分类的若干特征。

(3)分类方法的选择与相关参数设置。根据数据源的特点和分类任务的要求，设计或选择恰当的分类器及其判别准则，对特征空间进行划分，完成分类工作。若选用的是监督分类方法，则先进行类别定义，然后选择所定义的各类别的训练样本，再利用监督分类器进行图像分类。训练样本选择、监督分类器设计是监督分类的关键环节，分别将在8.2节和8.3节展开介绍。若选择的是非监督分类方法，则需先设定关于分类数、自学习迭代终止条件，然后利用非监督分类器进行图像分类，再对已分出各类别进行类别定义，确认其地类属性。

(4)分类后处理。分类后处理主要是指通过碎斑处理(ENVI例程CLASS_MAJORITY_DOIT、CLASS_CS_DOIT和ENVI任务ENVIClassificationSmoothingTask)、类别合并(ENVI例程COM_CLASS_DOIT和ENVI任务ENVIClassificationAggregationTask)、分类统计分析(ENVI过程CLASS_STATS_DOIT)、类别颜色修改等操作，从而得到与实际情况相符的、满足分类要求的分类结果。

(5)结果检验。结果检验是指采用测试样本或参考分类图，对实际得到的分类结果进行精度评定和可靠性分析。错分像元所占的比例越小，则分类结果越好。

(6)结果输出。对于达到精度要求的分类结果，根据需要和用途，设置地图投影、比例尺、图例等制作专题图，或将分类结果从栅格转换为矢量数据输出。

8.2　样本选取

根据用途的不同，样本主要有训练样本和测试样本之分。训练样本用于构建监督分类器的判别函数，测试样本用于分类精度的定量评价。下面以监督分类中训练样本为例，介绍样本选择的原则及步骤。

8.2.1　训练样本选择的原则

监督分类是用已知类别的训练样本对未知类别的像元进行分类的过程，即将未知类别的像元和各类训练样本的统计特征进行比较，将其划归至与其最相似的训练样本所对应的类别中去。因此，训练样本的优劣直接关系到监督分类的精度。训练样本通常是取自所定义的训练样区内的像元集。为了确保训练样本的有效性，在选择训练样区时应遵循准确性、代表性和统计性等原则，其注意事项如下：

(1)训练样区的位置。训练样区所对应的类型应与实际地物类型一致，通常选在易于精确定位、有明显地物标志的位置上，尽可能不要选在地块交界处，避免训练样区包含位于边界处理的混合像元，从而确保训练样本的典型性。若地物类别呈大面积匀质分布，通常将对应类别的训练样区设置在其中心位置。

(2)训练样区的分布。遥感图像中不同位置上的同类地物，其光谱特征存在着一定差异。为了使得训练样本具有代表性，训练样区就不能集中在图像的某一区域，同一地物类别的训练样本应由多个训练样区定义，否则训练样本的统计特征就不能代表整幅图像的地物特征。训练样区的数量取决于遥感图像中地类的类别数、地类的多样性，以及可选作为训练样区的数据量。一般情况下，每个类别的训练样区至少有5～10个，以确保它们能代表类别特征。一般的经验是选用多个小面积训练样区比只选用少数几个大面积训练样区要好。

(3)训练样本的数量。为了确保训练样本的统计性，在选取训练样区时应注意各个样区内共包含了多少个像元，通常每个地物类别的所有样区的总像元个数至少在100个以上。一方面每个训练样区应足够大，才能有足够多的像元来统计类别特征；另一方面，每个训练样区又不应过大，才能确保样区匀质性，从而避免混合像元。训练样区的最佳面积随着地物均一性的不同而变化，地物类型简单训练样区可以大些，地物类型复杂训练样区就要小些。随着人工智能的深入发展，出现了许多先进的分类算法，这些算法在一定程度上降低了对样本数量的要求。例如，支持向量机(support vector machine, SVM)是从瓦普尼克(Vapnik)的统计学习理论发展而来的，主要针对小样本数据进行学习、分类和预测，能够克服神经网络中局部最小值的问题。ENVI＋IDL中分别调用ENVI_NEURAL_NET_DOIT、ENVI_SVM_DOIT过程即可实现神经网络分类和支持向量机分类。

8.2.2　训练样本选择的步骤

训练样本选择的主要步骤如下：

(1)资料收集。收集研究区的地图、航片、遥感图像等数据资料。

(2)野外调查。野外调查工作量取决于分析人员对研究区的熟悉程度。如果对研究区非常熟悉，并且已经有了最新的地图和航片，野外调查工作量就要小些。进行野外调查之前，应明确调查任务，并根据调查任务规划好调查路线，并设计好记录表格等准备工作。

(3)遥感图像预处理。通过定位具有标志性地物的训练样区、统计图像直方图等，对输入的遥感图像进行质量评价，确定是否需要对其进行预处理。

(4)训练样区的定位和绘制。依据训练样本选择的原则，找出潜在训练样区，将其定位在图像中容易识别的地块上，并在地块边界内绘制训练样区。

(5)训练样本的检查和调整。统计各类训练样本在各波段的均值、标准差、直方图统计图，并计算两两类别间的归一化均值差(normalized difference，ND)、分离度(divergence)、转换分离度(transformed divergence，TD)、Jeffries-Matusita(JM)距离等参数，对训练样本的可靠性进行分析。

一个好的训练样区最重要的特征就是它的均质性或均一性，即训练样区内的像元在每个波段上都表现为单峰频率分布。若训练样本的直方图表现为双峰或多峰特征，则需通过调整训练样区的边界，以去除双峰或多峰频率分布的训练样区。对于无法调整为单峰频率的训练样区，则应剔除。剔除后检查样本数量，若样本数量不足，则应补选。

此外，各类样区之间的可区分程度也是衡量样本质量的一个重要性指标，可通过计算归一化均值差、分离度、转换分离度、JM距离等测度进行定量评估。归一化均值差是针对各个波段的可区分测度，某个波段的归一化均值差等于两类样本期望值之差的绝对值除以其标准差

之和。与归一化均值差不同，分离度、转换分离度以及 JM 距离是反映样本在整个特征空间中的可区分测度，分离度的计算公式为

$$D_{ij} = \frac{1}{2}\mathrm{tr}\{(\boldsymbol{\Sigma}_i - \boldsymbol{\Sigma}_j)(\boldsymbol{\Sigma}_i^{-1} - \boldsymbol{\Sigma}_j^{-1})\} + \frac{1}{2}\mathrm{tr}\{(\boldsymbol{\Sigma}_i^{-1} - \boldsymbol{\Sigma}_j^{-1})(\boldsymbol{\mu}_i - \boldsymbol{\mu}_j)(\boldsymbol{\mu}_i - \boldsymbol{\mu}_j)^{\mathrm{T}}\} \tag{8.1}$$

式中，i、j 表示两个不同的类别，$\boldsymbol{\Sigma}_i$ 是第 i 类样本的协方差矩阵，$\boldsymbol{\mu}_i$ 是第 i 类样本的均值向量，tr 表示矩阵迹运算，T 表示矩阵的转置符。

转换分离度的计算公式为

$$D'_{ij} = 2[1 - \mathrm{e}^{-D_{ij}/8}] \tag{8.2}$$

式中，D_{ij} 是由式(8.1)计算得到的分离度。转换分离度 D'_{ij} 在 0 ～ 2 之间取值：$D'_{ij} > 1.9$ 时分离度较理想，$1.7 \leqslant D'_{ij} \leqslant 1.9$ 时分离度较好，$D'_{ij} < 1.7$ 时分离度较差。

JM 距离的计算公式为

$$\mathrm{JM}_{ij} = \sqrt{2[1 - \mathrm{e}^{-\alpha_{ij}}]} \tag{8.3}$$

其中

$$\alpha_{ij} = \frac{1}{8}(\boldsymbol{\mu}_i - \boldsymbol{\mu}_j)^{\mathrm{T}}\left(\frac{\boldsymbol{\Sigma}_i + \boldsymbol{\Sigma}_j}{2}\right)^{-1}(\boldsymbol{\mu}_i - \boldsymbol{\mu}_j) + \frac{1}{2}\ln\left[\frac{|(\boldsymbol{\Sigma}_i + \boldsymbol{\Sigma}_j)/2|}{\sqrt{|\boldsymbol{\Sigma}_i| \times |\boldsymbol{\Sigma}_j|}}\right] \tag{8.4}$$

式中，$|\boldsymbol{\Sigma}_i|$ 是协方差矩阵 $\boldsymbol{\Sigma}_i$ 的行列式，其他变量名的表示同式(8.1)。JM 距离的最大值为 $\sqrt{2}$，对应的可分离度较理想。

8.2.3 训练样本选取的函数

样区在 ENVI 软件中称为 ROI。ENVI+IDL 库函数中关于 ROI 操作的部分函数见表 8.1。

表 8.1 ENVI＋IDL 中关于训练样区操作的常用函数

函数类型	函数名称	函数描述
IDL 库函数	CW_DEFROI	生成一个组合组件，用以定义关注区
	DEFROI	通过鼠标操作，定义一个不规则的关注区
	DRAW_ROI	在当前直接图形窗口中绘制一个关注区
	IDLanROI::AppendData	将一系列像元点添加至某个关注区中
	IDLanROI::ComputeGeometry	计算关注区的面积、周长等几何参数
	IDLanROI::ComputeMask	根据关注区定义一个二维掩模图像
	IDLanROI::ContainsPoints	判断坐标点是否包含在一个闭合的多边形区域中
	XROI	交互式定义关注区
ENVI 经典处理例程	ENVI_CREATE_ROI	新建一个关注区
	ENVI_DEFINE_ROI	将一系列像元点添加至某个关注区中
	ENVI_DELETE_ROIS	删除关注区
	ENVI_GET_ROI	返回关注区内的像元点坐标
	ENVI_GET_ROI_DATA	返回关注区内的像元属性值
	ENVI_GET_ROI_DIMS_PTR	返回关键字 DIMS 的第 1 个元素，即关注区指针
	ENVI_GET_ROI_IDS	返回关注区的标识号
	ENVI_GET_ROI_INFORMATION	返回关注区的相关信息
	ENVI_RESTORE_ROIS	重载关注区
	ENVI_SAVE_ROIS	保存关注区
	ROI_THRESH_DOIT	利用阈值定义，创建一个关注区

续表

函数类型	函数名称	函数描述
ENVI 处理例程	ENVI::OpenROI	打开 *.roi 或 *.xml 文件，返回 ENVIROI 对象
	ENVIImageThresholdToROITask	利用波段阈值，创建关注区
	ENVIROI::AddGeometry	增加多边形、折线或点至一个关注区中
	ENVIROI::AddPixels	增加一些像元至一个关注区中
	ENVIROI::AddVectorRecords	将 ENVIVector 中的记录点增加至一个关注区中
	ENVIROI::PixelAddresses	返回关注区内的像元点坐标
	ENVIROI::PixelCount	返回关注区内的像元点个数
	ENVIROI::Save	将一个 ENVIROI 保存输出为 *.xml 文件
	ENVIROIToClassificationTask	根据关注区生成一个分类图像
	ENVIVectorAttributeToROIsTask	根据矢量文件中的记录点创建关注区
	ENVIVectorRecordsToROITask	根据矢量文件中的所有记录点创建单个关注区

代码 8.1 给出了载入 ROI 训练样区并对其进行统计分析的示例代码。代码 8.1 中，以图 7.4 所示的遥感图像及 ROI 作为示例数据，利用 ENVI_RESTORE_ROIS 重载以.roi 为后缀的 ROI 文件，见代码第 14 行；利用 ENVI_GET_ROI_IDS 函数获取各类训练样区的标识号，见代码第 17 行，返回变量 roi_ids 的元素个数即为类别数；利用 ENVI_GET_ROI_INFORMATION 获取各类训练样区所含总像元个数，即样本数，见代码第 20 行；利用 ENVI_GET_ROI_DATA 函数读取各类训练样区中的样本属性值，考虑到不同类别的样本数可能不等，这里使用链表来存储各类训练样本的属性值，见代码第 23 行至 26 行；然后利用 MEAN、STDDEV、CORRELATE 函数分别统计各类样本的均值、标准差和协方差矩阵，见代码第 29 行至 38 行。也可用 ENVI_STATS_DOIT 例程对样本进行统计分析，即代码第 31、34、37 行可替换为被注释掉的第 40 行至 46 行代码，同时删除代码第 22 行至 25 行；或利用 ENVI 5.2 版本或更高版本提供的 ENVITrainingClassificationStatisticsTask 任务对训练样本进行统计分析。

代码 8.1　训练样区载入及其统计分析的示例代码

```
1   PRO ROI_Demo
2
3     ;配置环境
4     COMPILE_OPT IDL2 &  ENVI
5
6     ;打开遥感图像
7     FName = 'F:\BookDemo\result\ch7\LE7_XZ_YL_Subset.dat'
8     ENVI_OPEN_FILE, FName, R_FID = fid
9     ENVI_FILE_QUERY, fid, NB = nb, NL = nl, NS = ns
10    pos = LINDGEN(nb)
11
12    ;载入关注区 ROI 文件
13    FName = 'F:\BookDemo\data\LE7121036200010 7HIJ00\LE7_XZ_YL_3ROI.roi'
14    ENVI_RESTORE_ROIS, FName
15
16    ;返回 ROI 的标识号
```

续代码

```
  roi_ids = ENVI_GET_ROI_IDS(FID = fid)
  ; 获取 ROI 的相关信息，如各类样区所含像元个数
  ENVI_GET_ROI_INFORMATION, roi_ids, NPTS = npts, $
    ROI_COLORS = roi_colors, ROI_NAMES = roi_names, /SHORT_NAME

  ; 返回各 ROI 内的像元属性值
  roi_data = LIST() & nc = N_ELEMENTS(roi_ids)
  FOR i = 0, nc - 1 DO $
    roi_data.Add, ENVI_GET_ROI_DATA(roi_ids[i], FID = fid, POS = pos)

  ; 初始化统计变量
  roi_mean = DBLARR(nb,nc) & roi_stdv = DBLARR(nb,nc) & roi_cov = DBLARR(nb,nb,nc)
  FOR i = 0, nc - 1 DO BEGIN
    ; 统计各类均值，获得类别中心
    roi_mean[*,i] = MEAN(roi_data[i], DIMENSION = 2, /DOUBLE, /NAN)
    PRINT,'The mean of ',roi_names[i],':',STRING(roi_mean[*,i],FORMAT = '(f0.2)')
    ; 统计各类标准差
    roi_stdv[*,i] = STDDEV(roi_data[i], DIMENSION = 2, /DOUBLE, /NAN) & $
    PRINT,'The stdv of ',roi_names[i],':',STRING(roi_stdv[*,i],FORMAT = '(f0.2)')
    ; 统计各类协方差矩阵
    roi_cov[*,*,i] = CORRELATE(roi_data[i], /COVARIANCE, /DOUBLE)
  ENDFOR

  ;  FOR i = 0, nc - 1 DO BEGIN & $
  ;     tmp_pts = ENVI_GET_ROI_DIMS_PTR(roi_ids[i]) & $
  ;     dims = [tmp_pts, 0, ns - 1, 0, nl - 1] & $
  ;     ENVI_DOIT, 'ENVI_STATS_DOIT', FID = fid, DIMS = dims, POS = pos, $
  ;     COMP_FLAG = 4, MEAN = tmp_mean, STDV = tmp_stdv, COV = tmp_cov & $
  ;     roi_mean[*,i] = tmp_mean & roi_stdv[*,i] = tmp_stdv & $
  ;     roi_cov[*,*,i] = tmp_cov

  ; 计算训练样区之间的可区分程度
  n = 0 & ND = DBLARR(nb,nc*(nc - 1)/2); 初始化归一化均值差
  FOR i = 0, nc - 2 DO BEGIN
    FOR j = i + 1, nc - 1 DO BEGIN
      ND[*,n] = ABS(roi_mean[*,i] - roi_mean[i,j])/(roi_stdv[*,i] + roi_stdv[*,j])
      PRINT, 'The normalized differnece between ',roi_names[i],' and ',roi_names[j], $
        ': ',STRING(ND[*,n],FORMAT = '(f0.2)')
      n = n + 1
    ENDFOR
  ENDFOR

END
```

下面分别说明代码 8.1 使用到的 ENVI_RESTORE_ROIS、ENVI_GET_ROI_IDS、ENVI_GET_ROI_INFORMATION、ENVI_GET_ROI_DATA 调用格式。

ENVI_RESTORE_ROIS 的调用格式如下：

```
ENVI_RESTORE_ROIS, FName
```

其中 FName 是已保存的 ROI 文件名。

ENVI_GET_ROI_IDS 的调用格式如下：

```
Result = ENVI_GET_ROI_IDS{[, DN = integer][, FID = file ID][,/LONG_NAME] [, NL = integer] [, NS = integer] [, ROI_COLORS = variable][, ROI_NAMES = variable] [,/SHORT_NAME]}
```

其中，Result 是函数返回的 ROI 标识号，关键字 FID 是用来定义与 ROI 相关的文件标识号，关键字 NL、NS 是与 ROI 相关的遥感图像行列数，关键字 ROI_COLORS 是用来定义各类样区的颜色值，关键字 ROI_NAMES 是各类样区的名称(若设置关键字 LONG_NAME，则返回的 ROI_NAMES 将包含 ROI 的名称、颜色、像元个数以及相关的图像大小；若设置关键字 SHORT_NAME，则返回的 ROI_NAMES 只包含 ROI 的名称)。

ENVI_GET_ROI_INFORMATION 的调用格式如下：

```
ENVI_GET_ROI_INFORMATION, ROI_IDS [, /LONG_NAME] [, NL = variable] [, NPTS = variable] [, NS = variable] [, ROI_COLORS = variable] [, ROI_NAMES = variable] [, /SHORT_NAME]
```

其中，参数 ROI_IDS 是 ENVI_GET_ROI_IDS 函数返回的 ROI 的标识号，关键字 NPTS 用来定义各类样区的样本个数，其他关键字与 ENVI_GET_ROI_IDS 中的相应关键字相同。

ENVI_GET_ROI_DATA 的调用格式如下：

```
Result = ENVI_GET_ROI_DATA{ROI_ID [, ADDR = value], FID = file ID, POS = value}
```

其中，Result 是函数返回的样区内各像元属性值，参数 ROI_ID 是 ENVI_GET_ROI_IDS 函数返回的 ROI 标识号，关键字 FID 是文件标识号，关键字 POS 是用来定义获取哪些波段号的属性值。

8.3　监督分类

遥感图像监督分类的基本过程：首先根据已知的样本类别和类别的先验知识，确定判别函数和相应的判别准则，其中，利用一定数量的已知类别的样本属性值求解判别函数待定参数的过程称之为学习或训练；然后将未知类别的图像像元属性值代入判别函数，再依据判别准则对该像元的类别归属进行判定。常用的监督分类方法有最小距离分类法、平行管道分类法、最大似然分类法、光谱角制图法等。

8.3.1　最小距离分类

1. 算法原理

最小距离分类法：首先由训练样本统计得到每一类别的均值向量及协方差矩阵；然后以均值向量作为各类在特征空间中的中心位置，计算输入图像中每个像元 (i,j) 到各类 k 中心的

距离 $D_k(i,j)$；到哪一类中心的距离最小，则该像元就归入哪一类，即有

$$g(i,j)=\underset{k=1,2,\cdots,N_c}{\arg\min} D_k(i,j) \tag{8.5}$$

式中，N_c 为类别数，$g(i,j)$ 为第 i 行、第 j 列像元的类别属性，arg min 表示目标函数取最小值时的变量值。式(8.5) 称为判别准则，$D_k(i,j)$ 称为判别函数。

最小距离分类法的判别函数主要有以下几种：

(1)绝对值距离。以二维特征空间为例，绝对值距离是计算两点之间的直角边距离，相当于城市中出租汽车沿城市街道拐直角前进而不能走两点连接的最短距离，因此也称城市块距离。对于 N_b 维特征空间，绝对值距离计算公式为：

$$D_k(i,j)=\sum_{b=1}^{N_b}\left| f_b(i,j)-\mu_b(k)\right| \tag{8.6}$$

式中，(i,j) 为像元在图像中的行列号坐标，b 为波段序号，$f_b(i,j)$ 为原始图像像元(i,j) 在波段 b 的属性值；$\mu_b(k)$ 为第 k 类在波段 b 中的平均值。

(2)欧氏距离。即欧几里得距离，它是一个通常采用的距离定义，是在 N_b 维空间中两个点之间的真实距离，其计算公式为

$$D_k(i,j)=\sqrt{\sum_{b=1}^{N_b}\left[f_b(i,j)-\boldsymbol{\mu}_b(k)\right]^2} \tag{8.7}$$

令 $\boldsymbol{f}(i,j)=[f_1(i,j),f_2(i,j),\cdots,f_{N_b}(i,j)]^{\mathrm{T}}$，$\boldsymbol{\mu}_k=[\mu_1(i,j),\mu_2(i,j),\cdots,\mu_{N_b}(i,j)]^{\mathrm{T}}$，则式(8.7) 可简写为向量$[\boldsymbol{f}(i,j)-\boldsymbol{\mu}_k]$ 的欧氏范数，即 $D_k(i,j)=\|\boldsymbol{f}(i,j)-\boldsymbol{\mu}_k\|_2$。

(3)马氏距离。即马哈拉诺比斯距离，它是一种有效的计算两个未知样本集的相似度的方法。与欧氏距离不同，马氏距离考虑到了各种特性之间的联系，其计算公式为

$$D_k(i,j)=[\boldsymbol{f}(i,j)-\boldsymbol{\mu}_k]^{\mathrm{T}}\boldsymbol{\Sigma}_k^{-1}[\boldsymbol{f}(i,j)-\boldsymbol{\mu}_k] \tag{8.8}$$

式中，$\boldsymbol{f}(i,j)$ 是遥感图像像元(i,j) 属性的列向量，$\boldsymbol{\mu}_k$ 是第 k 类的均值列向量，$\boldsymbol{\Sigma}_k$ 是第 k 类的协方差矩阵。

2. 编程实现

ENVI API 库函数 CLASS_DOIT 可用以执行最小距离、最大似然、平行管道、光谱角匹配、二值编码等监督分类方法，也可用以执行 K 均值、ISODATA 等非监督分类方法。对于不同分类方法，CLASS_DOIT 设置或定义的关键字有所不同。

不管是采用何种分类方法，调用 CLASS_DOIT 基本格式如下：

```
ENVI_DOIT, 'CLASS_DOIT', CLASS_NAMES = string array, DIMS = array, FID = file ID [, /IN_MEMORY],
LOOKUP = array [, M_FID = file ID] [, M_POS = value], METHOD = {0|1|2|3|4|5|6|7|8} [, OUT_BNAME =
string] [, OUT_NAME = STRING], POS = array [, R_FID = variable]
```

其中，没有方括弧的关键字是必须定义的关键字，其他为可选关键字。若没有设置关键字 IN_MEMORY，则必须设置关键字 OUT_NAME。CLASS_NAMES 用来定义输出的各类别的名称，它是由 (N_C+1) 个元素构成的一个字符串数组，其中第 1 个元素是“未分类”类别，N_C 是类别数。LOOKUP 用来定义各个类别的颜色值，它是一个二维数组，其维数为 $[3,N_C+1]$，其中，“未分类”类别的颜色值通常定义为黑色，即有 LOOKUP[* ,0] = [0,0,0]。METHOD 用来指定所采用的分类方法，其取值范围为 {0,1,2,3,4,5,6,7,8} ：当值取 0 时，对应着平行管道分类法；当值取 1 时，对应着最小距离分类法；当值取 2 时，对应着最大似

然法；当值取 3 时，对应着光谱角制图法。

若采用的分类方法属监督分类，则调用 CLASS_DOIT 时，需在基本格式的基础上增加以下几个关键字：

```
MEAN = array [, RULE_FID = file ID] [, /RULE_IN_MEMORY] [, RULE_OUT_BNAME = string array] [, RULE_OUT_NAME = string]
```

其中，关键字 MEAN 用来定义类别均值，它是一个浮点型或双精度浮点型数组，其维数为 $[N_b, N_c]$，N_b 是波段数或特征个数；RULE_FID 用来定义规则图像的文件标识，RULE_IN_MEMORY 用来指定将输出的规则图像存储至内存中，RULE_OUT_BNAME 用来定义规则图像的各波段名称，RULE_OUT_NAME 用来定义规则图像的输出文件名。规则图像是基于判别函数计算得到的，该图像的行列数等于原输入图像的行列数，该图像的波段数等于设定的类别数。例如，若采用最小距离分类器进行分类，规则图像第 1 个波段中像元 (i,j) 的数值等于原输入图像中 $f(i,j)$ 到第 1 个类别中心的距离。

若采用的监督分类方法是最小距离法，则调用 CLASS_DOIT 时又需增加以下关键字：

```
[, DATA_SCALE = floating point] [, STDV = array [, STD_MULT = value] [, THRESH = value]
```

其中，关键字 DATA_SCALE 用来定义数据缩放系数的一个浮点型数值，若定义了此关键字，则整数类型的属性值将除以该缩放系数从而得到浮点型数值；STDV 是一个浮点型或双精度浮点型的数组，其维数为 $[N_b, N_c]$，各元素为各类在各波段上的标准差；STD_MULT 是一个浮点型或双精度浮点型的乘性系数或一个数组(各类别的乘性系数不等)，其默认值为 1.0，若定义了该关键字，则必须定义 STDV 关键字；THRESH 可是一个浮点型或双精度浮点型数值，也可是一个元素个数等于类别数的一维数组，它用来定义最大距离误差。如图 8.3 所示，若当前像元到各类别中心的最小距离大于阈值 T 时，则当前像元判定为"未分类"类别，即由于距离误差过大，无法判别其类别归属。

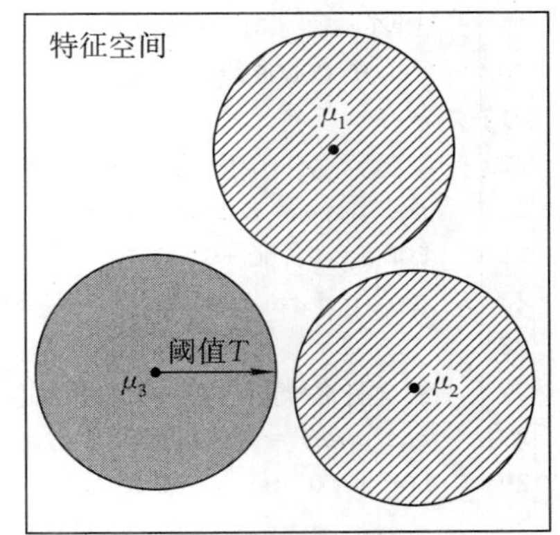

图 8.3 最小距离分类

代码 8.2 是以代码 7.5 中得到覆盖徐州云龙区 ETM+多光谱图像为示例数据，利用最小距离分类方法对其进行分类的示例代码。为了使得训练样区符合准确性、代表性和统计性等原则，在代码 7.8 使用的训练样区基础上，再对每个类别增选一些训练样区，作为监督分类的训练样本。在代码 8.2 中，输入遥感图像和训练样本文件，并以原始光谱特征作为各像元特征属性，见代码第 6 行至 14 行；统计分析训练样本，计算得到各类别的均值向量(即类别中心)及标准差，见代码第 27 行至 32 行；定义 CLASS_DOIT 中的关键字，并调用 CLASS_DOIT 从而实现最小距离分类，见代码第 34 行至 45 行；可通过查看分类各环节的处理数据，进一步理解最小距离分类的判别函数和判别准则，见代码第 47 行至 61 行，打印输出了 10 像元×10 像元大小子区域(图像第 331 至 340 行、第 281 至 290 列)的原始输入数据、各类别中心、规则图像以及分类结果。

关于代码 8.2，还需补充说明以下几点：

(1)关注区内样本属性值可通过调用 ENVI_GET_ROI_DATA 函数来读取，也可利用

ENVIROI 类中的 PixelAddresses 函数先获取关注区内各像元的位置，然后再通过访问图像数据数组从而获得样本属性值，见代码 7.8 中的第 35 行至 39 行。

(2)CLASS_DOIT 例程中若设置关键字 THRESH，将会有部分像元被划分为“未分类”。在代码 8.2 中，若设置 THRESH 关键字，部分具有暗反射不透水层地表覆盖特征的像元将被划分为“未分类”，分类图像中显示黑色，对应类别标号为零值。

(3)最小距离分类算法可通过调用 ENVI 经典处理例程 CLASS_DOIT 进行实现，也可由 ENVI 5.2 版本(或更高版本)提供的 ENVIMinimumDistanceClassificationTask 等任务来完成。

代码 8.2　遥感图像最小距离分类的示例代码

```
PRO Minimum_Distance_Classification_Demo

  ; 配置环境
  COMPILE_OPT IDL2 &  ENVI

  ; 打开遥感图像
  FName = 'F:\BookDemo\result\ch7\LE7_XZ_YL_Subset.dat'
  ENVI_OPEN_FILE, FName, R_FID = fid
  ENVI_FILE_QUERY, fid, NB = nb, NL = nl, NS = ns
  pos = LINDGEN(nb)

  ; 载入关注区 ROI 文件
  FName = 'F:\BookDemo\data\LE71210362000107HIJ00\LE7_XZ_YL_3ROI_Supervised.roi'
  ENVI_RESTORE_ROIS, FName

  ; 返回 ROI 的标识号
  roi_ids = ENVI_GET_ROI_IDS(FID = fid)
  ; 获取 ROI 的相关信息，如各类样区所含像元个数
  ENVI_GET_ROI_INFORMATION, roi_ids, NPTS = npts, $
    ROI_COLORS = roi_colors, ROI_NAMES = roi_names, /SHORT_NAME

  ; 返回各 ROI 内的像元属性值
  roi_data = LIST() & nc = N_ELEMENTS(roi_ids)
  FOR i = 0, nc - 1 DO $
    roi_data.Add, ENVI_GET_ROI_DATA(roi_ids[i], FID = fid, POS = pos)

  ; 统计各类样本的均值和标准差
  roi_mean = DBLARR(nb,nc) &  roi_stdv = DBLARR(nb,nc)
  FOR i = 0, nc - 1 DO BEGIN
    roi_mean[*,i] = MEAN(roi_data[i], DIMENSION = 2, /DOUBLE, /NAN)
    roi_stdv[*,i] = STDDEV(roi_data[i], DIMENSION = 2, /DOUBLE, /NAN)
  ENDFOR

  ; 定义 CLASS_DOIT 中的关键字
  class_names = ['Unclassified', roi_names]
  dims = [-1L,0,ns-1,0,nl-1] &  lookup = [[0,0,0],[roi_colors]]
  out_bname = 'Minimum Distance' & rule_out_bname = roi_names
```

续代码

```
out_name = 'F:\BookDemo\result\ch8\LE7_XZ_YL_Classify_MD.dat'
rule_out_name = 'F:\BookDemo\result\ch8\LE7_XZ_YL_RuleImg_MD.dat'

;调用 CLASS_DOIT,令 METHOD = 1 执行最小距离分类
ENVI_DOIT, 'CLASS_DOIT', CLASS_NAMES = class_names, DIMS = dims, FID = fid, $
  LOOKUP = lookup, POS = pos, METHOD = 1, MEAN = roi_mean, STDV = roi_stdv, $
  R_FID = r_fid, OUT_BNAME = out_bname, OUT_NAME = out_name, RULE_FID = rule_fid, $
  RULE_OUT_BNAME = rule_out_bname, RULE_OUT_NAME = rule_out_name;, THRESH = 60

;查看 10 * 10 大小的子区域数据
zoom_dims = [-1L, 280, 289, 330, 339]
FOR i = 0, nb - 1 DO BEGIN
  zoom_data = ENVI_GET_DATA(DIMS = zoom_dims, FID = fid, POS = i)
  PRINT, '输入图像 - - 第',STRING(i + 1,FORMAT = '(I1)'), '波段:'
  PRINT, zoom_data
ENDFOR
FOR i = 0, nc - 1 DO BEGIN
  PRINT, roi_names[i], '均值向量:'
  PRINT, roi_mean[*,i]
ENDFOR
FOR i = 0, nc - 1 DO BEGIN
  zoom_rule = ENVI_GET_DATA(DIMS = zoom_dims, FID = rule_fid, POS = i)
  PRINT, '规则图像 - - ',roi_names[i]
  PRINT, zoom_rule
ENDFOR
zoom_class = ENVI_GET_DATA(DIMS = zoom_dims, FID = r_fid, POS = [0])
PRINT, '分类图像'
PRINT, zoom_class

END
```

8.3.2 平行管道分类

平行管道分类又称盒式分类或平行六面体分类，它是一种最简单的分类器。以二维特征空间为例，如图 8.4 所示，平行管道分类通过对各类训练样本进行统计分析，产生各类样本的盒子，待分类像元落入到哪类盒子中就属于哪类。对于类别 k 的盒子，盒子的中心是训练样本的均值向量，盒子的边界由训练样本的标准差乘以设定系数来限定。同时落在两个或两个以上盒子内的像元，规定分类结果为最小的盒子所属的类，或者最后一个盒子所属的类；落在所有盒子之外的像元被标识为“未分类”。

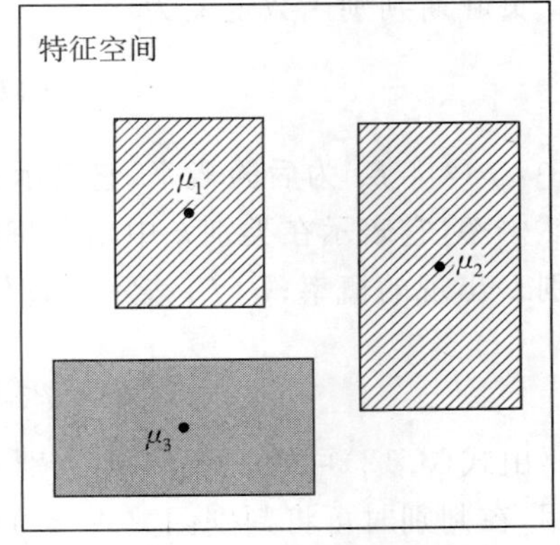

图 8.4 平行管道分类

调用 CLASS_DOIT 执行平行管道分类时，其调用格式如下：

```
ENVI_DOIT, 'CLASS_DOIT', CLASS_NAMES = string array, DIMS = array, FID = file ID [, /IN_MEMORY],
LOOKUP = array [, M_FID = file ID] [, M_POS = value], MEAN = array, METHOD = 0 [, OUT_BNAME = string]
[, OUT_NAME = STRING], POS = array [, R_FID = variable] [, RULE_FID = file ID] [, /RULE_IN_MEMORY]
[, RULE_OUT_BNAME = string array] [, RULE_OUT_NAME = string] [, STDV = array][, STD_DEV = value]
```

其中，关键字 MEAN 用来定义各类训练样本的均值向量，关键字 STDV 用来定义各类训练样本的标准差，关键字 STD_DEV 用来定义各类训练样本标准差的乘性系数。

对于 N_b 维特征空间，令 $f_b(i,j)$ 为输入图像第 i 行、第 j 列、第 b 个波段的属性值，令 $\mu_b(k)$ 为类别 k 在波段 b 中的均值，令 $\sigma_b(k)$ 为类别 k 在波段 b 中的标准差，若像元满足条件

$$|f_b(i,j)-\mu_b(k)|<s\cdot\sigma_b(k)\ (\forall b=1,2,\cdots,N_b) \tag{8.9}$$

则将当前像元归入类别 k 中，否则，将其排除在外。在式(8.9)中，s 是标准差 $\sigma_b(k)$ 的乘性因子，s 越大，则类的范围越大。

平行管道分类的优点在于判别标准简单，计算速度快；缺点在于按照训练样本的均值和标准差划分的平行多面体与实际地物类别的点群形态不一致。因为遥感图像中不同波段之间的相关程度很高，一般点群在空间直角坐标系统中的分布呈不规则的椭球形，其长轴相当于平行多面体的对角线方向。因而一个多面体和一个类别的点群分布很不一致，容易造成两类互相重叠、混淆不清。改进的方法是把一个自然点群分割为几个较小的平行多面体，使之更加逼近实际的概率密度分布，从而提高分类的准确性。

8.3.3 最大似然分类

最大似然分类是贝叶斯分类方法的一种简化形式。

贝叶斯分类以错分概率或风险最小作为判别准则，其基本思想是：计算每个像元对于各类别的归属概率，把该像元分到归属概率最大的类别中去，其判别准则为

$$g(i,j)=\arg\max_{k=1,2,\cdots,N_c} p\{k\mid \boldsymbol{f}(i,j)\} \tag{8.10}$$

式中，$g(i,j)$ 为图像第 i 行、第 j 列像元的类别属性；$\boldsymbol{f}(i,j)$ 为原始图像像元(i,j)特征向量表示；$p\{k\mid \boldsymbol{f}(i,j)\}$ 为贝叶斯判别函数，它表示待分类像元(i,j)落入第 k 类的条件概率；N_c 为类别数。

贝叶斯判别函数定义为

$$p(k\mid \boldsymbol{f})=\frac{p(\boldsymbol{f}\mid k)p(k)}{p(\boldsymbol{f})} \tag{8.11}$$

式中，$p(k\mid \boldsymbol{f})$ 为后验概率，它表示特征值等于 $\boldsymbol{f}$ 时属于类别 k 的概率；$p(\boldsymbol{f}\mid k)$ 为类别 k 的似然概率，它表示在类别 k 中出现特征值等于 f 的概率；$p(k)$ 为先验概率，即在待分类图像中类别 k 出现的概率；$p(\boldsymbol{f})$ 表示不管什么类别属性，特征值 $\boldsymbol{f}$ 出现的概率，即

$$p(\boldsymbol{f})=\sum_{k=1}^{N_c} p(\boldsymbol{f}\mid k)p(k) \tag{8.12}$$

由式(8.12)可知，$p(\boldsymbol{f})$ 与类别 k 无关，对各类来说是一个公共因子，在比较大小时不起作用，在判别时可将判别函数式(8.11)中的分母项 $p(\boldsymbol{f})$ 略去。此外，在事先不知道先验概率 $p(k)$ 是多少的情况下，可以认为所有类别出现的概率相等，即 $p(k)=1/N_c$。基于上述两点

考虑，判别函数式(8.11)则将简化为 $p(f \mid k)$，即将贝叶斯分类简化为最大似然分类。因此，最大似然分类的判别准则为

$$g(i,j) = \arg\max_{k=1,2,\cdots,N_c} p\{\boldsymbol{f}(i,j) \mid k\} \tag{8.13}$$

假设类别 k 在多维特征空间中服从正态分布，若类别 k 的均值向量和协方差等概率密度分布参数已知，则可通过概率密度函数计算似然概率 $p(f \mid k)$，即

$$p(f \mid k) = \frac{1}{\sqrt{(2\pi)^{N_b} |\boldsymbol{\Sigma}_k|}} \exp\left[-\frac{1}{2}(\boldsymbol{f} - \boldsymbol{\mu}_k)^{\mathrm{T}} \boldsymbol{\Sigma}_k^{-1} (\boldsymbol{f} - \boldsymbol{\mu}_k)\right] \tag{8.14}$$

式中，$\boldsymbol{f}$ 为一个 N_b 维的列向量，$\boldsymbol{\mu}_k$ 为类别 k 的均值向量，$\boldsymbol{\Sigma}_k$ 为类别 k 的协方差矩阵，$|\boldsymbol{\Sigma}_k|$ 为协方差矩阵 $\boldsymbol{\Sigma}_k$ 的行列式。

将式(8.14)代入式(8.13)中，则有

$$g(i,j) = \arg\max_{k=1,2,\cdots,N_c} \frac{1}{\sqrt{(2\pi)^{N_b} |\boldsymbol{\Sigma}_k|}} \exp\left\{-\frac{1}{2}[\boldsymbol{f}(i,j) - \boldsymbol{\mu}_k]^{\mathrm{T}} \boldsymbol{\Sigma}_k^{-1} [\boldsymbol{f}(i,j) - \boldsymbol{\mu}_k]\right\} \tag{8.15}$$

为了节约计算量，实际计算中采用对数变换的形式并省去常数项，则式(8.15)改写为

$$g(i,j) = \arg\min_{k=1,2,\cdots,N_c} \{\ln|\boldsymbol{\Sigma}_k| + [\boldsymbol{f}(i,j) - \boldsymbol{\mu}_k]^{\mathrm{T}} \boldsymbol{\Sigma}_k^{-1} [\boldsymbol{f}(i,j) - \boldsymbol{\mu}_k]\} \tag{8.16}$$

最大似然监督分类方法可由 ENVI 5.2 版本（或更高版本）提供的 ENVIMaximumLikelihoodClassificationTask 任务来完成，也可调用 ENVI 经典版提供的 CLASS_DOIT 例程来执行。利用 CLASS_DOIT 进行最大似然分类时，其调用格式如下：

```
ENVI_DOIT,'CLASS_DOIT',CLASS_NAMES = string array,COV = array,DATA_SCALE = floating point, DIMS = array, FID = file ID [, /IN_MEMORY], LOOKUP = array [, M_FID = file ID] [, M_POS = value], MEAN = array, METHOD = 2 [, OUT_BNAME = string] [, OUT_NAME = STRING], POS = array [, R_FID = variable] [,RULE_FID = file ID] [, /RULE_IN_MEMORY] [, RULE_OUT_BNAME = string array] [, RULE_OUT_NAME = string], STDV = array [, THRESH = value]
```

其中，关键字 COV 用来定义一个浮点型或双精度浮点型的数组，其维数为 $[N_b, N_b, N_c]$，它表示各类样本的协方差矩阵。

8.3.4 光谱角制图分类

光谱角制图分类方法是以光谱库中的地物光谱或训练样本的平均光谱作为参考光谱，计算未知光谱与各类地物的参考光谱之间的相似程度，进而判别未知光谱的地物类型。光谱分类方法主要有二值编码匹配、光谱角制图等。

基于光谱角制图的分类方法，其判别依据是

$$g(i,j) = \arg\min_{k=1,2,\cdots,N_c} \alpha\{\boldsymbol{f}(i,j), \boldsymbol{\mu}_k\} \tag{8.17}$$

式中，$g(i,j)$ 是像元 (i,j) 的类别属性，$\boldsymbol{f}(i,j)$ 是待分类像元 (i,j) 的特征向量，$\boldsymbol{\mu}_k$ 是类别 k 的均值向量，$\alpha\{\boldsymbol{f}(i,j), \boldsymbol{\mu}_k\}$ 是 $\boldsymbol{f}(i,j)$ 与 $\boldsymbol{\mu}_k$ 之间的广义夹角。光谱角 $\alpha\{\boldsymbol{f}(i,j), \boldsymbol{\mu}_k\}$ 是光谱角匹配分类方法的判别函数，$\boldsymbol{f}(i,j)$ 与哪类地物的光谱夹角最小就归属为哪个类别。光谱角 $\alpha\{\boldsymbol{f}(i,j), \boldsymbol{\mu}_k\}$ 计算公式为

$$\alpha\{\boldsymbol{f}(i,j), \boldsymbol{\mu}_k\} = \arccos \frac{(\boldsymbol{\mu}_k)^{\mathrm{T}} \cdot \boldsymbol{f}(i,j)}{\|\boldsymbol{\mu}_k\|_2 \cdot \|\boldsymbol{f}(i,j)\|_2} \tag{8.18}$$

式中，$\|\boldsymbol{f}(i,j)\|_2$ 是向量 $\boldsymbol{f}(i,j)$ 的欧氏范数。

基于光谱角制图的遥感图像分类算法可由 ENVI 5.2 版本(或更高版本)提供的 ENVISpectralAngleMapperClassificationTask 任务来完成，也可调用 ENVI 经典版提供的 CLASS_DOIT 例程来执行。利用 CLASS_DOIT 进行最大似然分类时，其调用格式如下：

```
ENVI_DOIT, 'CLASS_DOIT', CLASS_NAMES = string array, DIMS = array, FID = file ID [, /IN_MEMORY],
LOOKUP = array [, M_FID = file ID] [, M_POS = value], MEAN = array, METHOD = 3 [, OUT_BNAME = string]
[, OUT_NAME = STRING], POS = array [, R_FID = variable] [, RULE_FID = file ID] [, /RULE_IN_MEMORY]
[, RULE_OUT_BNAME = string array] [, RULE_OUT_NAME = string] [, THRESH = value]
```

其中，关键字 MEAN 是各训练样本的平均向量；THRESH 是一个浮点型或双精度浮点型的阈值，其取值范围为 $[0,\pi/2]$，其默认值为 $\pi/2$；THRESH 也可以是一个由 N_c 个元素组成的阈值向量。

8.4 非监督分类

非监督分类是采用聚类分析的分类方法，它将一组像元按照相似性归成若干类别，使得属于同一类别的像元之间的距离尽可能小，而不同类别的像元之间的距离尽可能大。对于非监督分类，没有地类先验知识可以利用，因此，只能先对类别参数进行初始化。根据初始类别参数来形成集群，然后再根据集群结果调整类别参数，接着再聚类、再调整，如此不断迭代，直到有关参数达到迭代条件为止。非监督分类的本质就是反复地进行分配和再分配像元类别归属的过程。本节主要介绍 K 均值聚类、模糊 C 均值聚类、迭代自组织数据分析算法(iterative self-organizing data analysis techniques algorithm，ISODATA)这几种非监督分类方法。

8.4.1 初始类别参数选定

不管采用何种非监督分类方法，都需要预先确定初始类别参数。初始类别参数通常包括：各类别集群中心 $\boldsymbol{\mu}_k$、集群分布的协方差矩阵 $\boldsymbol{\Sigma}_k$ 等。常用的确定初始类别参数的方法有光谱特征比较法、总体直方图均匀选心法、局部直方图峰值定心法、最大最小距离选心法等。

1. 光谱特征比较法

光谱特征比较法是一种简单的聚类方法。首先，在遥感图像中定义一个抽样集，它可以是整幅图像的所有像元，但通常是按一定间隔抽样的像元集；然后，选定抽样集中任一像元作为第一类别。给定一个光谱相似性比较阈值，依次把抽样集中的每个像元的光谱特征与已建起的初始类别相比较，如果相似性大于或等于阈值，则将此像元作为该类集群中的一个成员；若不与任何一个已有初始类别相似，则以该像元建立一个新的初始类别。当以上聚类过程完成后，每个已经建立起来的初始类别都包含了一定成员，依据此即可计算其集群数学期望 $\boldsymbol{\mu}_k$，即聚类中心等统计值。

2. 总体直方图均匀选心法

该方法基于整幅图像的直方图统计特性进行类别中心的选定，主要分两个步骤执行：

(1)统计各波段总体直方图的均值和标准差，即计算多光谱图像的各波段均值 m_b 和标准差 σ_b。

(2)令设定的类别数为 N_c，确定各个类别的初始集群中心位置 $\boldsymbol{\mu}_k(k=1,2,\cdots,N_c)$，其数

学公式为

$$\boldsymbol{\mu}_b(k) = m_b + \sigma_b[2(k-1)/(N_c-1)-1] \tag{8.19}$$

式中，$b=1,2,\cdots,N_b$，N_b 为波段数。

例如，初始类别数设为 4 时，即 $N_c=4$，则有 $\boldsymbol{\mu}_b(1)=m_b-\sigma_b$，$\boldsymbol{\mu}_b(2)=m_b-\sigma_b/3$，$\boldsymbol{\mu}_b(3)=m_b+\sigma_b/3$，$\boldsymbol{\mu}_b(4)=m_b+\sigma_b$。

用作图法不难证明，该法所选定的初始类别中心是沿着通过整体集群中心的一条直线均匀散布的，并基本上包括在整体集群的范围之内。

3．局部直方图峰值定心法

整幅遥感图像的总体直方图可视为图像中各类地物直方图的叠加。每个类别的中心一般在本类别直方图的峰值位置，而该位置在图像的总体直方图中往往会表现为局部峰值。局部直方图峰值法是通过搜索总体直方图的局部峰值来确定初始类别中心的方法，主要包括图像数据抽样集的获取、建立总体直方图、搜索直方图局部峰值等步骤。

图像各波段的亮度值是建立直方图的基础。为了减少数据量，通常采用按一定间隔的取样方法来获得图像的抽样数据集。依据抽样数据集，建立总体直方图，用以代表整幅图像的直方图。与此同时，为了保证被抽样的亮度为非噪声亮度，可以选定一个“纯度”阈值，当抽样像元亮度与周围像元亮度的差别超出该阈值时，应将该像元摒弃。

4．最大最小距离选心法

最大最小距离选心法的原则是使各初始类别之间尽可能地保持最大距离，其效果优于光谱特征比较法和直方图分析法。主要步骤如下：

(1)在整幅图像中按一定方式(如等间隔方式)定义一个抽样数据集 Ω，令类别数为 N_c、当前类别数为 c。

(2)从抽样数据集 Ω 中随机选择一个样本，作为第一个初始类别中心 $\boldsymbol{\mu}_1$。

(3)将步骤(2)所选样本从抽样数据集 Ω 中删除，更新抽样数据集 Ω，并令 $c=1$。计算抽样集 Ω 中的各个样本 $\boldsymbol{f}$ 到 $\boldsymbol{\mu}_1$ 的距离，取距离值最大的样本作为第二个初始类别中心 $\boldsymbol{\mu}_2$，即

$$\boldsymbol{\mu}_2 = \arg\max_{f} \|\boldsymbol{f}-\boldsymbol{\mu}_1\|_2 \tag{8.20}$$

(4)将步骤(3)所选样本从抽样集 Ω 中删除，更新抽样集 Ω，并令 $c=c+1$。对于抽样数据集 Ω 中的样本 $\boldsymbol{f}$，计算其到已定义的各类别的距离，取其最小距离作为该样本的代表距离。比较所有样本的代表距离，选其中最大值所对应的样本点作为新的初始类别中心 $\boldsymbol{\mu}_{c+1}$，即

$$\boldsymbol{\mu}_{c+1} = \arg\max_{f}\{\min_{k=1,2,\cdots,c}\|\boldsymbol{f}-\boldsymbol{\mu}_k\|_2\} \tag{8.21}$$

(5)若 $c+1<N_c$，重复步骤(4)；否则，结束循环，输出初始类别中心。

代码 8.3 是最大最小距离选心法的示例代码，运行结果见图 8.5。在图 8.5 中，三角形标识的点是代码第 6 行至 15 行所生成的示例数据，实心黑点则是由最大最小距离选心法得到的类别中心。在代码 8.3 中调用了 DISTANCE_MEASURE 函数计算各抽样样本到已知类别中心的距离，见代码第 33 行；可设置该函数的可选关键字 MEASURE 获得不同类型的距离，MEASURE 可取值 0（默认值）、1、2、3、4，分别对应欧氏距离、绝对值距离、切比雪夫(Chebyshev)距离、相关距离、差异百分比；也可以先计算样本与类别中心的差值向量，然后再利用 NORM 函数计算该差值向量的 L_2 范数，从而得到样本至类别中心的距离，即可用注释掉的代码 8.3 第 34 行至 37 行替换代码第 32 行和 33 行。

代码 8.3 最大最小距离选心法的示例代码

```
PRO Maximin_Distance_Demo

  ; 设置分类数
  class_num = 5

  ; 步骤(1)生成抽样集
  n = 5
  x1 = RANDOMN(seed, 2, n) & x1 -= 6
  x2 = RANDOMN(seed, 2, n) & x2 -= 3
  x3 = RANDOMN(seed, 2, n)
  x4 = RANDOMN(seed, 2, n) & x4 += 3
  x5 = RANDOMN(seed, 2, n) & x5 += 6
  data = [[x1], [x2], [x3], [x4], [x5]]
  dims = SIZE(data,/DIMENSION)
  ; 绘图
  graph = PLOT(data, LINESTYLE = 6, SYMBOL = "Triangle", SYM_SIZE = 2.5, $
    FONT_NAME = 'Helvetica', FONT_SIZE = 10, XTITLE = 'x1', YTITLE = 'x2' $
    WINDOW_TITLE = 'Illustration of Maximin Distance Algorithm')

  ; 步骤(2)随机选择一个样本作为类别 1 的集群中心
  nc = 1 & idx = (SORT(RANDOMN(seed,dims[1])))[0];随机索引下标
  center = [] & center = [[center],[data[*,idx]]]
  ; 绘图
  graph_tmp = PLOT([data[0,idx]],[data[1,idx]],LINESTYLE = 6, $
    SYMBOL = "Circle", SYM_SIZE = 1, SYM_FILLED = 1, SYM_COLOR = 0, /OVERPLOT)
  txt_tmp = TEXT(data[0,idx], data[1,idx] - 1, /DATA, $
    'NO.' + STRING(nc,FORMAT = '(I1)'), FONT_SIZE = 10, FONT_NAME = 'Helvetica')

  ; 步骤(3)计算剩余样本至类别 1 的距离,取最大距离的样本点作为类别 2
  data_remain = data[*,WHERE(~HISTOGRAM([idx],MIN = 0,MAX = dims[1] - nc),/NULL)]
  distance = FLTARR(dims[1] - nc)
  FOR i = 0, dims[1] - nc - 1 DO $
    distance[i] = DISTANCE_MEASURE([[data_remain[*,i]],[center[*,0]]])
  ;  FOR i = 0, dims[1] - nc - 1 DO BEGIN
  ;    diff = data_remain[*,i] - center[*,0]
  ;    distance[i] = NORM(diff, /DOUBLE)
  ;  ENDFOR
  idx = WHERE(distance EQMAX(distance))
  center = [[center],[data_remain[*,idx]]] & nc = nc + 1
  ; 绘图
  graph_tmp = PLOT([data_remain[0,idx]],[data_remain[1,idx]],LINESTYLE = 6, $
    SYMBOL = "Circle", SYM_SIZE = 1, SYM_FILLED = 1, SYM_COLOR = 0, /OVERPLOT)
  txt_tmp = TEXT(data_remain[0,idx], data_remain[1,idx] - 1, /DATA, $
    'NO.' + STRING(nc,FORMAT = '(I1)'), FONT_SIZE = 10, FONT_NAME = 'Helvetica')
```

续代码

```
  ；步骤(4)开始循环
  WHILE (nc LT class_num) DOBEGIN
    data_remain = data_remain[ * , $
      WHERE(~HISTOGRAM([idx],MIN = 0,MAX = dims[1] - nc),/NULL)]
    distance = FLTARR(dims[1] - nc)
    FOR i = 0, dims[1] - nc - 1 DOBEGIN
      tmp = FLTARR(nc)
      FOR j = 0, nc - 1 DO   $
        tmp[j] = DISTANCE_MEASURE([[data_remain[ * ,i]],[center[ * ,j]]])
      distance[i] = MIN(tmp)
    ENDFOR
    idx = WHERE(distance EQMAX(distance))
    center = [[center],[data_remain[ * ,idx]]] & nc = nc + 1
    ；绘图
    graph_tmp = PLOT([data_remain[0,idx]],[data_remain[1,idx]],LINESTYLE = 6, $
      SYMBOL = "Circle", SYM_SIZE = 1, SYM_FILLED = 1, SYM_COLOR = 0, /OVERPLOT)
    txt_tmp = TEXT(data_remain[0,idx], data_remain[1,idx] - 1, /DATA, $
      'NO.' + STRING(nc,FORMAT = '(I1)'), FONT_SIZE = 10, FONT_NAME = 'Helvetica')
  ENDWHILE

END
```

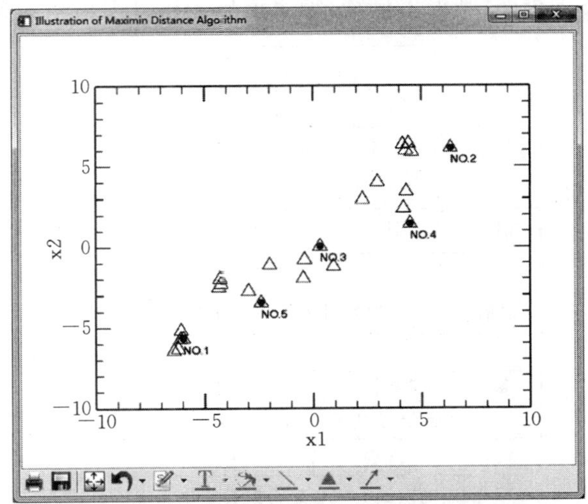

图 8.5　运行代码 8.3 利用最大最小距离选心得到的初始类别

8.4.2　K 均值聚类

1. 算法步骤

K 均值(K-Means)聚类方法也称 C 均值聚类方法，其聚类准则是使每个聚类中的点到其聚类中心的距离平方和最小。K 均值聚类的算法流程如图 8.6 所示，其主要步骤如下：

(1)输入遥感图像,其行数、列数和波段数分别为 N_l、N_s、N_b。令 $\boldsymbol{f}(i,j)$ 为输入图像第 i 行、第 j 列像元的特征向量。

(2)根据研究区特点和分类任务确定类别数 N_c,令 $n=0$ 为当前迭代次数,并设定迭代终止条件。迭代终止条件通常设置为:当迭代过程中前后两次的聚类中心没有改变,或者迭代次数达到规定的最大迭代次数,则应退出循环。

(3)采用随机选心法、最大最小距离选心法等方法,初始化各个类别的初始聚类中心 $\{\boldsymbol{\mu}_k^{(n)} \mid k=1,2,\cdots,N_c\}$。

(4)计算输入图像各像元到各个聚类中心的距离,以最小距离作为判别准则,即

$$g(i,j)=\underset{k=1,2,\cdots,N_c}{\arg\min}\|\boldsymbol{f}(i,j)-\boldsymbol{\mu}_k^{(n)}\|_2 \tag{8.22}$$

确定像素的类别归属,对输入图像进行分类。

(5)对步骤(4)得到的分类图像进行类别统计,得到分类图像中各类别的均值向量,用以更新聚类中心。令 $\Omega_k=\{(i,j) \mid g(i,j)=k;i=1,2,\cdots,N_l;j=1,2,\cdots,N_s\}$ 为分类图像中类别 k 的像元集,令 $\#\Omega_k$ 为像元集 Ω_k 的像元个数,则更新后的第 k 类聚类中心为

$$\boldsymbol{\mu}_k^{(n+1)}=\frac{\sum_{(i,j)\in\Omega_k}\boldsymbol{f}(i,j)}{\#\Omega_k} \tag{8.23}$$

$\boldsymbol{\mu}_k^{(n+1)}$ 是按照使目标函数 J 最小的原则来确定的,其中

$$J=\sum_{k=1}^{N_c}\sum_{(i,j)\in\Omega_k}\|\boldsymbol{f}(i,j)-\boldsymbol{\mu}_k^{(n+1)}\|_2^2 \tag{8.24}$$

(6)判断是否达到迭代终止条件。若尚未达到迭代终止条件,则令 $n=n+1$,返回步骤(4);若已达到迭代终止条件,则退出循环,输出最后一次分类结果和相对应的聚类中心。

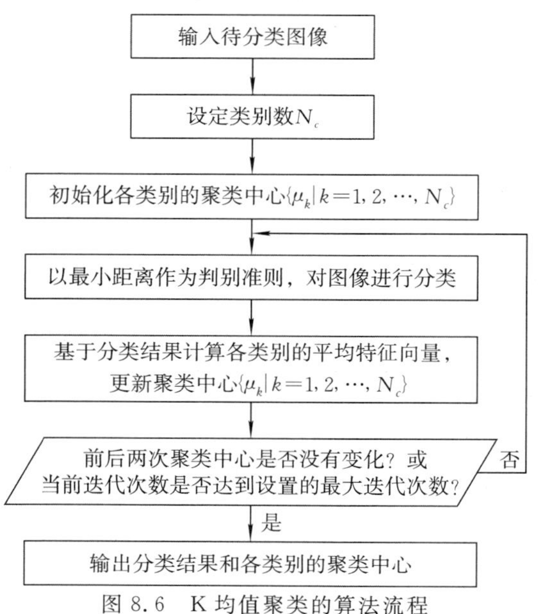

图 8.6　K 均值聚类的算法流程

K 均值聚类算法易受所选聚类中心的数目及其初始位置等因素的影响,而且在迭代过程中没有调整类数的措施,因此,不同的初始聚类中心可能会产生不同的分类结果。在实际应用

中，通常不使用随机化方法初始化聚类中心，而使用最大最小距离选心法、总体直方图均匀选心法、局部直方图峰值定心法等简单的聚类中心试探方法，找出较稳定的初始中心，以得到稳定的分类结果，提高分类精度。

2. 编程实现

K 均值聚类可利用 IDL 库函数 CLUST_WTS 和 CLUSTER、ENVI 库函数 CLASS_DOIT 来实现。

CLUST_WTS 采用 K 均值聚类，首先随机生成 N_c 个初始聚类中心，然后进行迭代更新聚类中心，使类内方差最小、类间方差最大。CLUST_WTS 函数调用格式如下：

```
Result = CLUST_WTS( Array [, /DOUBLE] [, N_CLUSTERS = value] [, N_ITERATIONS = integer]
[, VARIABLE_WTS = vector] )
```

其中，输入参量 Array 是一个 n 列、m 行的二维数组，其数据类型不能是字符串或复数类型，这个数组表示 n 个样本，每个样本由 m 个特征来描述；关键字 DOUBLE 用来强制在算法过程中采用双精度浮点型进行计算；关键字 N_CLUSTERS、N_ITERATIONS 分别用来定义聚类中心的数目和聚类中心更新的迭代次数，N_CLUSTERS 默认值为 m，N_ITERATIONS 默认值为 20；关键字 VARIABLE_WTS 是一个浮点型向量，该向量共由 m 个权重构成，其默认值为 1.0；函数返回值 Result 是一个 m 列、N_CLUSTERS 行的二维数组，其表示 K 均值聚类算法得到的聚类中心。

利用 CLUST_WTS 获得聚类中心后，则可利用 CLUSTER 函数获得分类图像。CLUSTER 调用格式如下：

```
Result = CLUSTER( Array, Weights [, /DOUBLE] [, N_CLUSTERS = value] )
```

其中，参量 Array 是一个 n 列、m 行的二维浮点型或双精度浮点型数组(m 表示样本数，n 表示各个样本的特征数)；参量 Weights 是由 CLUST_WTS 函数得到的聚类中心；关键字 N_CLUSTER 用来定义聚类数，其默认值等于参量 Weights 的行数；函数返回值是一个 1 列、m 行的数组，其各个元素值是对应样本的类别号。

调用 CLASS_DOIT 进行 K 均值聚类时，其关键字 METHOD 等于 7，具体调用格式如下：

```
ENVI_DOIT, 'CLASS_DOIT', CHANGE_THRESH = floating point{0.0 to 1.0} [, CLASS_NAMES = string array] ,
DIMS = array, FID = file ID [, /IN_MEMORY ] ITERATIONS = integer [, M_FID = file ID] [, M_POS = value]
[, MEAN = array], METHOD = 7, NUM_CLASSES = integer [, OUT_BNAME = string] [, OUT_NAME = string] ,
POS = array [, R_FID = variable] [, THRESH = value]
```

其中，关键字 CHANGE_THRESH 用来定义一个浮点型数值，该值的取值范围为[0,1]，用以表示前后两次迭代过程中类别属性发生变化的像元个数占图像总像元个数的百分比；关键字 CLASS_NAMES 是基于类别颜色生成的类别名称；关键字 ITERATIONS 是一个整数值，用来定义最大迭代次数；关键字 NUM_CLASSES 用来定义类别数；关键字 MEAN 用来定义初始类别中心的浮点型或双精度浮点型数组；关键字 THRESH 用来定义最大距离误差，可以是一个数值，也可以是一个数组，其数组元素的个数等于类别数。

代码 8.4 是 K 均值聚类的示例代码，代码第 15 行至 20 行调用了 CLASS_DOIT 执行 K 均值非监督分类，代码第 22 行至 30 行调用了 CLUST_WTS 和 CLUSTER 函数获取 K 均值聚类中心并生成分类图像。需要说明的是:不同于 CLASS_DOIT 生成的分类图像,由 CLUSTER 函数生成的分类图像属性值在 $\{0,1,2,\cdots,N_c-1\}$,N_c 为类别数。因此,代码第 30 行将 CLUSTER 函数返回结果加 1 后作为最终输出的分类结果,以使得分类图像中数值为 1 的像元对应着 CLUST_WTS 生成的第 1 个类别。

代码 8.4　K 均值聚类的示例代码

```
1   PRO K_Means_Classification_Demo
2
3     ; 配置环境
4     COMPILE_OPT IDL2 & ENVI
5
6     ; 打开遥感图像
7     FName = 'F:\BookDemo\result\ch7\LE7_XZ_YL_Subset.dat'
8     ENVI_OPEN_FILE, FName, R_FID = fid
9     ENVI_FILE_QUERY, fid, NB = nb, NL = nl, NS = ns, DIMS = dims & pos = LINDGEN(nb)
10
11    ; 给定初始类别
12    nc = 5 & change_thresh = 0.01 & ni = 50
13
14    ; 调用 CLASS_DOIT 执行 K 均值聚类,并同时将分类结果保存至磁盘中
15    out_bname = 'K - Means'
16    out_name = 'F:\BookDemo\result\ch8\LE7_XZ_YL_Classify_KMeans.dat'
17    ENVI_DOIT, 'CLASS_DOIT', CHANGE_THRESH = change_thresh, DIMS = dims, $
18      FID = fid, ITERATIONS = ni, METHOD = 7, NUM_CLASSES = nc, POS = pos, $
19      OUT_BNAME = out_bname, OUT_NAME = out_name
20
21    ; 调用 CLUST_WTS 函数,利用 K 均值聚类算法获得中心
22    data = []
23    FOR i = 0,nb - 1 DO data = [[[data]],[[ENVI_GET_DATA(DIMS = dims,FID = fid,POS = i)]]]
24    data = TRANSPOSE(data, [2,0,1]) & data = REFORM(data, nb, ns * nl)
25    centroids = CLUST_WTS(data, /DOUBLE, N_CLUSTERS = nc, N_ITERATIONS = ni)
26
27    ; 利用 CLUST_WTS 得到的聚类中心,进行分类
28    result = CLUSTER(data, centroids, /DOUBLE, N_CLUSTERS = nc) + 1
29    result = BYTE(REFORM(result, ns, nl));将原来的 LONG 类型强制转换为 BYTE 类型
30
31    ; 存储 CLUSTERT 得到的分类结果
32    class_names = STRARR(nc + 1) & class_names[0] = 'Unclassified'
33    FOR i = 1, nc DO class_names[i] = ['Class ' + STRING(i,FORMAT = '(I1)')]
34    descrip = 'Demo Classfication Image Using CLUSTER & CLUST_WTS'
35    file_type = ENVI_FILE_TYPE('ENVI Classification')
36    ; 定义颜色查找表
37    ; lookup = BYTARR(3,nc + 1)
38    ; lookup[ * ,0] = [0,0,0] & lookup[ * ,1] = [0,255,0] & lookup[ * ,2] = [0,0,255]
```

续代码

```
  ; lookup[*,3] = [255,255,0]&lookup[*,4] = [255,0,255]&lookup[*,5] = [0,255,255]
  ; lookup = COLORTABLE([[255,0,0],[0,255,0],[0,0,255]],NCOLORS = nc,/TRANSPOSE)
  ; lookup = [[0,0,0],[lookup]]
  ; LOADCT, 34, RGB_TABLE = rgb_table & rgb_table = TRANSPOSE(rgb_table)
  ; rgb_size = SIZE(rgb_table,/DIMENSION) & gap = FIX(rgb_size[1]/nc)
  ; lookup = BYTARR(3,nc+1) & lookup[*,0] = [0,0,0]
  ; FOR i = 1,nc DO lookup[*,i] = rgb_table[*,rgb_size[1]-1-(i-1)*gap]
  LOADCT, 34, NCOLORS = nc+1, RGB_TABLE = lookup & lookup = TRANSPOSE(lookup)
  ;定义输出的文件名
  out_name = 'F:\BookDemo\result\ch8\LE7_XZ_YL_Classify_Cluster.dat'
  ENVI_WRITE_ENVI_FILE, result, BNAMES = 'Result Using Cluster', $
    CLASS_NAMES = class_names, DESCRIP = descrip, FILE_TYPE = file_type, $
    LOOKUP = lookup, MAP_INFO = ENVI_GET_MAP_INFO(FID = fid), $
    NUM_CLASSES = nc+1, OUT_NAME = out_name

END
```

8.4.3 模糊C均值聚类

模糊C均值(fuzzy C-means, FCM)聚类准则与K均值聚类算法相同,即使得被划分到同一集群的像元之间相似度最大,而不同集群之间的相似度最小。FCM是基于模糊数学的相关理论,对K均值聚类算法进行改进后的一种分类方法。

1. 基本原理

相对于FCM算法,K均值聚类是一种硬分类,它将待分类像元严格地划分到某个类别中,具有非此即彼的性质。而实际上遥感数据所反映的大多数地表覆盖类型在形态和类属方面存在着中介性,没有确定的边界来区分它们。例如,树林和草地的边界、城市和乡村的边界都是渐变的而非确定的,因此需要考虑各像元属于每个类别的隶属度问题,进行软分类,才能更好地区分地物类别。

FCM是一种软分类,它通过计算各像元属于每个类别的隶属概率或隶属度,构建相应的模糊矩阵,从而实现图像分类。假设现有一幅多光谱遥感图像,该图像共有N_l行、N_s列、N_b个波段,为了便于阐述,将图像数据由原来的三维数组转换为二维数组,其表示为$\boldsymbol{F}=[[\boldsymbol{f}_1],[\boldsymbol{f}_2],\cdots,[\boldsymbol{f}_{N_lN_s}]]$,其中$\boldsymbol{f}_j=[f_{j,1},f_{j,2},\cdots,f_{j,N_b}]$,$f_{j,b}$是原图像第$j$个像素第$b$个波段的属性值。FCM算法将遥感图像的分类问题转换为求解一个划分矩阵$\boldsymbol{A}=[[\boldsymbol{a}_1],[\boldsymbol{a}_2],\cdots,[\boldsymbol{a}_{N_lN_s}]]$的问题,其中$\boldsymbol{a}_j=[a_{j,1},a_{j,2},\cdots,a_{j,N_c}]$,$N_c$是设定的类别数,$a_{j,k}$是原始图像中第$j$个像元属于第$k$个类别的隶属度。理想情况下,当第$j$个像元归属于第$k$类时,则有$a_{j,k}=1$;当像元$(i,j)$不属于第$k$类时,则有$a_{j,k}=0$。实际情况下,像元归属问题存在模糊性,因此划分矩阵$\boldsymbol{A}$是一个模糊矩阵;该模糊矩阵需同时满足$a_{j,k}\in[0,1]$和$\sum_{k=1}^{N_c}a_{j,k}=1$。基于上述分析,通过改写K均值聚类目标函数,即式(8.24),得到FCM的目标函数

$$J=\sum_{k=1}^{N_c}\sum_{j=0}^{N_lN_s-1}[a_{j,k}]^m\|\boldsymbol{f}_j-\boldsymbol{\mu}_k\|_2^2 \tag{8.25}$$

式中，$\boldsymbol{\mu}_k$ 为第 k 个类别的均值向量；m 为模糊加权指数，$m \geqslant 1$，m 越大，模糊度越大，通常令 $m=2$。

FCM 分类算法的核心就是寻找使其目标函数达到最小时的模糊矩阵 $\mathbf{A}$ 和各类中心 $\boldsymbol{\mu}_k$，$\mathbf{A}$ 和 $\boldsymbol{\mu}_k$ 的计算公式推导过程如下：

考虑到模糊矩阵的约束条件 $\sum_{k=1}^{N_c} a_{j,k}=1$，将式(8.25)改写为以下形式

$$\bar{J}=\sum_{j=0}^{N_l N_s-1}\sum_{k=1}^{N_c}[a_{j,k}]^m\|\boldsymbol{f}_j-\boldsymbol{\mu}_k\|_2^2+\sum_{j=0}^{N_l N_s-1}\gamma_j\left(\sum_{k=1}^{N_c}a_{j,k}-1\right) \tag{8.26}$$

式中，γ_j 为惩罚系数。

式(8.26)是关于变量 $a_{j,k}$、$\boldsymbol{\mu}_k$ 和 γ_j 的函数，要求函数的极值就是要求出使偏导数等于零的点，即有

$$\frac{\partial\bar{J}}{\partial a_{j,k}}=m[a_{j,k}]^{m-1}\|\boldsymbol{f}_j-\boldsymbol{\mu}_k\|_2^2+\gamma_j=0 \tag{8.27}$$

和

$$\frac{\partial\bar{J}}{\partial\boldsymbol{\mu}_k}=\sum_{j=0}^{N_l N_s-1}[a_{j,k}]^m[\boldsymbol{f}_j-\boldsymbol{\mu}_k]=0 \tag{8.28}$$

由式(8.27)可得

$$a_{j,k}=\left[-\frac{\gamma_j}{m}\right]^{\frac{1}{m-1}}\cdot\frac{1}{\|\boldsymbol{f}_j-\boldsymbol{\mu}_k\|_2^{\frac{2}{m-1}}} \tag{8.29}$$

又因为 $\sum_{k=1}^{N_c} a_{j,k}=1$，则有

$$1=\sum_{k=1}^{N_c}\left[-\frac{\gamma_j}{m}\right]^{\frac{1}{m-1}}\cdot\frac{1}{\|\boldsymbol{f}_j-\boldsymbol{\mu}_k\|_2^{\frac{2}{m-1}}} \tag{8.30}$$

从而得

$$\left[-\frac{\gamma_j}{m}\right]^{\frac{1}{m-1}}=\frac{1}{\sum_{c=1}^{N_c}\frac{1}{\|\boldsymbol{f}_j-\boldsymbol{\mu}_c\|_2^{\frac{2}{m-1}}}} \tag{8.31}$$

将式(8.31)代入式(8.29)，即可推导出模糊矩阵 $\mathbf{A}$ 中各隶属度 $a_{j,k}$ 的求解公式，即

$$a_{j,k}=\frac{1}{\sum_{c=1}^{N_c}\left(\frac{\|\boldsymbol{f}_j-\boldsymbol{\mu}_k\|_2}{\|\boldsymbol{f}-\boldsymbol{\mu}_c\|_2}\right)^{\frac{2}{m-1}}} \tag{8.32}$$

其中距离类别 k 越近，$a_{j,k}$ 越靠近 1，即对应的隶属度越大。

由式(8.27)可推导出各类别中心 $\boldsymbol{\mu}_k$ 的求解公式，即

$$\boldsymbol{\mu}_k=\frac{\sum_{j=0}^{N_l N_s-1}[a_{j,k}]^m\boldsymbol{f}_j}{\sum_{j=0}^{N_l N_s-1}[a_{j,k}]^m}=\sum_{j=0}^{N_l N_s-1}\frac{[a_{j,k}]^m}{\sum_{i=0}^{N_l N_s-1}[a_{i,k}]^m}\boldsymbol{f}_j \tag{8.33}$$

可将 $\boldsymbol{\mu}_k$ 视为是 $\boldsymbol{f}_j$ 在整幅图像中的加权求和。

2. 编程实现

FCM 分类算法的主要步骤如下：

(1)假设 n 为当前迭代次数，令 $n=0$。对模糊矩阵 $\boldsymbol{A}=[a_{j,k}]$ 进行初始化，记为初始化$\boldsymbol{A}^{(n)}$；也可利用最大最小距离选心法等初始化聚类中心，然后利用式(8.32) 计算得到 $\boldsymbol{A}^{(0)}$。设置迭代终止条件：当 $\max[\boldsymbol{A}^{(n+1)}-\boldsymbol{A}^{(n)}]<\varepsilon$ 时，终止迭代，其中 ε 为 0 到 1 之间的一个浮点型阈值。

(2)将 $\boldsymbol{A}^{(n)}$ 代入式(8.33)，计算得到$[\boldsymbol{\mu}_k^{(n)}]$。

(3)利用 $\boldsymbol{\mu}_k^{(n)}$ 更新模糊矩阵，得到$\boldsymbol{A}^{(n+1)}$。对于图像中的某个像元(i,j)，若满足条件：对于 N_c 中的各个类别 k，都有 $\|\boldsymbol{f}(i,j)-\boldsymbol{\mu}_k\|_2^2\neq 0$，则将$\boldsymbol{\mu}_k^{(n)}$ 代入式(8.32) 计算得到 $a_{j,k}^{(n+1)}$；若满足条件：对于 N_c 中的某个类别 k，有 $\|\boldsymbol{f}(i,j)-\boldsymbol{\mu}_k\|_2^2=0$，则令 $a_{j,k}^{(n+1)}=1$ 且 $a_{j,c\neq k}^{(n+1)}=0$。

(4)若 $\max[\boldsymbol{A}^{(n+1)}-\boldsymbol{A}^{(n)}]<\varepsilon$，则终止运算，输出各类聚类中心$[\boldsymbol{\mu}_k^{(n)}]$；否则，令 $n=n+1$，返回步骤(2)。

代码 8.5 是 FCM 分类的示例代码，分别调用了自定义的 MAXIMIN_DISTANCE_CLASS 函数(见代码第 25 行)、FCM_CLASS 函数(见代码第 33 行)用以获取初始类别聚类中心以及 FCM 更新后的类别中心，得到 FCM 聚类中心后再利用最小距离判别准则对原始图像中的各像素进行类别归属(见代码第 36 行至 48 行)。自定义的 MAXIMIN_DISTANCE_CLASS 函数见代码 8.6，它是由代码 8.3 所示的过程改写而成的运行函数，返回值为各初始类别的聚类中心；自定义的 FCM_CLASS 函数见代码 8.7，它是根据上述 FCM 主要步骤编写而成的。

代码 8.5 遥感图像 FCM 分类的示例代码

```
1  PRO FCM_CLASS_DEMO
2  
3    ;配置环境
4    COMPILE_OPT IDL2 &  ENVI
5  
6    ;打开遥感图像
7    FName = 'F:\BookDemo\result\ch7\LE7_XZ_YL_Subset.dat'
8    ENVI_OPEN_FILE, FName, R_FID = fid
9    ENVI_FILE_QUERY, fid, NB = nb, NL = nl, NS = ns, DIMS = dims & pos = LINDGEN(nb)
10 
11   ;读取图像数据
12   data = []
13   FOR i = 0,nb - 1 DO data = [[[data]],[ENVI_GET_DATA(DIMS = dims,FID = fid,POS = i)]]]
14 
15   ;获取抽样数据
16   sdata = [];维数[6,702]
17   FOR i = 0, ns - 1, 20 DO BEGIN
18     FOR j = 0, nl - 1, 20 DO BEGIN
19       sdata = [[sdata],[REFORM(data[i,j, * ])]]
20     ENDFOR
```

续代码

```
ENDFOR

；初始类别参数设置
nc  =  5
centers = MAXIMIN_DISTANCE_CLASS(sdata, NUM_CLASSES = nc)
PRINT, '初始聚类中心:' &  PRINT, CENTERS, FORMAT = '(f0.2)'
DELVAR,sdata; 在主程序 PRO 用 DELVAR 删除变量

；定义 FCM 参数
me  =  2 & thresh  =  1e-5 & iterations  =  50
；利用 FCM 更新聚类中心
data  =  TRANSPOSE(data, [2,0,1]) & data  =  REFORM(data, nb, ns * nl)
centers_new  =  FCM_CLASS(data, centers, FUZZY_FACTOR = me, $
  THRESH = thresh, ITERATIONS = iterations)

；最小距离分类 - 规则图像
rule_image  =  DBLARR(nc,ns * nl)
FOR j = 0,ns * nl - 1 DO BEGIN
  FOR i = 0, nc - 1 DO BEGIN
    diff  =  data[ * ,j] - centers_new[ * ,i]
    rule_image[i,j] = NORM(diff, /DOUBLE)
  ENDFOR
ENDFOR

；最小距离分类 - 分类图像
class_image  =  BYTARR(ns * nl) & rule_image_min  =  MIN(rule_image,DIMENSION = 1)
FOR j = 0,ns * nl - 1 DO $
  class_image[j]  =  BYTE(WHERE(rule_image[ * ,j] EQ rule_image_min[j]) + 1)

；将规则图像存储为 ENVI 格式
rule_image  =  TRANSPOSE(rule_image,[1,0]) & rule_image  =  REFORM(rule_image,ns,nl,nc)
bnames  =  STRARR(nc) & out_name = 'F:\BookDemo\result\ch8\LE7_XZ_YL_RuleImg_FCM.dat'
FOR i = 0, nc - 1 DO bnames[i] = 'Class ' + STRING(i + 1,FORMAT = '(I1)')
ENVI_WRITE_ENVI_FILE, rule_image, BNAMES = bnames, NB = nc, NL = nl, NS = ns, $
  MAP_INFO = ENVI_GET_MAP_INFO(FID = fid), OUT_DT = 5, OUT_NAME = out_name

；将分类图像转存至 ENVI 经典应用程序中
class_image  =  REFORM(class_image,ns,nl)
class_names  =  STRARR(nc + 1) & class_names[0]  =  'Unclassified'
FOR i = 1, nc DO class_names[i] = ['Class ' + STRING(i,FORMAT = '(I1)')]
descrip  =  'Demo Classfication Image Using FCM'
file_type  =  ENVI_FILE_TYPE('ENVI Classification')
LOADCT, 34, NCOLORS = nc + 1, RGB_TABLE = lookup & lookup  =  TRANSPOSE(lookup)
```

续代码

```
  out_name = 'F:\BookDemo\result\ch8\LE7_XZ_YL_Classify_FCM.dat'
  ENVI_WRITE_ENVI_FILE, class_image, BNAMES = 'Result Using FCM', $
    CLASS_NAMES = class_names, DESCRIP = descrip, FILE_TYPE = file_type, $
    LOOKUP = lookup, MAP_INFO = ENVI_GET_MAP_INFO(FID = fid), $
    NUM_CLASSES = nc + 1, OUT_NAME = out_name

END
```

代码 8.6　最大最小距离选心函数代码

```
；函数功能:利用最大最小选心法得到初始类别的聚类中心
；函数调用格式:Result = MAXIMIN_DISTANCE_CLASS(data,NUM_CLASSES = num = classes)
；输入参量 data 是抽样集，其维数为[nb,nd],其中样本数为 nd,每个样本的特征数为 nb
；关键字 NUM_CLASSES 用来定义预设的类别数
；函数返回值 Result 是一个二维向量,其维数是[nb,nc]

FUNCTION MAXIMIN_DISTANCE_CLASS, data, NUM_CLASSES = num_classes

  dims = SIZE(data, /DIMENSION)

  ；随机选择一个样本作为类别 1 的集群中心
  nc = 1 & idx = (SORT(RANDOMN(seed,dims[1])))[0];随机索引下标
  center = [] & center = [[center],[data[ * ,idx]]]

  ；计算剩余样本至类别 1 的距离,取最大距离的样本点作为类别 2
  data_remain = data[ * ,WHERE(~HISTOGRAM([idx],MIN = 0,MAX = dims[1] - nc),/NULL)]
  distance = DBLARR(dims[1] - nc)
  FOR i = 0, dims[1] - nc - 1 DO $
    distance[i] = DISTANCE_MEASURE([[data_remain[ * ,i]],[center[ * ,0]]])
  idx = WHERE(distance EQ MAX(distance))
  center = [[center],[data_remain[ * ,idx]]] & nc = nc + 1

  ；开始循环
  WHILE (nc LT num_classes) DO BEGIN
    data_remain = data_remain[ * , $
      WHERE(~HISTOGRAM([idx],MIN = 0,MAX = dims[1] - nc),/NULL)]
    distance = FLTARR(dims[1] - nc)
    FOR i = 0, dims[1] - nc - 1 DO BEGIN
      tmp = FLTARR(nc)
      FOR j = 0, nc - 1 DO $
        tmp[j] = DISTANCE_MEASURE([[data_remain[ * ,i]],[center[ * ,j]]])
      distance[i] = MIN(tmp)
    ENDFOR
    idx = WHERE(distance EQ MAX(distance))
    center = [[center],[data_remain[ * ,idx]]] & nc = nc + 1
```

续代码

```
  ENDWHILE

  RETURN, center

END
```

代码 8.7 FCM 聚类函数代码

```
; 函数 FCM_CLASS,用以返回 FCM 分类结果
; 函数调用格式:Result = FCM_CLASS(data,centers,FUZZY_FACTOR = fuzzy_factor, $
; THRESH = thresh,ITERATIONS = iterations)
; 输入参量 data,其维数为[nb,ns * nl]
; 输入参量 centers,是初始类别聚类中心,其维数为[nb,nc]
; 关键字 FUZZY_FACTOR 用来定义模糊加权指数
; 关键字 THRESH 用来定义模糊矩阵变化的最大值
; 关键字 ITERATIONS 用来定义最大的迭代次数

FUNCTION FCM_CLASS, data, centers, FUZZY_FACTOR = fuzzy_factor, $
  THRESH = thresh, ITERATIONS = iterations

  ; 获得维数
  dims = SIZE(data,/DIMENSIONS); dims[1]是图像的像元个数
  dims_centers  =  SIZE(centers,/DIMENSIONS)
  IF ~(dims[0] EQ dims_centers[0]) THEN BEGIN
    PRINT, 'The bands are not equal'
    centers_new  =  centers
    RETURN, centers_new
  ENDIF
  nb  =  dims[0] & npixels  =  dims[1] & nc  =  dims_centers[1]

  ; 基于初始类别聚类中心,利用式(8.26)计算模糊矩阵 A
  a  =  DBLARR(nc,npixels) & a_old  =  DBLARR(nc,npixels)
  FOR j = 0,npixels - 1 DO BEGIN
    tmp  =  DBLARR(nc,1)
    FOR i = 0, nc - 1 DO $
      tmp[i] = DISTANCE_MEASURE([[data[ * ,j]],[centers[ * ,i]]])
    ;    FOR i = 0, nc - 1 DO BEGIN
    ;      diff  =  data[ * ,j] - centers[ * ,i]
    ;      tmp[i] = NORM(diff, /DOUBLE)
    ;    ENDFOR
    idx  =  WHERE(tmp EQ 0.0, count, /NULL)
    IF count GT 0 THEN BEGIN
      a[ * ,j] = 0 & a[idx,j] = 1.0
    ENDIF ELSE BEGIN
      tmp = 1.0/(tmp^(2.0/(fuzzy_factor - 1))) & a[ * ,j]  =  tmp/TOTAL(tmp)
```

续代码

```
    ENDELSE
  ENDFOR

  ni = 0 & maxdiff_a = MAX(ABS(a_old - a))
  centers_new = DBLARR(nb,nc)

  WHILE (maxdiff_a GT thresh) AND (ni LT iterations) DO BEGIN

    ；利用计算得到的模糊矩阵 A,进行更新聚类中心
    denominator = a^fuzzy_factory & denominator_sum = TOTAL(denominator,2,/DOUBLE,/NAN)
    numerator = DBLARR(nb,npixels)
    FOR i = 0,nc - 1 DO BEGIN
      FOR j = 0,npixels - 1 DO numerator[ * ,j] = denominator[i,j] * data[ * ,j]
      centers_new[ * ,i] = TOTAL(numerator,2,/DOUBLE,/NAN)/denominator_sum[i]
    ENDFOR

    ；更新模糊矩阵
    a_old = a & ni + = 1
    FOR j = 0,npixels - 1 DO BEGIN
      tmp = DBLARR(nc,1)
      FOR i = 0, nc - 1 DO $
        tmp[i] = DISTANCE_MEASURE([[data[ * ,j]],[centers_new[ * ,i]]])
      idx = WHERE(tmp EQ 0.0, count, /NULL)
      IF count GT 0 THEN BEGIN
        a[ * ,j] = 0 & a[idx,j] = 1.0
      ENDIF ELSE BEGIN
        tmp = 1.0/(tmp^(2.0/(fuzzy_factory - 1))) & a[ * ,j] = tmp/TOTAL(tmp)
      ENDELSE
    ENDFOR

    ；计算前后两次模糊矩阵的最大差值
    maxdiff_a = MAX(ABS(a_old - a))

    ；输出中间结果
    IF (ni mod 10) EQ 0 THEN BEGIN
      PRINT,'更新后的聚类中心(第',STRING(ni,FORMAT = '(I3)'),'次迭代):'
      PRINT, centers_new;, FORMAT = 'f0 2'
    ENDIF

  ENDWHILE

  ；打印输出
  PRINT, 'FCM 共迭代了', STRING(ni,FORMAT = '(I3)'),'次,得到的类别中心为:'
```

续代码

```
  PRINT, centers_new;, FORMAT = 'f0.2'

  RETURN, centers_new

END
```

8.4.4 ISODATA 算法

ISODATA 也是常用的一种非监督分类方法，其与 K 均值聚类方法的主要区别在于：ISODATA 不仅可以通过调整样本所属类别完成样本的聚类分析，而且可以自动地进行类别的“合并”和“分裂”，从而得到合理类别数的聚类结果。

ISODATA 的算法流程如图 8.7 所示，其具体步骤如下：

(1)设置 ISODATA 算法参数，包括：①允许迭代的次数 N。令 n 为当前迭代次数，n 的初始值为 0。若 $n = N$ 时，则当前迭代为最后一次迭代。也可设置变化阈值，将前后两次类别发生变化的像元百分比与变化阈值相比较，判断是否结束迭代。② 预期的类别数 N_c。在 ISODATA 迭代过程中，类别数和类别中心都会有变化。令更新后的类别数为 $N_{c'}$，$N_{c'}$ 的初始值等于 N_c 或 $(N_{c\_min} + N_{c\_max})/2$ 取整值。③各集群所含最少样本数的阈值 T_{min_pixels}。若集群样本数小于 T_{min_pixels} 时，则需进行类别去除操作，即删除该集群所对应的类别并对该集群内的样本进行重分类。④各集群的最大标准差阈值 T_{split_std}。若集群标准差大于 T_{split_std} 时，则需进行类别分裂操作，即将该集群分成两个类别。⑤两两聚类中心的最小距离阈值 T_{merge_dist}。若两个类别中心的距离小于 T_{merge_dist} 时，则需进行类别合并操作，即将这两个类别合并为一类，重新计算类别中心。⑥一次迭代过程中两两类别合并操作的最大次数 T_{merge_pairs}。

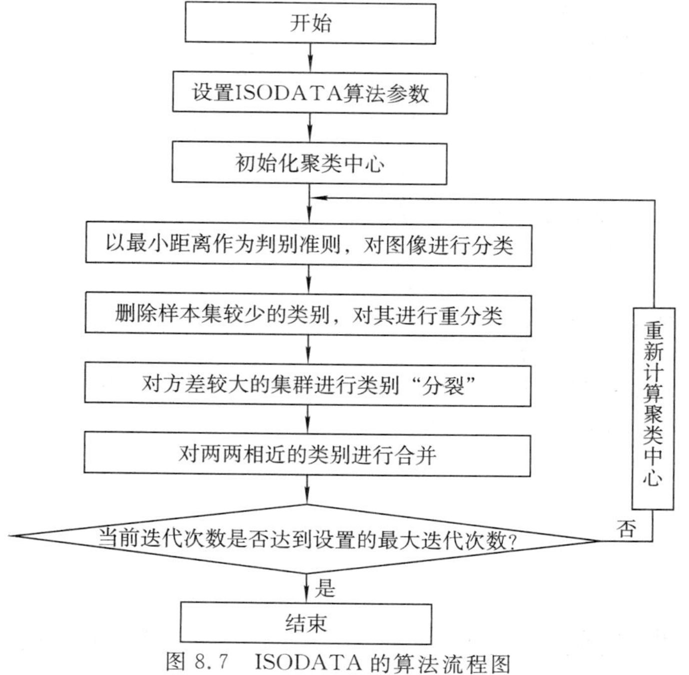

图 8.7 ISODATA 的算法流程图

(2)假设输入图像共有 N_l 行、N_s 列、N_b 个波段，从中初选 $N_{c'}$ 个聚类中心 $\{\boldsymbol{\mu}_1,\boldsymbol{\mu}_2,\cdots,\boldsymbol{\mu}_{N_{c'}}\}$。初始聚类中心的个数并不一定要等于预期类别数 N_c，初始聚类中心的位置可从抽样集中任选一些代入，也可以利用直方图选心法或最大最小距离选心法等来确定。

(3)令 $n=n+1$。基于当前的类别数和类别中心，采用最小距离判别准则，对输入图像各像元 (i,j) 进行类别归属，即

$$g(i,j)=\arg\min_{k=1,2,\cdots,N_{c'}}\|\boldsymbol{f}(i,j)-\boldsymbol{\mu}_k\|_2 \tag{8.34}$$

式中，$\boldsymbol{f}(i,j)=[f_1(i,j),f_2(i,j),\cdots,f_{N_b}(i,j)]^{\mathrm{T}}$ 是像元 (i,j) 的特征向量，$g(i,j)$ 是像元 (i,j) 的类别属性。

(4)根据步骤(3)的结果，统计各集群的像元数。去除像元数小于 T_a 的类别，更新类别数 $N_{c'}$ 及聚类中心 $\{\boldsymbol{\mu}_1,\boldsymbol{\mu}_2,\cdots,\boldsymbol{\mu}_{N_{c'}}\}$，并利用式(8.34)对这些像元进行重分类。

(5)判断是否进行类别分裂、合并操作：①若当前迭代是最后一次迭代，即 $n=N$，则令 $T_{\text{merge\_dist}}=0$，跳到步骤(8)计算类间距离进行类别合并操作。②若当前迭代次数 n 是2的倍数或 $N_{c'}\geqslant N_{c\_\max}$，跳到步骤(8)计算类间距离进行类别合并操作。③若 $N_{c'}<N_{c\_\max}$，继续步骤(6)进行类别分裂操作。

(6)计算类内标准差和类内距离，用以判断是否需要进行类别分裂操作。①统计各类别 k 集群的标准差 $\sigma_k=[\sigma_1(k),\sigma_2(k),\cdots,\sigma_{N_b}(k)]^{\mathrm{T}}$，$\sigma_b(k)$ 表示类别 k 集群在各波段 b 的标准差，令 $\sigma_{\max}(k)=\max\{\sigma_1(k),\sigma_2(k),\cdots,\sigma_{N_b}(k)\}$。②根据步骤(4)的分类结果，重新计算各类中心 $\boldsymbol{\mu}_k$，然后统计各类的平均类内距离 $\overline{d_k}$ 和总体的平均类内距离 $\overline{d}$。令 $\Omega_k=\{(i,j)\mid\forall g(i,j)=k\}$ 为分类图像中类别 k 的像元集，令 $\#\Omega_k$ 为像元集 Ω_k 的像元个数，则更新后的类别 k 中心为

$$\boldsymbol{\mu}_k=\frac{\sum_{(i,j)\in\Omega_k}\boldsymbol{f}(i,j)}{\#\Omega_k} \tag{8.35}$$

类别 k 集群的平均类内距离为

$$\overline{d_k}=\frac{1}{\#\Omega_k}\sum_{(i,j)\in\Omega_k}\|\boldsymbol{f}(i,j)-\boldsymbol{\mu}_k\|_2 \tag{8.36}$$

总体的平均类内距离为

$$\overline{d}=\frac{1}{N_l\times N_s}\sum_{k=1}^{N_{c'}}(\#\Omega_k)\times\overline{d_k} \tag{8.37}$$

(7)对于各个类别 k，若有 $\sigma_{\max}(k)>T_{\text{split\_std}}$，且又满足下述两个条件中的一条：①$\overline{d_k}>\overline{d}$ 且 $(\#\Omega_k)>2(T_{\text{min\_pixels}}+1)$；②$N_{c'}\leqslant N_{c_\min}$；则将集群 k 分裂为两个新的聚类中心 $\boldsymbol{\mu}_k^+$ 和 $\boldsymbol{\mu}_k^-$，即有 $\boldsymbol{\mu}_k^+=\boldsymbol{\mu}_k+s\cdot\sigma_k$，$\boldsymbol{\mu}_k^-=\boldsymbol{\mu}_k-s\cdot\sigma_k$，其中，$s$ 是标准差的乘性因子。若在此步骤中执行了类别分裂操作，则更新类别数和类别中心后，返回至步骤(3)；否则继续下一步。

(8)计算类间距离，用以判断是否需要进行类别合并操作。若当前共有 $N_{c'}$ 个类别，则可得到 $N_{c'}(N_{c'}-1)/2$ 个类间距离，即有 $\{d_{ij}\mid 0\leqslant i\leqslant(N_{c'}-1),0\leqslant j\leqslant(N_{c'}-1),i\neq j\}$，其中，$d_{ij}$ 是类别 i 中心与类别 j 中心之间的距离，即

$$d_{ij}=\|\boldsymbol{\mu}_i-\boldsymbol{\mu}_j\|_2 \tag{8.38}$$

(9)对 $\{d_{ij}\}$ 进行从小到大排序，从中找出前面不多于 $T_{\text{merge\_pairs}}$ 个，值小于 $T_{\text{merge\_dist}}$ 的 d_{ij}，并将对应的两两类别进行合并。

(10)若 n 达到设定的最大迭代次数时,输出最后一次分类结果;否则,返回至步骤(3)。

ISODATA 非监督分类算法可由 ENVI 5.2 版本(或更高版本)提供的 ENVIISODATAClassificationTask 任务来完成,也可调用 ENVI 经典版提供的 CLASS_DOIT 例程来执行。利用 CLASS_DOIT 进行 ISODATA 分类时,其调用格式如下:

```
ENVI_DOIT, 'CLASS_DOIT',CHANGE_THRESH = floating point{0.0 to 1.0} [, CLASS_NAMES = string array] ,
DIMS = array, FID = file ID [, /IN_MEMORY ] ITERATIONS = integer , ISO_MERGE_DIST = floating point,
ISO_MERGE_PAIRS = value,ISO_MIN_PIXELS = value,ISO_SPLIT_SMULT = floating point, ISO_SPLIT_STD =
floating point [, M_FID = file ID] [, M_POS = value] [, MEAN = array], METHOD = 4, MIN_CLASSES =
integer, NUM_CLASSES = integer [, OUT_BNAME = string] [, OUT_NAME = string] , POS = array [, R_FID =
variable] [, THRESH = value]
```

其中,关键字 CHANGE_THRESH 是前后两次迭代过程中有类别变化的像元百分比,其取值范围为[0,1];关键字 ITERATIONS 用来定义最大迭代次数;关键字 ISO_MERGE_DIST 是一个大于 0 的浮点型数值,若两个类别中心之间的距离小于该值,则这两个类别将被合并;关键字 ISO_MERGE_PAIRS 是一个长整型数值,用来定义单次迭代过程中类别合并操作的最大次数;关键字 ISO_MIN_PIXELS 是一个长整型数值,用来定义单个类别中最少的像元数;关键字 ISO_SPLIT_SMULT 是一个大于 0 的浮点型数值,用来定义标准差的乘性因子;关键字 METHOD 用来定义所采用的分类方法,其值为 4 时,表示采用的分类方法是 ISODATA 方法;关键字 MIN_CLASSES 用来定义最小的类别数;关键字 NUM_CLASSES 用来定义预期的类别数。

8.5 分类精度分析

遥感图像分类精度主要取决于两大因素:遥感图像数据自身特点和所采用的分类方法。由于假设条件和判别准则的不同,不同的分类方法具有各自的优点和缺点。某种分类方法对某幅遥感图像数据非常有效,并不表示它对其他数据也同样有效。本节将主要比较分析监督与非监督分类方法的优缺点,并介绍几种常用的分类精度定量评价测度。

8.5.1 监督与非监督分类的比较

1. 监督分类

监督分类的优点:

(1)分析人员可控制适用于研究需要和区域地理特征的信息类别。这对于有些研究(如不同时相或不同区域的对比分析)来说很重要,能够有选择地决定分类的类别,避免出现不必要的类别。

(2)分析人员可控制训练样区和训练样本的选择,且不必考虑光谱类别和地物类别的匹配问题,因为这个问题在选择训练数据的过程中就解决了。

(3)分析人员可通过训练样本检验监督分类误差。虽然训练区内像元的正确分类并不能保证其他像元的正确分类,但训练区内像元的不正确分类必定会导致较严重的分类错误。

监督分类的缺点和局限性:

(1)分类体系的确定受主观因素的影响。一方面,若定义的类别也许并不是遥感图像中存在的自然类别或定义的某些类别在多维特征空间中区分度不大时,容易造成类别的错分或误分;另一方面,监督分类只能识别训练样本所定义的类别,对于某些未被分析人员定义的类别则不能识别,容易造成类别的错分或漏分。

(2)训练样区的选择也易受主观因素的影响。训练样区的选取是一项费时、费力的工作,通常是先参照地物类别,然后再参照光谱类别。因此其代表性有时不够典型,特别是当研究区的覆盖面积很大、地物类别复杂时尤为如此。

2. 非监督分类

非监督分类的优点:

(1)非监督分类不需要分析人员预先对待分类图像所覆盖的研究区有广泛的了解和熟悉,而监督分类则需要分析人员较好地熟悉研究区以选择训练样本。

(2)非监督分类不易受人为主观因素的影响。非监督分类只需要定义几个预先参数,如集群或类别的数量、各集群所含像元数的最大最小值等,大大减少了人为误差。

(3)非监督分类可识别出样本数量较少的集群;而监督分类不可能识别出没有被定义的类别。

非监督分类的缺点和局限性:

(1)非监督分类过分依赖于"自然"分组,其得到的类别并不具有实际的地物类型含义,很难将分类得到的类别与用户最终所要的地物类别进行完全匹配。

(2)非监督分类过程不受人为控制,很难得到符合生产要求或实际所需的分类结果。

(3)非监督分类前不知道实际有多少地物类别,在策略上总是先分出较多的类,然后对照实地情况或根据已有知识确定最后需要的类别,因此需要将某些类别合并为一个地物类。

8.5.2　分类精度评价指标

遥感图像分类精度有非位置精度和位置精度之分。前者不考虑位置因素,类别间的错分像元可彼此抵消,所得到的分类精度并不能准确反映实际的分类效果;后者将分类的类别与其所在的空间位置进行统一检查,所得到的分类精度能准确反映实际的分类效果。位置精度主要有错分误差、漏分误差、用户精度、制图精度、总分类精度、Kappa 系数等评价指标,这些评价指标通常是在所构建的混淆矩阵的基础上计算出来的。

1. 混淆矩阵

混淆矩阵是用来检验分析分类结果与参考数据之间的混淆程度。参考数据又称地面真实数据,通常使用测试样本或类别已知的局部地段的专业类型图作为参考数据。它不仅可以用来评价分类结果,也可以用来检验训练样本的优劣,通常要求不混淆的百分比至少达到 80%以上的样本才可作为训练样本。

混淆矩阵 $M=[m_{ij}]$ 是由 N_c 行、N_c 列组成的矩阵,用来表示分类结果的精度,N_c 代表类别数。混淆矩阵的列方向(左右)依次排列着参考数据的第1类、第2类……第 N_c 类的代码或名称;矩阵的行方向(上下)依次排列着分类结果各类别的代码或名称。混淆矩阵中的元素 m_{ij} 表示在分类结果中类别号为 i、而在参考数据中对应的类别号为 j 的像元数;矩阵主对角线上的元素 m_{ii},即 $i=j$ 时,代表分类正确的像元数;矩阵主对角线外的元素是错分或漏分的像元数。混淆矩阵的结构见表 8.2,其中 $m_{k+}=\sum_{i=1}^{N_c} m_{ki}$,是矩阵中第 k 行所有元素之和,代表分类结果中第 k 类的检验点数;$m_{+k}=\sum_{i=1}^{N_c} m_{ik}$,是矩阵中第 k 列所有元素之和,代表参数数据中第 k

类的样本数。表 8.2 所示的混淆矩阵是以样本数为计量单位进行表示的，其也可采用百分比为单位进行表示，见表 8.3。

表 8.2 混淆矩阵的构造(以样本数为单位)

分类结果	参考数据(地面真实数据)					
	类别 1	类别 2	类别 k	类别 N_c	行总计	用户精度
类别 1	m_{11}	m_{12}	m_{1k}	m_{1N_c}	m_{1+}	$\frac{m_{11}}{m_{1+}}\times 100\%$
类别 2	m_{21}	m_{22}	m_{2k}	m_{2N_c}	m_{2+}	$\frac{m_{22}}{m_{2+}}\times 100\%$
类别 k	m_{k1}	m_{k2}	m_{kk}	m_{kN_c}	m_{k+}	$\frac{m_{kk}}{m_{k+}}\times 100\%$
类别 N_c	m_{N_c1}	m_{N_c2}	m_{N_ck}	$m_{N_cN_c}$	m_{N_c+}	$\frac{m_{N_cN_c}}{m_{N_c+}}\times 100\%$
列总计	m_{+1}	m_{+2}	m_{+k}	m_{+N_c}	—	—
制图精度	$\frac{m_{11}}{m_{+1}}\times 100\%$	$\frac{m_{22}}{m_{+2}}\times 100\%$	$\frac{m_{kk}}{m_{+k}}\times 100\%$	$\frac{m_{N_cN_c}}{m_{+N_c}}\times 100\%$	—	—

2. 用户精度与错分误差

用户精度，见表 8.2 最后一列，定义为分类结果图中的任意一个样本，其所具有的类型与地面真实类型相同的条件概率。它常用于评价分类结果中各类别的可信性，即分类图的可靠性。

错分误差定义为：分类结果图中的任意一个样本，其所具有的类型与地面真实类型不同的条件概率，即分类结果的某一类地物被错分为其他类别的百分比。错分误差与用户精度之和等于 100%。

3. 制图精度与漏分误差

制图精度，见表 8.2 最后一行，定义为地面真实数据中的任意一个样本，其所具有的类型与分类图上同一地点的分类结果相一致的条件概率。它常用于比较各分类方法的好坏。

4. 总分类精度

总分类精度是指所有正确分类的检验点数所占总抽取的检验点数的百分比，其值等于在混淆矩阵中对角线的所有数值和除以全部样本的总和。计算公式为

$$\text{总分类精度}=\frac{\sum_{i=1}^{N_c} m_{ii}}{\sum_{i=1}^{N_c} m_{i+}}\times 100\% \tag{8.39}$$

式中，$\sum_{i=1}^{N_c} m_{i+}$ 为总样本数，也等于 $\sum_{i=1}^{N_c} m_{+i}$。

5. Kappa 系数

Cohen 于 1960 年提出 Kappa 系数，用于测定分类结果与参考数据之间的一致性程度。计算步骤描述如下：

(1)将表 8.2 所示的混淆矩阵由像元数统计改写为百分比统计的形式，如表 8.3 所示。其中，$p_{ij}=100\%\times m_{ij}/(\sum_{i=1}^{N_c} m_{i+})$，表示在分类结果中类别号为 i 、在参考数据中类别号为 j 的

样本的个数占总样本数的百分比。

表 8.3　混淆矩阵的构造(以百分比为单位)

分类结果	参考数据(地面真实数据)				
	类别 1	类别 2	类别 k	类别 N_c	行总计
类别 1	p_{11}	p_{12}	p_{1k}	p_{1N_c}	p_{1+}
类别 2	p_{21}	p_{22}	p_{2k}	p_{2N_c}	p_{2+}
类别 k	p_{k1}	p_{k2}	p_{kk}	p_{kN_c}	p_{k+}
类别 N_c	p_{N_c1}	p_{N_c2}	p_{N_ck}	$p_{N_cN_c}$	p_{N_c+}
列总计	p_{+1}	p_{+2}	p_{+k}	p_{+N_c}	1

(2)统计观测一致性概率 p_o，有

$$p_o = \sum_{i=1}^{N_c} p_{ii} \tag{8.40}$$

其中，p_o 与式(8.39)计算得到的总分类精度相同。

(3)将分类结果与参考数据视为互相独立的两组数据，统计期望概率 p_e，有

$$p_e = \sum_{i=1}^{N_c} p_{+i} p_{i+} \tag{8.41}$$

(4)计算 Kappa 系数，即

$$\kappa = \frac{p_o - p_e}{1 - p_e} \tag{8.42}$$

其中，分子项表示观测一致性概率与期望概率两者之间的差异程度。按计算值的大小，通常将 Kappa 系数划分为 5 个等级：0.0～0.2、0.2～0.4、0.4～0.6、0.6～0.8、0.8～1.0，对应的分类效果分别为较差、差、一般、好、较好。

结合表 8.2 和表 8.3，式(8.42)也可改写为

$$\kappa = \frac{\left(\sum_{i=1}^{N_c} m_{i+}\right) \times \left(\sum_{i=1}^{N_c} m_{ii}\right) - \sum_{i=1}^{N_c} (m_{i+} m_{+i})}{\left(\sum_{i=1}^{N_c} m_{i+}\right)^2 - \sum_{i=1}^{N_c} (m_{i+} m_{+i})} \tag{8.43}$$

与总分类精度相比，Kappa 系数不仅考虑了对角线上被正确分类的像元，还考虑了不在对角线上的各类漏分和错分误差。

8.5.3　编程实现

ENVI 提供了例程 CLASS_CONFUSION_DOIT，用以计算分类结果与其参考数据之间的混淆矩阵、错分误差、漏分误差、总分类精度，以及 Kappa 系数等分类精度评价指标。其中参考数据可以是一个分类图像，也可以是一个测试样本文件。CLASS_CONFUSION_DOIT 调用格式如下：

```
ENVI_DOIT, 'CLASS_CONFUSION_DOIT' [, ACCURACY = variable], CALC_PERCENT = {0 | 1 | 2|} CFID = file ID, CLASS_PTR = value [, COMMISSION = variable], CPOS = array, DIMS = array, GT_NAMES = array, GT_PTR = value, GTDIMS = array, GTFID = file ID, GTPOS = integer [, KAPPA_COEFF = variable] [, MATRIX = variable] [, OMISSION = variable], ROI_IDS = variable [, /RPT_COMMISSION] [, RULE_OUT_BNAME = string array] [, RULE_OUT_NAME = string] [, /RULE_IN_MEMORY] [, /TO_SCREEN]
```

关于 CLASS_CONFUSION_DOIT 的各关键字说明如下：

(1)关键字 CFID、CPOS、DIMS 分别用来定义分类图像的文件标识、波段号、起止行列号。对于分类图像而言，CPOS 应设置为零；与此同时，DIMS 是一个由 5 个元素组成的长整型向量，DIMS[0]在这个函数中将不会被使用，应设置为－1L。

(2)关键字 GTFID、GTPOS、GTDIMS 用来定义参考图像的文件标识、波段号、起止行列号。当分类精度评价使用的参考数据是关注区时，不需要定义这些关键字。

(3)关键字 ROI_IDS 用来定义作为参考数据的关注区标识号。当分类精度评价使用的参考数据是分类图像时，应改用 GTFID 关键字。

(4)关键字 GT_NAMES 是一个字符串数组，其元素个数等于 ROI_IDS 或 GT_PTRR 的元素个数，用来定义参考数据的地物类型名称。

(5)关键字 CLASS_PTR、GT_PTR 用来匹配分类图像和参考数据的类别。若分类精度评价使用的参考数据是由关注区定义的测试样本时，则 CLASS_PTR 的元素个数应等于 ROI_IDS 的元素个数；若分类精度评价使用的参考数据为分类图像时，则 CLASS_PTR 的元素个数应等于 GT_PTR 的元素个数。

(6)MATRIX、COMMISSION、OMISSION、ACCURACY、KAPPA_COEFF 是可选关键字，分别表示计算得到的分类图像与参考数据之间的混淆矩阵、错分误差、漏分误差、总分类精度和 Kappa 系数。

(7)关键字 CALC_PERCENT 用来定义混淆矩阵的计量单位，其可以取值为 0 或 1 或 2。当值为 0 时，混淆矩阵是以像元个数为计量单位；当值为 1 时，混淆矩阵是以百分比为计量单位；当值为 2 时，输出上述两种计量单位的表示结果。

(8)RULE_OUT_BNAME、RULE_OUT_NAME、RULE_IN_MEMROY 是可选关键字。RULE_OUT_BNAME 用来定义输出的规则图像波段名称；RULE_OUT_NAME 用来定义输出的规则图像文件名；若设置 RULE_IN_MEMROY 关键字，则输出的规则图像将存储在内存中。

(9)关键字 RPT_COMMISSION、TO_SCREEN 分别用来定义将计算得到的错分误差、混淆矩阵输出至屏幕显示。

代码 8.8 是调用 CLASS_CONFUSION_DOIT 进行遥感图像分类精度定量评价的示例代码。在该示例代码中，以代码 8.5 运行得到的 FCM 分类结果作为待评价的分类图像，以代码 8.2 中使用的关注区文件作为参考数据，调用 CLASS_CONFUSION_DOIT 构建混淆矩阵，并在混淆矩阵的基础上计算错分误差、漏分误差、用户精度、制图精度、总分类精度，以及 Kappa 系数，并将计算结果输出至屏幕显示，如图 8.8 所示。

关于代码 8.8，需要补充说明的是：代码第 29 行定义的 CLASS_PTR 中的各个元素是指分类结果中的类别号，其应与 ROI_IDS 中的各个类别号相匹配。由于这里使用的待分类图像是非监督分类结果，因此在进行分类精度评价之前应先将分类结果中的各个类别与真实地物类别进行关联。这里 CLASS_PTR＝[5,3,2]表示分类结果中的第 5 个类别对应着参考数据中的第 1 个类别，分类结果中的第 3 个类别对应着参考数据中的第 2 个类别，以此类推，分析人员应根据具体的情况正确定义 CLASS_PTR。

代码 8.8　遥感图像分类精度评价的示例代码

```
PRO Classification_Accuracy_Demo

  ；配置环境
  COMPILE_OPT IDL2 &  ENVI

  ；打开待评价的分类结果
  FName = 'F:\BookDemo\result\ch8\LE7_XZ_YL_Classify_FCM.dat'
  ENVI_OPEN_FILE, FName, R_FID = fid
  IF fid EQ  - 1 THEN BEGIN
    PRINT, '待分类图像文件不存在'
    ENVI_BATCH_EXIT
    RETURN
  ENDIF

  ；载入感兴趣样本作为测试数据
  FName  =  'F:\BookDemo\data\LE71210362000107HIJ00' + $
    '\LE7_XZ_YL_3ROI_Supervised.roi'
  ENVI_RESTORE_ROIS, FName
  roi_ids  =  ENVI_GET_ROI_IDS(FID = fid)

  ；定义 CLASS_CONFUSION_DOIT 的关键字
  ENVI_FILE_QUERY, fid, NS = ns, NL = nl
  dims  =  [ - 1L, 0, ns - 1, 0, nl - 1]
  ENVI_GET_ROI_INFORMATION, roi_ids, $
    ROI_NAMES = gt_names, /SHORT_NAME

  ；调用 CLASS_CONFUSION_DOIT 例程
  ENVI_DOIT, 'CLASS_CONFUSION_DOIT', CFID = fid, CPOS = [0], $
    DIMS = dims, ROI_IDS = roi_ids, CLASS_PTR = [5,3,2 ], $
    GT_NAMES = gt_names, CALC_PERCENT = 0, MATRIX = matrix, $
    COMMISSION = commission, OMISSION = omission, ACCURACY = accuray, $
    KAPPA_COEFF = k, /TO_SCREEN, /RPT_COMMISSION

  ；退出 ENVI
  ENVI_BATCH_EXIT

END
```

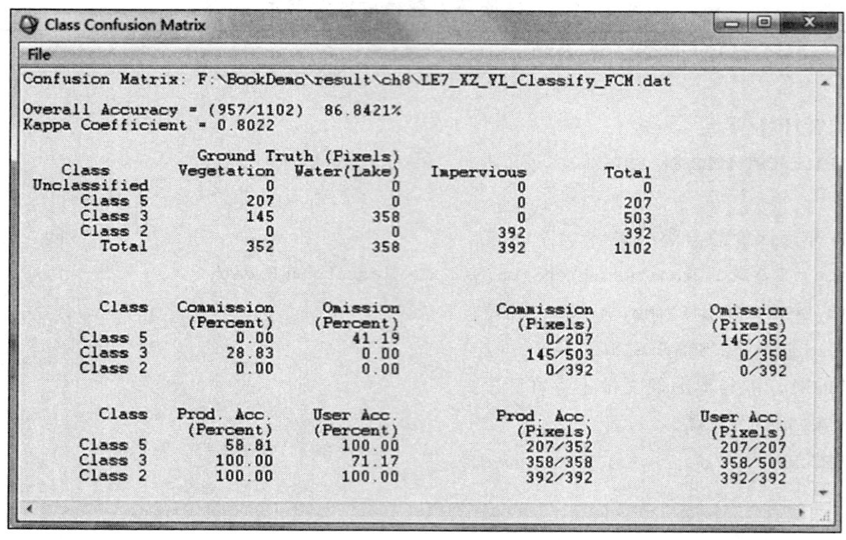

```
Class Confusion Matrix
File
Confusion Matrix: F:\BookDemo\result\ch8\LE7_XZ_YL_Classify_FCM.dat

Overall Accuracy = (957/1102)  86.8421%
Kappa Coefficient = 0.8022

                   Ground Truth (Pixels)
     Class       Vegetation  Water(Lake)   Impervious        Total
 Unclassified             0            0            0            0
      Class 5           207            0            0          207
      Class 3           145          358            0          503
      Class 2             0            0          392          392
        Total           352          358          392         1102

        Class    Commission     Omission          Commission          Omission
                  (Percent)    (Percent)            (Pixels)          (Pixels)
      Class 5          0.00        41.19               0/207           145/352
      Class 3         28.83         0.00             145/503             0/358
      Class 2          0.00         0.00               0/392             0/392

        Class    Prod. Acc.    User Acc.          Prod. Acc.         User Acc.
                  (Percent)    (Percent)            (Pixels)          (Pixels)
      Class 5         58.81       100.00             207/352           207/207
      Class 3        100.00        71.17             358/358           358/503
      Class 2        100.00       100.00             392/392           392/392
```

图 8.8　运行代码 8.8 得到的分类精度评价结果

思考题

1. 遥感数字图像分类主要包含哪些过程？

2. 写出 CLASS_DOIT 的功能和调用方法。

3. 遥感图像监督分类时，选择训练样本应遵循哪些原则？

4. 试比较以下三个 ENVI 任务的功能：ENVIVectorAttributeToROIsTask、ENVIVectorRecordsToROITask、ENVIVectorRecordsToSeparateROITask。

5. 甚高空间分辨率遥感图像分类与高光谱遥感图像分类所采取的策略有何不同？

6. 定量评价遥感图像分类精度的指标有哪些？

参考文献

[1] 程博,王威,张晓美,等. 2007. 基于光谱曲线特征的水污染遥感监测研究[J]. 国土资源遥感(2):68-70,81.

[2] 邓书斌,陈秋锦,杜会建,等. 2014. ENVI 遥感图像处理方法[M]. 2 版. 北京:高等教育出版社.

[3] 董彦卿. 2012. IDL 程序设计:数据可视化与 ENVI 二次开发[M]. 北京:高等教育出版社.

[4] 杜培军,谭琨,夏俊士. 2012. 高光谱遥感影像分类与支持向量机应用研究[M]. 北京:科学出版社.

[5] 贾永红. 2005. 多源遥感影像数据融合技术[M]. 北京:测绘出版社.

[6] 贾永红. 2010. 数字图像处理[M]. 武汉:武汉大学出版社.

[7] 金晶,邹峥嵘,陶超. 2014. 高分辨率遥感影像的压缩纹理元分类[J]. 测绘学报,43(5):493-499.

[8] 李德仁,王树根,周月琴. 2008. 摄影测量与遥感概论[M]. 2 版. 北京:测绘出版社.

[9] 日本遥感研究会. 2011. 遥感精解[M]. 2 版. 刘勇卫,译. 北京:测绘出版社.

[10] 沈焕锋,钟燕飞,王毅,等. 2009. ENVI 遥感影像处理方法[M]. 武汉:武汉大学出版社.

[11] 孙家抦. 2009. 遥感原理与应用[M]. 3 版. 武汉:武汉大学出版社.

[12] 韦玉春,汤国安,杨昕,等. 2007. 遥感数字图像处理教程[M]. 北京:科学出版社.

[13] 肖鹏峰,冯学智. 2012. 高分辨率遥感图像分割与信息提取[M]. 北京:科学出版社.

[14] 徐永明. 2014. 遥感二次开发语言 IDL[M]. 北京:科学出版社.

[15] 尹占娥. 2008. 现代遥感导论[M]. 北京:科学出版社.

[16] 张兵,高连如. 2011. 高光谱图像分类与目标探测[M]. 北京:科学出版社.

[17] 张良培. 2011. 高光谱遥感[M]. 北京:测绘出版社.

[18] 赵书河. 2008. 多源遥感影像融合技术与应用[M]. 江苏:南京大学出版社.

[19] ARVIDSON T, BARSI J, JHABVALA M, et al. 2013. Landsat and thermal infrared imaging[M] // Thermal Infrared Remote Sensing. Netherlands: Springer.

[20] CANTY M J. 2009. Image analysis, classification and change detection in remote sensing: with algorithms for ENVI/IDL and Python[M]. [S. l.]: CRC Press.

[21] CHANDER G, MARKHAM B L, HELDER D L. 2009. Summary of current radiometric calibration coefficients for Landsat MSS, TM, ETM+, and EO-1 ALI sensors [J]. Remote Sensing of Environment, 113(5): 893-903.

[22] CHANDRASEKHAR S. 1960. Radiative heat transfer[J]. Dover Publications, 11: 11-12.

[23] DONG J, ZHUANG D, HUANG Y, et al. 2009. Advances in multi-sensor data fusion: algorithms and applications [J]. Sensors, 9(10): 7771-7784.

[24] EHLERS M, WELCH R, LING Y. 2004. GIS and context based image enhancement: proceedings of the XXth International Congress of ISPRS [C]. Istanbul, Turkey: IAPRS.

[25] FARAH I R, BOULILA W, ETTABAA K S, et al. 2008. Multiapproach system based on fusion of multispectral images for land-cover classification [J]. IEEE Transactions on Geoscience and Remote Sensing, 46(12): 4153-4161.

[26] GUPTA R P. 2003. Remote sensing geology[M]. [S. l.]: Springer Science & Business Media.

[27] HUANG H, WYLIE B, YANG L, et al. 2002. Derivation of a tasselled cap transformation based on Landsat 7 at-satellite reflectance [J]. International Journal of Remote Sensing, 23(8): 1741-1748.

[28] IRISH R R. 2000. Landsat 7 science data users handbook, PB430-15-01-003-0[R]. [S. l.]: National Aeronautics and Space Administration.

[29] KAUTH R J, THOMAS G S. 1976. The tasselled cap-a graphic description of the spectral-temporal development of agricultural crops as seen by Landsat [C]. LARS Symposia: [s. n.].

[30] KRESSLER F P, STEINNOCHER K, FRANZEN M. 2005. Object-oriented classification of orthophotosto support update of spatial databases: International Geoscience and Remote Sensing Symposium [C]. [S. l.]: IGARSS.

[31] LALIBERTE A S, GOFORTH M A, STEELE C M, et al. 2011. Multispectral remote sensing from unmanned aircraft: image processing workflows and applications for rangeland environments [J]. Remote Sensing, 3(11): 2529-2551.

[32] LASS L W, PRATHER T S, GLENN N F, et al. 2005. A review of remote sensing of invasive weeds and example of the early detection of spotted knapweed (centaureamaculosa) and babysbreath (gypsophila paniculata) with a hyperspectral sensor [J]. Weed Science, 53: 242-251.

[33] MATHER P, KOCH M. 2011. Computer processing of remotely-sensed images: an introduction[M]. [S. l.]: John Wiley & Sons.

[34] PAINE D P, KISER J D. 2012. Aerial photography and image interpretation[M]. [S. l.]: John Wiley & Sons.

[35] PETERSEN J K. 2007. Understanding surveillance technologies: spy devices, privacy, history & applications[M]. [S. l.]: CRC Press.

[36] SANGWINE S J, HORNE R E. 2012. The colour image processing handbook[M]. [S. l.]: Springer Science & Business Media.

[37] STOREY J, CHOATE M, LEE K. 2014. Landsat 8 operational land imager on-orbit geometric calibration and performance [J]. Remote Sensing, 6(11): 11127-11152.

[38] VAN DER MEER F, DE JONG S M. 2001. Imaging spectrometry: basic analytical techniques[M] Netherlands: Springer.

[39] WANG Q, SHEN Y, JIN J. 2008. Performance evaluation of image fusion techniques [M]. Stathaki T. Image Fusion: Algorithms and Applications[S. l.]: Academic Press.

[40] ZHANG Y. 2004. Understanding image fusion [J]. Photogrammetric Engineering and Remote Sensing, 70(6): 657-661.